Bauschäden in Bädern und Nassräumen

Joachim Schulz

Bauschäden in Bädern und Nassräumen

Schadensursache – Gutachterliche Einstufung – Beseitigung – Vorbeugung – Lösungsdetails

2. Auflage

Springer Vieweg

Joachim Schulz
IGS Ingenieur Gesellschaft Schulz
Berlin, Deutschland

ISBN 978-3-658-49194-9 ISBN 978-3-658-49195-6 (eBook)
https://doi.org/10.1007/978-3-658-49195-6

Die Deutsche Nationalbibliothek verzeichnet diese Publikation in der Deutschen Nationalbibliografie; detaillierte bibliografische Daten sind im Internet über http://dnb.d-nb.de abrufbar.

Planung/Lektorat: Ralf Harms
Springer Vieweg ist ein Imprint der eingetragenen Gesellschaft Springer Fachmedien Wiesbaden GmbH und ist ein Teil von Springer Nature.
Die Anschrift der Gesellschaft ist: Abraham-Lincoln-Str. 46, 65189 Wiesbaden, Germany

Vorwort

Bereits 1953 (d. h. vor über 72 Jahren) schrieb LUFSKY in seinem Buch „Bituminöse Bauwerksabdichtung“ Teil 2 im Abschnit 2.6 „Naßräume in Hochbauten“:

> „[…]
>
> An keiner anderen Stelle des ganzen Bauwerkes wird wohl mit völligem Einverständnis der vergebenden und bauleitenden Stellen bezüglich Anordnung und Ausführung so viel gepfuscht wie bei allem, was mit der Abdichtung dieser Räume zusammenhängt. Dies ist umso eigenartiger, als die daraus entstehenden Feuchtigkeitsschäden sich gerade im Hochbau außerordentlich unangenehm bemerkbar machen. Sie führen, abgesehen von dem häßlichen Aussehen durchfeuchteter Decken und Wände, zum Abfallen des Putzes und zu Schäden an elektrischen Starkstromleitungen und Fernsprechkabeln. Durch Entzug von Verdunstungswärme und Bildung von schlechtem Geruch beeinträchtigen sie den Nutzungswert und können schließlich zur Schwammbildung führen. Andererseits ist es möglich, solche Schäden mit geradezu lächerlich einfachen Mitteln zu vermeiden, wobei die dadurch entstehenden Mehrkosten so außerordentlich gering sind, daß sie praktisch in dem Anschlag kaum in Erscheinung treten.
>
> Schuld an diesen Schäden ist in erster Linie die allgemein verbreitete Anschauung, daß die Dichtung von Naßräumen als die einfachste und unwichtigste Dichtungsart am Bauwerk überhaupt angesehen und daher schon bei der Planung und Ausschreibung nachlässig behandelt wird. Die falsche Anordnung in der Bauzeichnung kann aber durch den fähigen und verantwortungsbewußten Dichtungsfachmann auch bei bester Ausführung der eigentlichen Dichtungshaut nicht völlig aus der Welt geschafft werden, ganz abgesehen davon, daß die entsprechend nachlässige Behandlung dieser Arbeiten bei der Vergabe und die manchmal sehr unklar abgefassten Ausschreibungsunterlagen manchen Baubetrieb, der die handwerkliche Technik der Dichtungsausführung nicht beherrscht, veranlassen, die Räume selbst ‚abzudichten‘.
>
> Es kommt noch hinzu, daß sehr im Gegensatz zu dem Stand der Bauarbeiten bei der Ausführung der bisher behandelten Dichtungen, zu jenem Zeitpunkt des Ausbaues, in dem die Abdichtung der Naßräume erfolgt, die verschiedensten Handwerkergruppen, oft infolge enger Termine gedrängt, nebeneinander arbeiten. Es ist dann seitens der Bauleitung ständige Aufsicht und Ermahnung notwendig, um zu verhindern, daß die fertiggestellte und eingebaute, also nicht mehr sichtbare Dichtung, nachträglich durchstemmt wird.
>
> […]“

Die Worte Lufskys wirken heute beinahe erschreckend aktuell – als hätte sich in über sieben Jahrzehnten kaum etwas verändert. Tatsächlich erlebe ich es in meiner praktischen Tätigkeit als Sachverständiger für Schäden an Gebäuden tagtäglich, dass dem so ist. Trotz zahlreicher überarbeiteter Normen, fortschreitender Technik und (scheinbar) gestiegener Sensibilität für Bauschäden scheint das grundsätzliche Problem geblieben zu sein: Die Abdichtung von Bädern wird nach wie vor häufig unterschätzt, in der Planung vernachlässigt oder in der Ausführung fehlerhaft umgesetzt.

Eine Erklärung für diese erstaunliche Kontinuität liefert das folgende Zitat von Raimund Probst, das den Kern des Problems prägnant auf den Punkt bringt.

> „Planungs- und Ausführungsfehler als Ursache für Bauschäden, werden nicht durch Normen, sondern durch Kenntnis naturbedingter Grundsätzlichkeiten vermieden."

Diese Aussage bringt zum Ausdruck, was sich in der Praxis immer wieder bestätigt: Normen allein reichen nicht aus. Es ist das grundlegende Verständnis physikalischer Zusammenhänge und baupraktischer Prinzipien – gepaart mit Sorgfalt und Verantwortungsbewusstsein in Planung und Ausführung –, das entscheidend zur Vermeidung von Schäden beiträgt.

Die vorliegende 2. Auflage wurde komplett überarbeitet und neu strukturiert, um den weiterhin bestehenden Missständen bei der Planung und Ausführung von Abdichtungen in Bädern und Nassräumen technisch fundiert entgegenzuwirken. Sie verfolgt das Ziel, nicht nur die geltenden Regelwerke praxisnah aufzubereiten, sondern vor allem ein vertieftes Verständnis für die bauphysikalischen Grundlagen und typischen Schwachstellen zu vermitteln.

Denn wie schon Raimund Probst treffend formulierte: Bauschäden entstehen nicht durch das Fehlen von Normen, sondern durch mangelndes Verständnis naturbedingter Zusammenhänge. Genau hier setzt dieses Fachbuch an – als praxisorientierter Leitfaden für Planer, Ausführende und Bauüberwachende.

Inhalt

Das Buch vermittelt

- Bedarfsplanung, Grundlagenermittlung
- Planungs-, und Ausführungsgrundsätze
- Wassereinwirkungsklassen, Wasserbeanspruchung
- Abdichtungskonzepte mit Prinzipskizzen
- SOLL-IST-Vergleiche für Planung und Ausführung

Zur besseren Übersicht und praktischen Anwendbarkeit ist der Inhalt dieses Buches nach relevanten Bauteilen gegliedert – wie etwa Fußböden, Wände, Duschen, Badewannen und weitere typische Elemente von Bädern.

Jedes dieser bzw. weiterer untergeordneter Themenfelder sind wiederum in zwei zentrale Abschnitte unterteilt

- Fachgerechte Planung und Ausführung sowie
- Typische Schadensbilder.

Ersterer vermittelt die technischen Grundlagen für eine fachgerechte Planung und Ausführung – stets mit Blick auf die wesentlichen bauphysikalischen Anforderungen und normativen Vorgaben. Zweiterer zeigt auf, welche Schäden typischerweise auftreten können, wenn im Zuge des Bauprozesses Planungs-, Bauleitungs- oder Bauüberwachungsfehler vorliegen.

In diesem Buch werden relevante DIN-Normen, technische Merkblätter und Richtlinien in angemessenem Umfang und mit fachlichem Bezug auszugsweise zitiert. Die Zitate dienen der inhaltlichen Erläuterung, Einordnung und Kommentierung technischer Zusammenhänge und sollen das Verständnis für die Anwendung anerkannter Regeln der Technik fördern.

Die enthaltenen Auszüge stellen keinen Ersatz für die vollständigen Originaldokumente dar. Für eine fachgerechte Planung ist es erforderlich, die jeweils einschlägigen Normen und Regelwerke im Original zu beziehen und vollständig zu berücksichtigen; diese sind beispielsweise über www.dinmedia.de (DIN-Normen) oder über die jeweiligen Herausgeber erhältlich.

Das Buch enthält neben den aktuellen auch die älteren DIN-Normen/Merkblätter, da viele aktuelle „Streitfälle" nach alten, zum damaligen Zeitpunkt gültigen Regelwerken/Merkblättern geplant/gebaut wurden.

Details/Prinzipskizzen

Nichts erweist sich in der Praxis als gefährlicher als eine Detailsammlung. Denn so hilfreich konkrete Lösungen auf den ersten Blick erscheinen mögen – sie bergen die Gefahr, unreflektiert übernommen zu werden. Dabei wird oft übersehen, dass nahezu jedes Bauvorhaben ein individueller Einzelfall ist, geprägt durch spezifische Randbedingungen, Konstruktionen, Materialien und Nutzungsanforderungen.

Aus diesem Grund verzichtet dieses Fachbuch bewusst auf eine Sammlung von standardisierten Detailzeichnungen. Stattdessen werden abstrahierte Systemskizzen – sogenannte Prinzipskizzen – verwendet, die exemplarisch funktionale Zusammenhänge und konstruktive Grundprinzipien vermitteln. Sie sollen dazu anregen, eigene, auf das jeweilige Projekt abgestimmte Lösungen zu entwickeln, anstatt schematische „Patentrezepte" zu übernehmen.

Konstruktionsfehler entstehen nicht selten durch die unkritische Übernahme vorgefertigter Details – seien es Herstellerangaben, Datenblätter oder andere, oftmals unvollständige Quellen. Diese scheinbar „bequemen Lösungen" führen in der Praxis immer wieder zu Ausführungsmängeln, weil sie den individuellen Gegebenheiten eines Bauvorhabens nicht gerecht werden.

Zur Veranschaulichung und zum besseren Verständnis verweisen viele der in diesem Buch behandelten Fallbeispiele daher auf sogenannte Prinzipskizzen. Bei den nachfolgenden Zeichnungen handelt es sich ausdrücklich nicht um Ausführungspläne, sondern um bewusst abstrahierte Darstellungen, die grundlegende konstruktive Prinzipien veranschaulichen.

Diese Skizzen sollen dazu dienen, das Verständnis für funktionale Zusammenhänge zu fördern – sie ersetzen jedoch keinesfalls die sorgfältige, projektbezogene Ausführungsplanung. Die Zeichnungen sollen in vereinfachter Form grundsätzliche, konstruktive Prinzipien erläutern und entbinden nicht vom eigenen „VORDENKEN“ bzw. der Entwicklung eigener Detaillösungen entsprechend der Planung.

Denn eines bleibt unverändert gültig: „Bauen ist ein Kampf gegen das Wasser.“

Dieses Buch ist das Ergebnis meiner 45-jährigen beruflichen Tätigkeit – davon über 30 Jahre als öffentlich bestellter und vereidigter Sachverständiger für Schäden an Gebäuden. Es bündelt Erfahrungen, Beobachtungen und Erkenntnisse aus unzähligen Praxisfällen – mit dem Ziel, typische Fehler zu vermeiden und das Planungs- und Ausführungsbewusstsein nachhaltig zu schärfen.

Mein besonderer Dank gilt meinen Mitarbeitern für ihre engagierte Unterstützung, insbesondere Herrn Herzig, Herrn Zscherper, Herrn Krause und Frau Silva.

Ihr Joachim Schulz

Interessenkonflikt Der/die Autor*in hat keine für den Inhalt dieses Manuskripts relevanten Interessenkonflikte.

Inhaltsverzeichnis

1 Einleitung

1.1 Schutz baulicher Anlagen (bauaufsichtliche Regelungen)

Nach §13 Musterbauordnung (MBO, zuletzt geändert durch Beschluss der Bauministerkonferenz vom 22.02.2019) wird folgendes gefordert:

> **MBO, Musterbauordnung Fassung vom 23./24.11.2023**
> **§13 Schutz gegen schädliche Einflüsse**
> „Bauliche Anlagen müssen so angeordnet, beschaffen und gebrauchstauglich sein, dass durch Wasser, Feuchtigkeit, pflanzliche und tierische Schädlinge sowie andere chemische, physikalische oder biologische Einflüsse Gefahren oder unzumutbare Belästigungen nicht entstehen."

Allgemeiner Hinweis
Es sollte unabhängig von der **Wassereinwirkungsklasse** grundsätzlich immer eine Abdichtung in Bädern, Nassräumen und Großküchen vorgesehen werden.

Zwar lassen sich auf der einen Seite die Herstellungskosten bei einem Einsparen der Badezimmerabdichtung im Mittel um ca. 500,00 € mindern, jedoch stehen die Kosten, die auf der anderen Seite dann abgerufen werden müssen, wenn es doch zu einem Feuchtigkeitsschaden kommt, dazu in keinem Verhältnis.

Empfehlung an Bauherren bzw. Planer
Grundsätzlich wird empfohlen, – auch im gewöhnlichen Badezimmer – immer eine „***wannenförmige***" Fußbodenabdichtung vom Architekten planen und ausführen zu lassen.

J. Schulz, *Bauschäden in Bädern und Nassräumen*,
https://doi.org/10.1007/978-3-658-49195-6_1

Abb. 1.1 Mögliche Schäden infolge von falsch geplanten und ausgeführten Abdichtungen: **a** Fehlende Abdichtung – Holzbalkendecke; **b** Folge: Feuchteschäden, Einsturzgefahr; **c** Fehlerhafte Abdichtung – Holzbalkendecke; **d** Folge: Feuchteschäden; **e** Fehlende Abdichtung im Wandbereich; **f** Folge: Feuchteschäden

Vom Planer müssen dem Bauherrn alle eventuellen Risiken deutlich (*eindeutig und erschöpfend*), auch für einen Laien verständlich, aufgezeigt und protokolliert werden, d. h. eine „*Bedarfsplanung*" ist erforderlich.

Entscheidet sich der Bauherr/Planer gegen eine Abdichtung, muss er das Schadensrisiko selbst tragen. Die Kosten für eine Fußbodenabdichtung sind weitaus geringer als die Beseitigung eines möglichen Feuchteschadens.

Tab. 1.1 Bedeutung der modalen Hilfsverben in der Normung. (Eigene Darstellung, in Anlehnung an DIN 820-2:2022-12, Tabellen 3-7 in Verbindung mit den Abschnitten 3.3.3–3.3.7)

Bevorzugte Verbform	Bedeutung		Gründe, die zur Wahl des Hilfsverbs führen (Beispiele)
Muss müssen	Gebot	Unbedingt fordernd	Äußerer Zwang, wie durch Rechtsvorschrift, sicherheitstechnische Forderung, Vertrag oder innerer Zwang, wie Forderung der Einheitlichkeit oder der Folgerichtigkeit
Darf nicht dürfen nicht	Verbot		
Soll sollen	Regel	Bedingt fordernd	Durch Verabredung oder Vereinbarung freiwillig übernommene Verpflichtung, **von der nur in begründeten Fällen abgewichen werden darf**
Soll nicht sollen nicht			
Darf dürfen	Erlaubnis	Freistellend	In bestimmten Fällen darf von dem durch Gebot, Verbot der Regel gegebenen abgewichen werden, z. B. eine gleichwertige Lösung gewählt werden
Muss nicht müssen nicht			

In der Einladung einer Architektenkammer hieß es u. a.:

> „Normen sind ein wesentliches Planungswerkzeug, das die Arbeit im Architektenalltag erleichtert, aber auch als Einengung von gestalterischer Kreativität empfunden wird.“

Der Planende möge im Schadensfall, wie in Abb. 1.1 dargestellt, diese *„Einengung“* einmal seiner Versicherung erklären. Ein Architekt muss sachkundig mit den a. R. d. T., insbesondere den DIN-Normen umgehen und entsprechend anwenden.

An dieser Stelle sei darauf hingewiesen, dass bei der Verwendung von Technischen Regelwerken (u. a. DIN-Normen) zu beachten ist, dass diese „modale Hilfsverben“ enthalten, die folgende Bedeutung haben (Tab. 1.1).

Weitergehende Informationen zu den Hilfsverben und den sich daraus ergebenen Verbindlichkeiten im Zusammenhang mit technischen Merkblättern, Richtlinien und den DIN-Normen sind dem Abschnitt „Leistungsbeschreibung“ im Abschn. 10.1.3 zu entnehmen.

1.2 Beispiel einer Badmodernisierung

Badezimmer werden heutzutage nicht mehr als „kleinster“ Raum geplant, sondern gleichen eher einem „Wellnesstempel“ bzw. Wohnzimmer. D. h. Badezimmer werden heute i. d. R. nicht mehr allseitig, raumhoch gefliest (wie eine „Schlachterei“), sondern nur noch im Dusch-, bzw. Badewannenbereich.

Anhand der Farbe der Badausstattung (bspw. blaue, grüne, braune Keramik-Handwaschbecken) erkennt man, wann (60er, 70er, 80er Jahre) diese ca. verbaut wurde. Abb. 1.2 stellt hierbei einen Querschnitt der vergangenen Designs dar. Heutzutage sind farbige Handwaschbecken äußerst selten geworden.

Abb. 1.2 Beispiele für Badezimmer im Bestand, die einer Modernisierung bedürfen: **a** Terrazzo-Estrich; **b** Wände mit Ölanstrich; **c** Farbige Keramik: Handwaschbecken; **d** Farbige Keramik: Fliesen

Die Abb. 1.3 stellt ein Badezimmer aus den 70er Jahren dar. Unter **a** ist hierbei der Originalzustand sichtbar, wobei die blauen Fliesen zwischenzeitlich schon einmal entfernt wurden. Jüngst wurde eine komplette Sanierung durchgeführt, d. h.

- Abbruch der Badewanne – Ersatz durch Duschwanne,
- Abbruch freier Spülkasten – Ersatz innerhalb einer Vorsatzschale
- Abbruch der Wand-, und Bodenfliesen
- Entfernung der Glasfasertapete
- Neues Fenster, mit seitlicher Rahmenverbreiterung für die neue GK-Vorsatzschale

Beim Abbruch der Wand- und Bodenfliesen wurde auch (zwangsläufig) der Untergrund beschädigt, sodass ein Ausgleich erforderlich wurde. Erst danach konnte der neue Wand- und Bodenaufbau erfolgen.

Der Duschbereich und der gesamte Fußboden wurden mittels *„Abdichtung im Verbund"* (AIV) abgedichtet. Wichtig ist hierbei, die Fußbodenabdichtung wannenförmig auszubilden, weshalb insbesondere die Eckbereiche mit den dafür vorgesehenen Dichtungsbändern abgedichtet wurden (siehe Abschn. 3.1.2). Im Türbereich wurde zur Aufnahme der Dichtungsbänder eine Metallschiene verlegt. Als optisches Highlight wurde zur Beleuchtung

Abb. 1.3 Badmodernisierung vorher-nachher: **a** Ursprungszustand des Badezimmers; **b** Badezimmer im Abbruch; **c** Fertiggestelltes, modernisiertes Bad; **d** Bad – nachher

im Eckbereich der Wand eine LED-Schiene verbaut. Der Abschluss des Duschbereichs erfolgt mittels einer Glastür-, wand.

Das „Problem" einer niveaugleichen Dusche bei einer Altbausanierung besteht in der Höhe des Fußbodenaufbaus. Um diese niveaugleiche Dusche (weitgehend) zu erreichen, ist im Duschbereich der Estrich bis zur Rohdecke abzubrechen, sodass die Duschtasse vertieft (unter Berücksichtigung der erforderlichen Schallschutzmaßnahmen) eingebaut werden kann. Um den erforderlichen Höhenversatz zu erreichen, wurde im Bad ein neuer, dünnerer kunststoffvergüteter Zementestrich eingebaut.

Eine Erdgeschosswohnung hat bei diesen Arbeiten den Vorteil, dass in der KG-Decke ein Bohrkern entnommen werden kann, über den die Fußbodenentwässerung und Leitungsführung erfolgt.

Trotz des neuen Fensters wurde zusätzlich eine elektrische Raumbelüftung eingebaut, um den notwendigen „Luftwechsel" zu gewährleisten und das Schimmelrisiko zu minimieren. Erdgeschosswohnungen besitzen hierbei ein erhöhtes Schimmelrisiko, da aufgrund der Einbruchgefahr weniger gelüftet wird und die Fenster häufiger in „angekippter" Stellung verbleiben.

▶ **Klartext**
Während und nach dem Baden oder Duschen sind die Türen geschlossen zu halten, um das Abführen der Luftfeuchtigkeit in andere Räume zu vermeiden. Die Luftfeuchtigkeit soll ausschließlich über das Fenster oder einen Lüfter erfolgen. Der Leitfaden des Umweltbundesamtes: „Zur Vorbeugung, Erfassung und Sanierung von Schimmelbefall in Gebäuden" enthält hierzu weiterführende Informationen.

Wichtig ist zum Abschluss dieses Abschnitts und zur Einleitung des Buches festzuhalten, dass auch für die Sanierung oder Modernisierung eines Badezimmers eine Architekten-Ausführungsplanung mit Details im Sinne der HOAI/DIN 1356 erforderlich ist (siehe hierzu Kap. 10).

2 Abdichtung von Innenräumen

2.1 Struktur der Abdichtungsnormen

Mit der Novellierung der Abdichtungsnorm DIN 18195 wurde eine neue Normenreihe eingeführt (DIN 18531–18535) und die DIN 18195 zur übergeordneten Begriffsnorm. Die einzelnen Abdichtungsnormen sind hierbei nach den abzudichtenden Bauteilen bzw. der Art der Wassereinwirkung gegliedert. Abb. 2.1 bzw. Tab. 2.1 stellen diese Einteilung dar.

Dieses Buch befasst sich vorrangig mit den Teilen der DIN 18534 (Stand: 2017-07) und greift andere Regelwerke und Normen ggf. an relevanter Stelle auf.

Die Abdichtungsnorm DIN 18534 ist in sechs Teile gegliedert, die die Grundlagen der Planung und die Anforderungen an die verschiedenen Möglichkeiten der Ausführung bzgl. der einzelnen Abdichtungsstoffe definieren. Diese sind in der Tab. 2.2 dargestellt.

Innenraumabdichtungen werden heutzutage überwiegend mit

- flüssig zu verarbeitenden Abdichtungsstoffen: DIN 18534-3 und
- bahnenförmigen Abdichtungsstoffen: DIN 18534-5

im Verbund mit Fliesen und Platten (AIV) ausgeführt:

Die ZDB-Merkblätter (vom Fachverband Fliesen und Naturstein im Zentralverband des Deutschen Baugewerbes) bildeten hierfür jahrelang eine Grundlage für die Planung von Abdichtungen von Innenräumen und waren Vorreiter für die neue DIN 18534 und die Novellierung der Abdichtungsnormenreihe der DIN 18195.

Insbesondere die Merkblätter

- Verbundabdichtungen:2010-01, 2012-08
  Hinweise für die Ausführung von flüssig zu verarbeitenden Verbundabdichtungen mit Bekleidungen und Belägen aus Fliesen und Platten für den Innen- und Außenbereich und

J. Schulz, *Bauschäden in Bädern und Nassräumen*,
https://doi.org/10.1007/978-3-658-49195-6_2

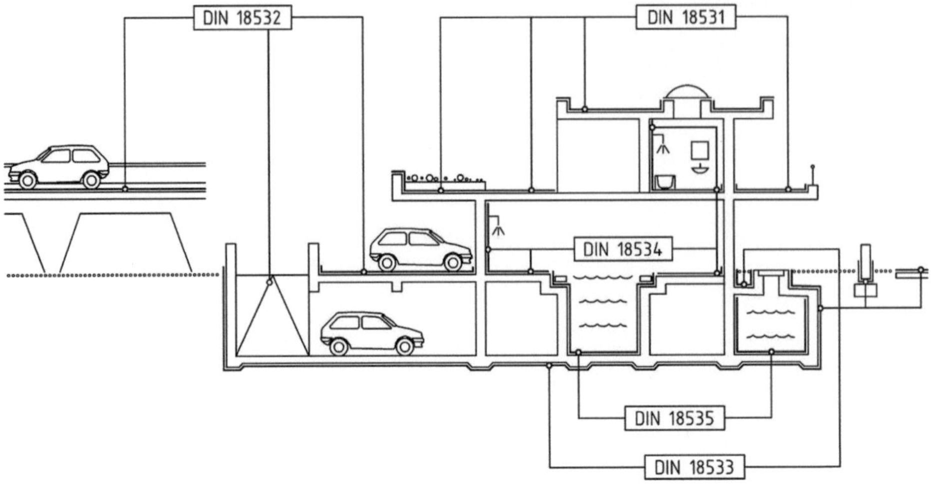

Abb. 2.1 Übersicht zu den Anwendungsbereichen der Normen für die Abdichtung von Bauwerken. (Quelle: DIN 18195:2017-07)

Tab. 2.1 Gliederung der Abdichtungsnormenreihe gem. DIN 18195

Norm	Anwendungsbereich	Kurzbezeichnung der Wassereinwirkung
DIN 18531	Abdichtung von Dächern sowie von Balkonen, Loggien und Laubengängen	D
DIN 18532	Abdichtung von befahrbaren Verkehrsflächen aus Beton	V
DIN 18533	Abdichtung von erdberührten Bauteilen	E
DIN 18534	**Abdichtung von Innenräumen**	**I**
DIN 18535	Abdichtung von Behältern und Becken	B

Tab. 2.2 Teile der Abdichtungsnorm für Innenräume DIN 18534

Teil	Titel	Abdichtungsbauart gem. Abb. 2.2
1	Anforderungen, Planungs- und Ausführungsgrundsätze	–
2	Abdichtung mit bahnenförmigen Abdichtungsstoffen	a
3	Abdichtung mit flüssig zu verarbeitenden Abdichtungsstoffen im Verbund mit Fliesen und Platten **(AIV-F)**	b
4	Abdichtung mit Gussasphalt oder Asphaltmastix	a
5	Abdichtung mit bahnenförmigen Abdichtungsstoffen im Verbund mit Fliesen und Platten (**AIV-B**)	b
6	Abdichtung mit plattenförmigen Abdichtungsstoffen im Verbund mit Fliesen und Platten (**AIV-P**)	b

- Untergründe in Feuchträumen:2005-09
  Putz und Trockenbau in Feuchträumen mit Bekleidungen aus keramischen Fliesen und Platten oder Naturwerksteinen

waren hier von großer Bedeutung.

Das momentan gültige und maßgebliche ZDB-Merkblatt für Abdichtungen im Verbund lautet:

- Abdichtungen im Verbund:2022-11
  Hinweise für die Ausführung von flüssig zu verarbeitenden Verbundabdichtungen mit Bekleidungen und Belägen aus Fliesen und Platten für den Innen- und Außenbereich

Das ZDB-Merkblatt stellt zentrale Inhalte der DIN 18534 praxisnah für Abdichtungen im Verbund dar und ergänzt sie um Ausführungshinweise.

In den folgenden Abschnitten und Kapiteln werden Auszüge aus den a. R. d. T. insbesondere den DIN-Normen, zitiert. Die Auszüge werden mit einigen Hinweisen zur Anwendung und möglichen Schäden oder Ausführungsfehlern, die mir in der Praxis begegnet sind, ergänzt.

Weiterhin werden zum Teil auch die „veralteten" und zurückgezogenen Regelwerke (z. B. DIN 18195) in den folgenden Kapiteln aufgeführt, da sich aktuelle Rechtsstreitigkeiten in der Regel noch auf alte „Beschaffenheitsvereinbarungen" (u. a. DIN-Normen) beziehen oder der Abnahmezeitpunkt in der Vergangenheit liegt.

2.2 Planungs- und Ausführungsgrundsätze nach DIN 18534-1

Die Norm DIN 18534 regelt die Planung, Ausführung und Instandhaltung von Abdichtungen für Boden- und Wandflächen in Innenräumen, in denen mit einer Wasseransammlung von bis zu 10 cm zu rechnen ist. Dies betrifft insbesondere Bereiche, die regelmäßig mit Brauch-, Reinigungs- oder Spritzwasser in Kontakt kommen. Typische Anwendungsfälle sind Badezimmer, gewerblich genutzte Küchen, Duschanlagen, Schwimmbeckenumgänge, Produktions- und Gewerbeflächen sowie Bodenflächen mit Ablauf.

In Teil 1 der Norm werden die grundsätzlichen Anforderungen an die Art der Abdichtung und den Untergrund geregelt.

Es sei darauf hingewiesen, dass die DIN 18534 für wasserabweisende Beschichtungen, Anstriche und sonstige wasserabweisende Oberbeläge, vorgefertigte, in sich abgedichtete Duscheinheiten und wasserundurchlässige Bauteile, etwa aus WU-Beton, keine Anwendung findet.

DIN 18534-1:2017-07 „Abdichtung von Innenräumen" – Teil 1: Anforderungen, Planungs- und Ausführungsgrundsätze

Einleitung

„Wirkung und Bestand der Abdichtung von Innenräumen hängen nicht nur von ihrer fachgerechten Planung und Ausführung ab, sondern auch von der abdichtungstechnisch zweckmäßigen Planung, Dimensionierung und Ausführung der Bauteile, auf der die Abdichtung erfolgt. Diese Norm wendet sich daher nicht nur an den Abdichtungsfachmann, sondern auch an diejenigen, die für die Gesamtplanung und Ausführung des Bauwerks und seiner Bauteile verantwortlich sind, denn Wirkung und Bestand der Abdichtung hängen von der aufeinander abgestimmten Planung aller Beteiligten ab.

[…]

4.1.9 Zuverlässigkeit

Die Abdichtung muss ihre Funktion für die vorgesehen Nutzungsdauer mit ausreichender Zuverlässigkeit erfüllen.

[…]

8.1 Planungs- und Baugrundsätze – Allgemeines

Die Einwirkungen, die für die Funktion und den Bestand der Abdichtung von Bedeutung sind, müssen bereits bei der Planung des Bauwerks und der Abdichtung sowie bei der Wahl der Stoffe berücksichtigt werden. Dabei ist die Wechselwirkung zwischen der Abdichtungsschicht und den darunter-/darüberliegenden Schichten zu berücksichtigen. Dies gilt besonders für die zu erwartenden Einwirkungen auf die Abdichtungsschicht [siehe Abschn. 2.2.2]."

Nicht nur das Fliesenlegerunternehmen, das die Badezimmerabdichtung ausführt, sondern auch die Planungsverantwortlichen aus Objektplanung und Technischer Gebäudeausrüstung sind für eine zuverlässige Abdichtung verantwortlich. Die Badezimmerabdichtung (auch im Privathaushalt) muss somit eine Funktionstauglichkeit über die geplante Nutzungsdauer von i. d. R. mindestens 20 Jahren aufweisen und nicht nur über die Dauer der Gewährleistung von fünf Jahren.

2.2.1 Abdichtungsbauweisen

Die DIN 18534-1:2017-07 weist auf drei unterschiedliche Abdichtungsbauweisen hin. Diese sind in Abb. 2.2 dargestellt und erläutert. Gängige Praxis ist heutzutage vor allem die Abdichtung oberhalb des Estrichs und für eine erhöhte Sicherheit in bspw. Großküchen die Abdichtung ober- *und* unterhalb des Estrichs. Bei beiden Abdichtungsbauweisen ist darauf zu achten, dass das Gefälle unterhalb der oberen Abdichtung zu erstellen ist. In der

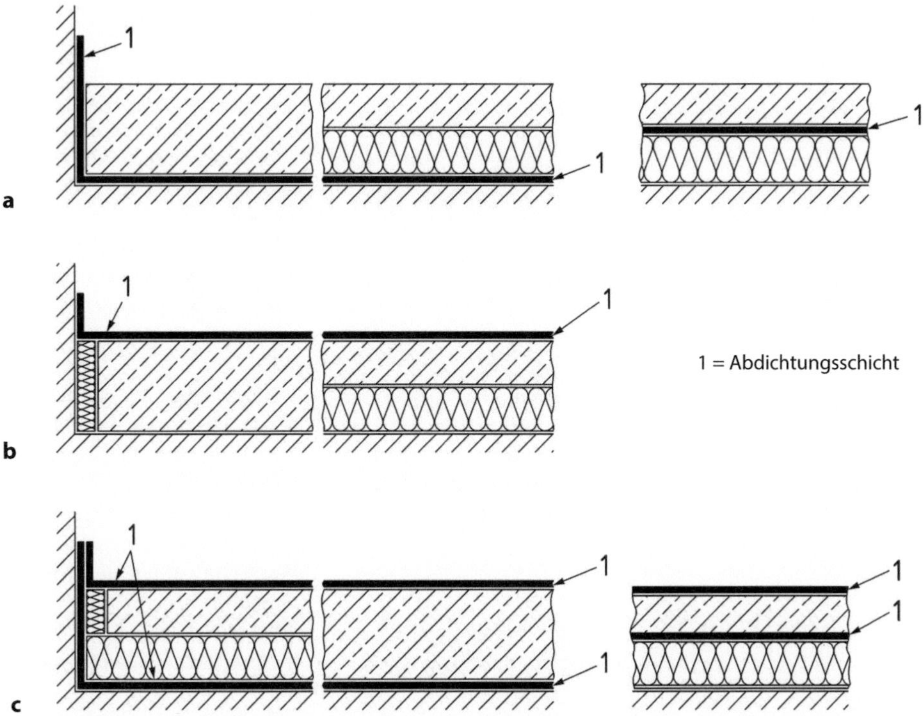

Abb. 2.2 Beispiele für die Lage der Abdichtung: **a** Abdichtung unterhalb des Estrichs; **b** Abdichtung oberhalb des Estrichs im Verbund (AIV); **c** Abdichtung unter- und oberhalb des Estrichs (Kombination aus a und b). (Quelle: DIN 18534-1:2017-07, Bild 2)

Praxis stellt die Abdichtung oberhalb des Estrichs jedoch den Regelfall dar, wohingegen die Abdichtung unterhalb des Estrichs nur in Ausnahmefällen angewandt werden sollte und ggf. andere Parameter dies erfordern.

2.2.2 Einwirkungen durch Wasser – Wassereinwirkungsklassen

In Abschnitt 5.1 der DIN 18534-1 wird die Intensität der Wassereinwirkung wie folgt klassifiziert.

W0-I gering
W1-I mäßig
W2-I hoch
W3-I sehr hoch

Das Erfordernis einer erforderlichen Abdichtung ergibt sich anhand der Wassereinwirkungsklasse (W, gem. DIN 18195:2017-07) gem. Tab. 2.3. *Grundsätzlich müssen alle Flächen der Wassereinwirkungsklassen W1-I, W2-I und W3-I abgedichtet werden.* Diese

Tab. 2.3 Wassereinwirkungsklassen und Anwendungsbeispiele nach DIN 18534-1:2017-07, Tabelle 1

Nr.	1	2		3
	W	Wassereinwirkung		Anwendungsbeispiele[a,b]
1	W0-I	**Gering**	Flächen mit nicht häufiger Einwirkung aus Spritzwasser	– Bereiche von Wandflächen über Waschbecken in Bädern und Spülbecken in häuslichen Küchen – Bereiche von Bodenflächen im häuslichen Bereich ohne Ablauf z. B. in Küchen, Hauswirtschaftsräumen, Gäste-WCs
2	W1-I	**Mäßig**	Flächen mit häufiger Einwirkung aus Spritzwasser oder nicht häufiger Einwirkung aus Brauchwasser, ohne Intensivierung durch anstauendes Wasser	– Wandflächen über Badewannen und in Duschen in Bädern – Bodenflächen im häuslichen Bereich mit Ablauf – Bodenflächen in Bädern ohne/mit Ablauf ohne hohe Wassereinwirkung aus dem Duschbereich
3	W2-I	**Hoch**	Flächen mit häufiger Einwirkung aus Spritzwasser und/oder Brauchwasser, vor allem auf dem Boden zeitweise durch anstauendes Wasser intensiviert	– Wandflächen von Duschen in Sportstätten/Gewerbestätten [c] – Bodenflächen mit Abläufen und/oder Rinnen – Bodenflächen in Räumen mit bodengleichen Duschen – Wand- und Bodenflächen von Sportstätten/Gewerbestätten[c]
4	W3-I	**Sehr hoch**	Flächen mit sehr häufiger oder langanhaltender Einwirkung aus Spritz- und/oder Brauchwasser und/oder Wasser aus intensiven Reinigungsverfahren, durch anstauendes Wasser intensiviert	– Flächen im Bereich von Umgängen von Schwimmbecken – Flächen von Duschen und Duschanlagen in Sportstätten/Gewerbestätten – Flächen in Gewerbestätten[c] (gewerbliche Küchen, Wäschereien, Brauereien usw.)

[a] Es kann zweckmäßig sein, auch angrenzende, nicht aufgrund ausreichender räumlicher Entfernung oder nicht durch bauliche Maßnahmen (z. B. Duschabtrennungen) geschützte Bereiche, der jeweils höheren Wassereinwirkungsklasse zuzuordnen.
[b] Je nach erwarteter Wassereinwirkung können die Anwendungsfälle verschiedenen Wassereinwirkungsklassen zugeordnet werden.
[c] Abdichtungsflächen ggf. mit zusätzlichen chemischen Einwirkungen nach Abs. 5.4 [der DIN]

unterscheiden sich hauptsachlich in der möglichen Untergrundbeschaffenheit von Wand und Boden und den verwendbaren Abdichtungsstoffen. Nach der DIN 18534-1:2017-07 werden unterschiedliche Anforderungen gestellt, die die Planenden, i. d. R. der Architekt, im Rahmen der Ausführungsplanung zu ermitteln und zu berücksichtigen hat. Hierfür ist in den meisten Fällen eine Grundlagenermittlung erforderlich. Wie diese beispielhaft aussehen könnte, ist in Abb. 2.5 dargestellt.

Thematisch bietet sich für die Planung die Gliederung in die folgenden Kategorien an:

- häusliche Bäder
- Sport- und Gewerbestätten
- Gewerbeküchen

Für häusliche Bäder werden die Wassereinwirkungsklassen der einzelnen Flächenbereiche nach DIN in Abb. 2.3a bis f dargestellt. Diese Einteilung der Flächen weicht minimal in einigen Punkten vom ZDB-Merkblatt ab. So stuft u. a. die DIN 18534-1 die Wassereinwirkungsklasse des Badezimmerbodens aufgrund des Vorhandenseins einer Duschtür bei bodengleicher Dusche in die W1-I ein, das ZDB-Merkblatt in die W2-I. Bei der hier dargestellten Einteilung ist jedoch der Hinweis nötig, dass ich aus meiner Erfahrung in häuslichen Bädern entgegen der Skizze a das Schadensrisiko bei „Duschwannen" (Badewanne und Dusche gleichzeitig) höher bewerten und daher die Wassereinwirkung nicht als „mäßig" (W1-I), sondern als „hoch" (W2-I) einstufen würde.

Zusätzlich sollte bei Abb. 2.3a beachtet werden, dass bei einer Ausführung der planerisch vorgesehenen Duschabtrennung (hier: Badewanne mit Duschnutzung) die Wassereinwirkungsklasse des Fußbodens analog zu Abb. 2.3b mit W2-I zu berücksichtigen ist.

Bei gewerblich genutzten Großküchen (z. B. in Hotels, Kantinen usw.) sowie für Duschanlagen in Fitnessstudios und Schwimmbädern besteht eine sehr hohe Wassereinwirkung (W3-I), wie in Abb. 2.4 dargestellt. Dies begründet sich nicht nur aus der direkten Nutzung, sondern insbesondere durch die Reinigung der Boden- und Wandflächen. Bei Küchen sollte hierbei zusätzlich die chemische, mechanische und thermische Einwirkung berücksichtigt werden.

Vorher wurde lediglich in die Einwirkungen mäßig und hoch gegliedert. Gerade in der Übergangsphase zwischen der alten DIN 18195 bzw. den ZDB-Merkblättern und der DIN 18534-1:2017-07 kam es zu Irritationen und einer Verwirrung u. a. in Zusammenhang mit der Verwendung folgender Fachbegriffe:

- Wassereinwirkungsklasse nach neuer DIN 18534-1:2017-07
- Beanspruchungsklasse nach dem „alten" ZDB-Merkblatt 2012, ersetzt durch 2022-11 (siehe oben)

Durch die neue Einteilung in Wassereinwirkungsklassen und Trennung von Flächen unterschiedlicher Einwirkungsklassen konnte die zuvor nötige Definition von Nassräumen entfallen.

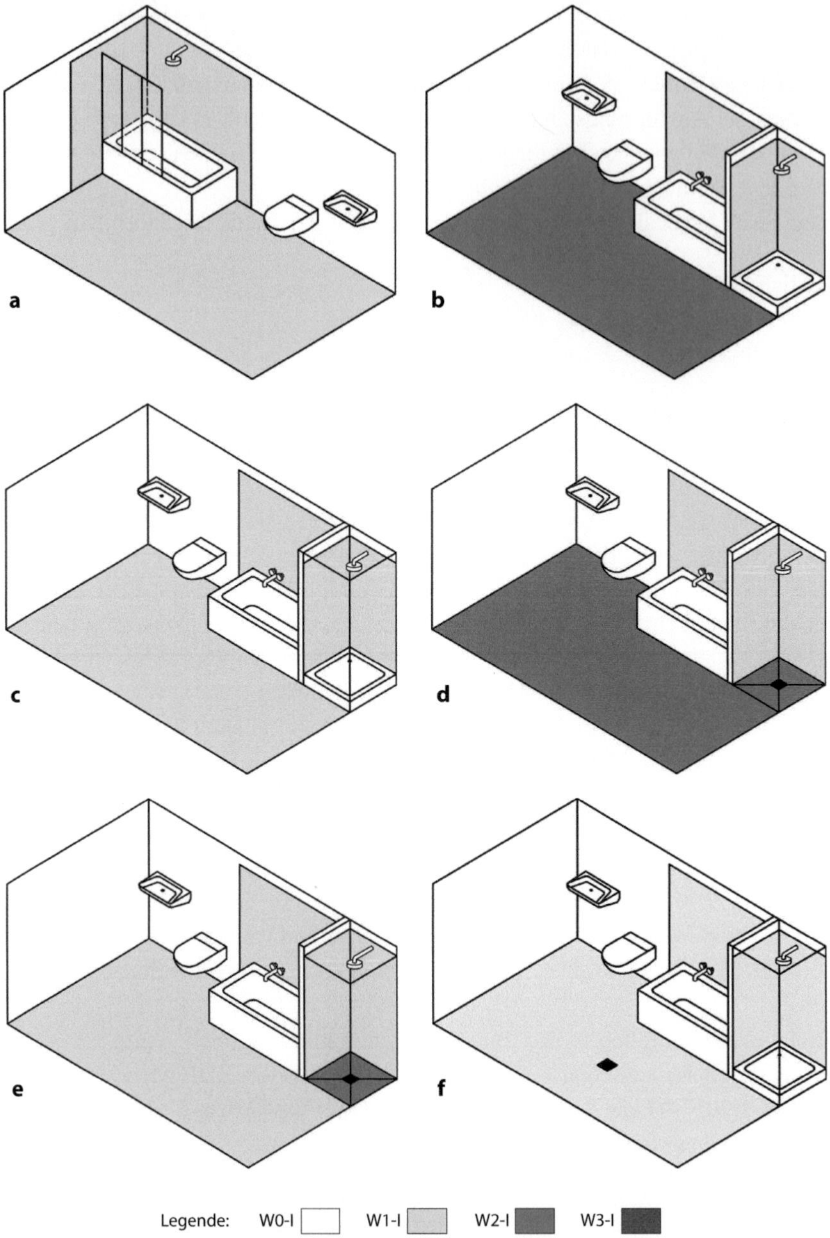

Abb. 2.3 Prinzipskizzen a bis f – Beispiele für die Zuordnung von Flächen zu den Einwirkungsklassen aus „DIN 18534-1:2017-07, Anhang A, Bild A.1 – Beispiele für häusliche Bäder mit Badewanne und/oder Dusche“: **a** Häusliches Bad mit Badewanne mit Brause und Duschabtrennung; **b** Häusliches Bad mit Badewanne ohne Brause und mit Duschtasse ohne Duschabtrennung; **c** Häusliches Bad mit Badewanne ohne Brause und mit Duschtasse mit Duschabtrennung; **d** Häusliches Bad mit Badewanne ohne Brause und mit bodengleicher Dusche ohne Duschabtrennung; **e** Häusliches Bad mit Badewanne ohne Brause und mit bodengleicher Dusche mit Duschabtrennung; **f** Häusliches Bad mit Badewanne ohne Brause und mit Duschtasse mit Duschabtrennung; Bodenablauf im Raum

Abb. 2.4 Beispiel für Reihendusche in Sport- oder Gewerbestätte – Beispiele für die Zuordnung von Flächen zu den Einwirkungsklassen aus „DIN 18534-1:2017-07, Anhang A, Bild A.2 – Beispiel für Reihendusche in Sport- oder Gewerbestätte“

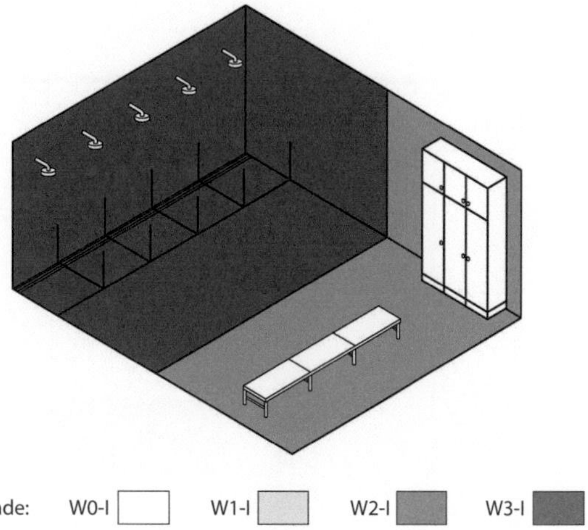

DIN 18195-1:2011-12 „Bauwerksabdichtungen“ (alt – zurückgezogen)
3.33 Nassraum
„Innenraum, in dem nutzungsbedingt Wasser in solcher Menge anfällt, dass zu seiner Ableitung eine Fußbodenentwässerung erforderlich ist.“

▶ **Anmerkung** Bäder im Wohnungsbau ohne Bodenablauf zählen nicht zu den Nassräumen.

DIN 18195-5:2011-12 „Bauwerksabdichtungen“ (alt – zurückgezogen) – Teil 5: Abdichtungen gegen nicht-drückendes Wasser auf Deckenflächen und in Nassräumen, Bemessung und Ausführung
7 Arten der Beanspruchung
[…]
7.2 „Zu den mäßig beanspruchten Flächen zählen u. a.:
unmittelbar spritzwasserbelastete Fußboden- und Wandflächen in Nassräumen (siehe DIN 18195-1) des Wohnungsbaus – soweit sie nicht durch andere Maßnahmen, deren Eignung nachzuweisen ist, hinreichend gegen eindringende Feuchtigkeit geschützt sind (siehe DIN 18195 Beiblatt 1:2011-03, Bild 19).
Mäßig beanspruchte Flächen sind nach 8.2 abzudichten.
Bei häuslichen Bädern ohne Bodenablauf mit feuchtigkeitsempfindlichen Umfassungsbauteilen (z. B. Holzbau, Trockenbau, Stahlbau) muss der Schutz gegen Feuchtigkeit bei der Planung besonders beachtet werden.“

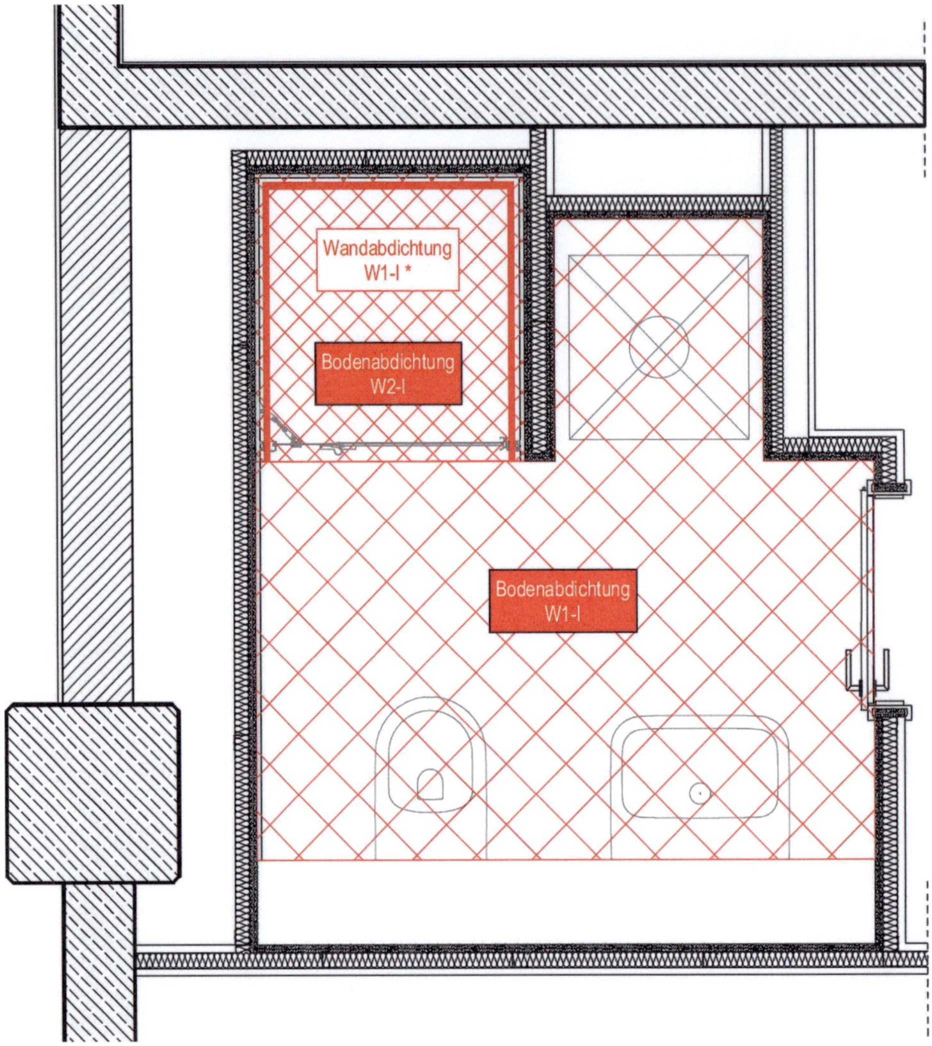

Abb. 2.5 Beispielhafte Darstellung einer möglichen Grundlagenermittlung in einem häuslichen Bad (eigene Darstellung)

2.2.3 Untergrundbeschaffenheit – von Wand und Boden

> **Klartext**
> Es gibt nur gute Baustoffe – wir machen jedoch oftmals schlechte Bauteile daraus.

Die Untergründe für Wand- oder Bodenaufbauten können je nach Anforderung aus unterschiedlichen Baustoffen geplant bzw. ausgeführt werden. Die Trennung erfolgt dabei in feuchtigkeitsempfindliche und -unempfindliche Baustoffe.

Abb. 2.6 OSB-Platten (Holzwerkstoff) im Schwimmbad- und Saunabereich

Feuchtigkeitsempfindliche Untergründe

Feuchtigkeitsempfindliche Untergründe wie z. B. Gipswerkstoffe, Calciumsulfatestriche und Holzwerkstoffe, wie in Abb. 2.6 dargestellt, sind als direkter Untergrund für Verbundabdichtungen mit Bekleidungen und Belägen aus Fliesen und Platten nur bedingt geeignet. Eine Entkopplung gem. ZDB-Merkblatt: Verlegung von Fliesen und Platten auf Entkopplungssysteme im Innenbereich:2019-08 kann hier ggf. dabei helfen, eine fachgerechte Lösung zu ermöglichen, wobei es sich trotzdem um eine Sonderkonstruktion handelt. Der dargestellte Fall stellt hierbei jedoch einen Ausführungsfehler dar, da die umgebenden Flächen der Wassereinwirkungsklasse W3-I zuzuordnen sind.

Feuchtigkeitsunempfindliche Untergründe

Geeignete feuchtigkeitsunempfindliche Untergründe sind z. B. Bauteile aus Beton, Zementputze der Mörtelgruppe P II und P III, Mauerwerk, Porenbeton, zementgebundene mineralische Bauplatten (Beispiele in den nachfolgenden Kapiteln).

Eine Übersicht über die nach DIN EN 18534-1 zulässigen Werkstoffe in Abhängigkeit von der vorliegenden Wassereinwirkungsklasse ist in Tab. 2.4 dargestellt. Zumeist analog hierzu bieten Hersteller eine Produktübersicht mit den Einsatzmöglichkeiten gem. den Wassereinwirkungsklassen an, wie in Abb. 2.7 dargestellt.

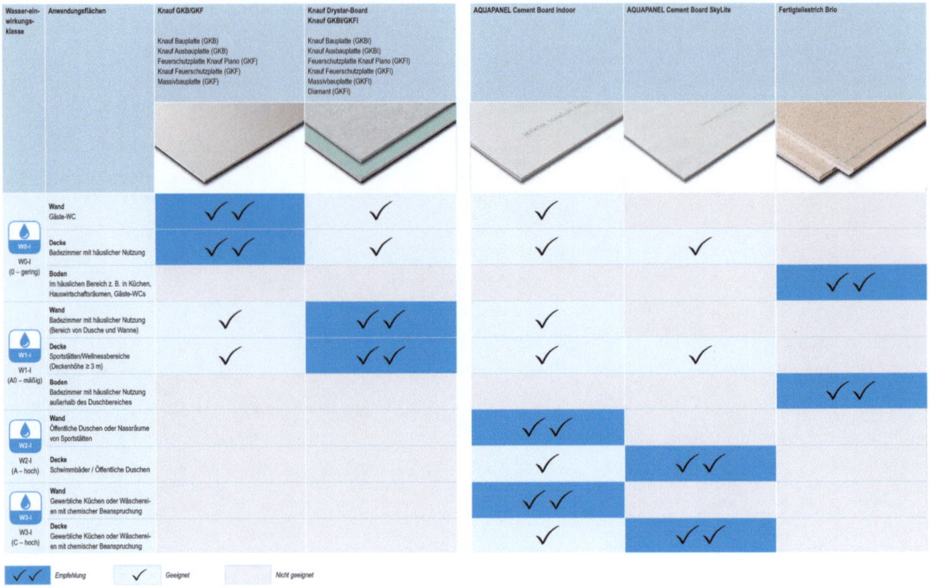

Wasser-einwirkungs-klasse	Anwendungsflächen	Knauf GKB/GKF Knauf Bauplatte (GKB) Knauf Ausbauplatte (GKB) Feuerschutzplatte Knauf Piano (GKF) Knauf Feuerschutzplatte (GKF) Massivbauplatte (GKF)	Knauf Drystar-Board Knauf GKBI/GKFI Knauf Bauplatte (GKBI) Knauf Ausbauplatte (GKBI) Feuerschutzplatte Knauf Piano (GKFI) Knauf Feuerschutzplatte (GKFI) Massivbauplatte (GKFI) Diamant (GKFI)	AQUAPANEL Cement Board Indoor	AQUAPANEL Cement Board SkyLite	Fertigteilestrich Brio
W0-I (0 – gering)	**Wand** Gäste-WC	✓✓	✓	✓		
	Decke Badezimmer mit häuslicher Nutzung	✓✓	✓	✓	✓	
	Boden Im häuslichen Bereich z. B. in Küchen, Hauswirtschaftsräumen, Gäste-WCs					✓✓
W1-I (A0 – mäßig)	**Wand** Badezimmer mit häuslicher Nutzung (Bereich von Dusche und Wanne)	✓	✓✓	✓		
	Decke Sportstätten/Wellnessbereiche (Deckenhöhe ≥ 3 m)	✓	✓✓	✓	✓	
	Boden Badezimmer mit häuslicher Nutzung außerhalb des Duschbereiches					✓✓
W2-I (A – hoch)	**Wand** Öffentliche Duschen oder Nassräume von Sportstätten			✓✓		
	Decke Schwimmbäder / Öffentliche Duschen			✓	✓✓	
W3-I (C – hoch)	**Wand** Gewerbliche Küchen oder Wäschereien mit chemischer Beanspruchung			✓✓		
	Decke Gewerbliche Küchen oder Wäschereien mit chemischer Beanspruchung			✓	✓✓	

✓✓ *Empfehlung* ✓ *Geeignet* *Nicht geeignet*

Abb. 2.7 Vergleich der Anwendungsbereiche der Knauf Platten in Feucht- und Nassbereichen (Quelle: Knauf Technische Broschüre FN01.de Trockenbaulösungen in Feucht und Nassräumen, Stand 05/2018, Seiten 14 + 15)

DIN 18534-1:2017-07 „Abdichtung von Innenräumen" – Teil 1: Anforderungen, Planungs- und Ausführungsgrundsätze
6.2 Untergrundbeschaffenheit

„Für W2-I und W3-I sind feuchteunempfindliche Untergründe erforderlich, z. B.

- Beton nach DIN EN 206,
- Kalkzementputz der Mörtelgruppe CS II/III nach DIN EN 998-1,
- Zementputz der Mörtelgruppe CS IV nach DIN EN 998-1,
- Hohlwandplatten aus Leichtbeton nach DIN 18148,
- zementgebundene mineralische Bauplatten,
- Verbundelemente aus expandiertem oder extrudiertem Polystyrol mit Mörtelbeschichtung und Gewebearmierung,
- Porenbeton-Bauplatten nach DIN 4166,
- Zementestrich,
- korrosionsgeschützte metallische Werkstoffe.

Bei Trockenbau-Unterkonstruktionen muss das Metall-Ständerwerk zusätzlich korrosionsgeschützt sein (mindestens Korrosivitätskategorie ‚C3 hoch' nach DIN EN ISO 12944-2 und DIN 55634),
bei Holz-Ständerwerk ist DIN 68800 zu beachten (z. B. chemischer Holzschutz, resistente Hölzer).

Andere Unterkonstruktionen müssen dauerhaft feuchteunempfindlich sein. Besondere Regelungen zu den Untergründen können sich aus DIN 18534–2 ff. ergeben.“

DIN 18534-1:2017-07 „Abdichtung von Innenräumen“ – Teil 1: Anforderungen, Planungs- und Ausführungsgrundsätze
8.5.2 Abdichtung von Bereichen unter/hinter Bade- oder Duschwannen
„Bereiche unter/hinter Bade- oder Duschwannen sind vor Wassereinwirkung zu schützen. Die Abdichtung dieser Bereiche ist folgendermaßen auszuführen:

- Anschließen des Wannenrandes an die Abdichtungsschicht z. B. mit Wannenranddichtbändern bzw. Zargen, oder
- Fortführen der Abdichtungsschicht unter und hinter der Wanne ggf. mit Unterflurentwässerung.

Dichtstofffugen am Wannenrand stellen keine Abdichtung im Sinne dieser Norm dar. Ist auf Flächen unter/hinter Bade- und Duschwannen eine Abdichtung geplant, dürfen dort nur die für die Wannen selbst erforderlichen Rohre und Leitungen geplant werden. Durchdringungen für diese Rohre und Leitungen sind so zu planen, dass die Abdichtungsschicht sicher anzuschließen ist.
Bei feuchteempfindlichen Bauteilen (z. B. im Holzbau, Trockenbau, Stahlbau) muss der Schutz gegen Feuchte bei der Planung besonders beachtet werden.“

Tab. 2.4 Zulässige Untergrundbeschaffenheit in Abhängigkeit der Wassereinwirkungsklasse nach DIN 18534-1:2017-07

Material/Abdichtungsuntergrund	Wassereinwirkungsklasse und Wassereinwirkung nach DIN 18534-1			
	W0-I	W1-I	W2-I	W3-I
	Gering	Mäßig	Hoch	Sehr hoch
Beton nach DIN 1045	+	+	+	+
Kalkzementputz der Mörtelgruppe CS 11/111 nach DIN EN 998-1[1] und DIN 18550-2[2]	+	+	+	+
Zementputz der Mörtelgruppe CS IV nach DIN EN 998-1	+	+	+	+
Zementgebundene mineralische Bauplatten	+	+	+	+
Hohlwandplatten aus Leichtbeton nach DIN 18148[3]	+	+	+	+
Verbundelemente aus expandiertem oder extrudiertem Polystyrol mit Mörtelbeschichtung und Gewebearmierung	+	+	+	+
Gips- und Gipskalkputz aus Gipstrockenmörtel nach DIN EN 13279-1[4]	+	+	–	–
Gips-Wandbauplatten nach DIN EN 12859[5]	+	+	–	–

Tab. 2.4 (Fortsetzung)

Material/Abdichtungsuntergrund	Wassereinwirkungsklasse und Wassereinwirkung nach DIN 18534-1			
	W0-I	W1-I	W2-I	W3-I
	Gering	Mäßig	Hoch	Sehr hoch
Gipsplatten nach DIN 18180[6] bzw. DIN EN 520[7] Gipsplatten mit Vliesarmierung nach DIN EN 15283-1[8] Gipsfaserplatten nach DIN EN 15283-2[9]	+	+	–	–
Porenbeton-Bauplatten nach DIN 4166[10]	+	+	+	+
Zementestrich	+	+	+	+
Calciumsulfatgebundene Estriche nach DIN EN 13813[11]	+	+	–	–
Korrosionsgeschützte metallische Werkstoffe	+	+	+	+
Holz und Holzwerkstoffe[12]	–	–	–	–

+ zulässig; – nicht zulässig

[1] DIN EN 998-1:2017-02 „Festlegungen für Mörtel im Mauerwerksbau – Teil 1: Putzmörtel“

[2] DIN 18550-2:2018-01 „Planung, Zubereitung und Ausführung von Außen- und Innenputzen – Teil 2: Innenputze“

[3] DIN 18148:2000-10 „Hohlwandplatten aus Leichtbeton“

[4] DIN EN 13279-1:2008-11 „Gipsbinder und Gips-Trockenmörtel – Teil 1: Begriffe und Anforderungen“

[5] DIN EN 12859:2011-05 „Gips-Wandbauplatten – Begriffe, Anforderungen und Prüfverfahren“

[6] DIN 18180:2014-09 „Gipsplatten – Arten und Anforderungen“

[7] DIN EN 520:2009-12 „Gipsplatten – Begriffe, Anforderungen und Prüfverfahren“

[8] DIN EN 15283-1:2009-12 „Faserverstärkte Gipsplatten – Begriffe, Anforderungen und Prüfverfahren – Teil 1: Faserverstärkte Gipsplatten“

[9] DIN EN 15283-2:2009-12 „Faserverstärkte Gipsplatten – Begriffe, Anforderungen und Prüfverfahren – Teil 2: Gipsfaserplatten“

[10] DIN 4166:1997-10 „Porenbeton-Bauplatten und Porenbeton-Planbauplatten“

[11] DIN EN 13813:2003-01 „Estrichmörtel, Estrichmassen und Estriche – Estrichmörtel und Estrichmassen“

[12] Holz und Holzwerkstoffe sind gem. DIN 18534 prinzipiell zulässig als Untergrund für Abdichtungen. Jedoch werden diese in den entsprechenden Teilen und im ZDB-Merkblatt für Abdichtungen im Verbund (AIV) ausgeschlossen. Weiter sind diese als Untergrund für Fliesen, die im Dünnbettverfahren verlegt werden, ungeeignet. Hier wären weitere Maßnahmen erforderlich, wie bspw.eine Entkopplung.

2.2.4 Wahl des Abdichtungsmaterials

Die Wahl des Abdichtungsmaterials erfolgt anhand verschiedener Randbedingungen. Hier werden in Tab. 2.5 die möglichen Randbedingungen zusammengefasst. Bei der Anwendung dieser Tabelle muss jedoch beachtet werden, dass ggf. nicht sämtliche Abdichtungsstoffe der Norm diese Randbedingungen, wie die Wassereinwirkungsklasse **W** aus der Nutzung

Tab. 2.5 Abdichtungsstoffe und ihre möglichen Randbedingungen in der Anwendung

Teil der DIN 18534	Abdichtungsbauart	Untergrund	Zul. W	Zul. R
2	Bahnenförmige Abdichtungsstoffe	++	W3-I	R3-I
3	(AIV-F) flüssige Abdichtungsstoffe im Verbund	–	W3-I	R1-I
4	Gussasphalt oder Asphaltmastix	––	W3-I	R3-I
5	(AIV-B) bahnenförmige Abdichtungsstoffe im Verbund	–	W2-I	R1-I
6	(AIV-P) plattenförmige Abdichtungsstoffe im Verbund	+	W2-I	R1-I

++ Die Abdichtungsbauarten nach DIN 18534-2 dürfen in allen Wassereinwirkungsklassen auch auf feuchteempfindlichen Untergründen verlegt werden.
+ Feuchteempfindliche Untergründe aus Holz und Holzwerkstoffen sind als Untergrund für nicht geeignet. Sie erfordern besondere Maßnahmen.
– Feuchteempfindliche Untergründe aus Holz und Holzwerkstoffen sind als Untergrund für nicht geeignet.
–– Für die Abdichtung sind nur Untergründe aus Beton, Zementestrich und dafür beständige Dämmschichten zulässig.

und die Rissklasse **R** aus dem Untergrund, zulassen. Für weitere Informationen diesbezüglich sei in die Abschnitte dieses Buches bzw. die Norm verwiesen.

Aus meiner Erfahrung sind Abdichtungen mit Gussasphalt (Teil 4) und plattenförmigen Abdichtungsstoffen (Teil 6) eher selten anzutreffen und werden nur bei speziellen Anforderungen verwendet. Bahnenförmige Abdichtungen (Teil 2) dienen häufig als zusätzliche Abdichtung in bspw. Großküchen und sind aufgrund ihrer Einbauanforderungen im Wohnungsbau eher selten anzutreffen. Anhang B der Norm bietet weitere allgemeine Hinweise für die Wahl des Abdichtungsmaterials.

2.3 Abdichtung mit bahnenförmigen Abdichtungsstoffen nach DIN 18534-2

Dieser Abschnitt befasst sich mit der DIN 18534-2:2017-07 (Teil 2) – Abdichtung mit bahnenförmigen Abdichtungsstoffen. Gemeint sind hiermit zum einen Bitumen- und Polymerbitumenbahnen, zum anderen Kunststoff- oder Elastomerbahnen oder eine Kombination aus beiden. Wichtig ist hierbei zu beachten, dass es sich nicht um eine Abdichtung im Verbund handelt und die Abdichtungsbahnen keinen direkten Untergrund für den Fliesenbelag darstellen. Abdichtungen im Verbund mit bahnenförmigen Abdichtungsstoffen (AIV-B) werden im Teil 5 der Abdichtungsnorm beschrieben und im vorliegenden Buch im Abschn. 2.4.2 behandelt.

DIN 18534-2:2017-07 „Abdichtung von Innenräumen“ – Teil 2: Abdichtung mit bahnenförmigen Abdichtungsstoffen
7.3.5 Abdichtungsaufbau

„Die Abdichtungsschicht aus Bitumen- und Polymerbitumenbahnen für W0-I bis W2-I ist einlagig aus einem der in [Tab. 2.6] aufgeführten Stoffe auszuführen.
Die Abdichtungsschicht aus Bitumen- und Polymerbitumenbahnen für W3-I ist zweilagig aus den in [Tab. 2.7] aufgeführten Stoffen auszuführen. Dabei können die Bahnen der Spalte 1 mit den Bahnen der Spalte 2 in der gleichen Zeile beliebig kombiniert werden.“

DIN 18534-2:2017-07 „Abdichtung von Innenräumen“ – Teil 2: Abdichtung mit bahnenförmigen Abdichtungsstoffen
7.4.4 Abdichtungsaufbau

„Die Abdichtungsschicht aus Kunststoff- oder Elastomerbahnen für W0-I bis W3-I ist einlagig aus den in [Tab. 2.8] genannten Stoffen herzustellen.“

Tab. 2.6 Stoffe für Abdichtungen mit Bitumen- und Polymerbitumenbahnen, Typ BA nach DIN 18534-1:2017-07, Tabelle 2

Nr.	1	2
	Bahnenart	**Kurzzeichen nach DIN SPEC 20000-202**
1	Bitumen-Dachdichtungsbahnen	G 200 DD
2		PV 200 DD
3	Polymerbitumen-Dachdichtungsbahnen	PYE G 200 DD
4		PYE PV 200 DD
5	Bitumenschweißbahnen	V 60 S4
6		G 200 S4
7		PV 200 S5
8		KTG S4
9		KTP S4
10	Polymerbitumenschweißbahnen	PYE G 200 S4
11		PYE PV 200 S5
12		PYE KTG S4
13		PYE KTP S4
14	Kaltselbstklebende Polymerbitumenbahnen mit Trägereinlage	PYE–KTG KSP-2,8
15		PYE–KTP KSP-2,8
16	Kaltselbstklebende Bitumen-Dichtungsbahn mit HDPE -Trägerfolie	KSK

Tab. 2.7 Stoffe für Abdichtungen mit Bitumen- und Polymerbitumenbahnen für W3-I nach DIN 18534-1:2017-07, Tabelle 5

Nr.	1	2
	erste Abdichtungslage Typ BA, Kurzzeichen nach DIN SPEC 20000-202	**zweite Abdichtungslage Typ BA, Kurzzeichen nach DIN SPEC 20000-202**
1	PYE G 200 DD oder PYE PV 200 DD	PYE G 200 DD oder PYE PV 200 DD
2	PYE G 200 S4 oder PYE PV 200 S5 oder PYE KTG S4 oder PYE KTP S4	PYE G 200 S4 oder PYE PV 200 S5 oder PYE KTG S4 oder PYE KTP S4
3	PYE KTG KSP 2,8 oder PYE KTP KSP	PYE G 200 S4 oder PYE PV 200 S5 oder PYE KTG S4 oder PYE KTP S4
4	G 200 DD oder PV 200 DD	PYE G 200 DD oder PYE PV 200 DD oder PYE G 200 S4 oder PYE PV 200 S5 oder PYE KTG S4 oder PYE KTP S4
5	G 200 S4 oder G 200 S5 oder PV 200 S5 oder KTG S4 oder KTP S4	PYE G 200 S4 oder PYE PV 200 S5 oder PYE KTG S4 oder PYE KTP S4

Tab. 2.8 Stoffe für die Abdichtung mit Kunststoff- oder Elastomerbahnen, Typ BA nach DIN 18534-1:2017-07, Tabelle 8

Nr.	1	2	3
	Bahnenart	**Kurzzeichen nach DIN SPEC 20000-202 ohne Dickenangabe**[a]	
		Kunststoff	**Elastomer**
1	Homogene Bahnen	EVA-BV	EPDM-BV
2		PVC-P-NB	
3		PVC-P-BV	
4		PIB-BV	
5		FPO-BV	
6	Homogene Bahnen mit Selbstklebeschicht	PVC-P-BV-SK	EPDM-BV-SK
7	Bahnen mit Einlagen	ECB-BV-E-GV	
8		FPO-BV-E-GV	
9		PVC-P-NB-E-GV	
10		PVC-P-BV-E-GV	
11	Bahnen mit Einlage mit Selbstklebeschicht oder Polymerbitumenbeschichtung	ECB-BV-E-GV-SK	
12		PVC-P-BV-G-GV-SK	
13		PVC-P-BV-G-GV-PBS	
14	Bahnen mit Verstärkung	FPO-BV-V-(X)	EPDM-BV-V-(X)
15		ECB-BV-V-(X)	
16		EVA-BV-V-(X)	
17		PVC-P-NB-V-(X)	
18		PVC-P-BV-V-(X)	
19	Bahnen mit Verstärkung mit Selbstklebeschicht oder Polymerbitumenbeschichtung	PVC-P-BV-V-(X)-SK	EPDM-BV-V-(X)-SK
20		PVC-P-BV-V-(X)-PBS	EPDM-BV-V-(X)-PBS
21	Bahnen mit Kaschierung	EVA-BV-K-(X)	EPDM-BV-K-(X)
22		FPO-BV-E-GV-K-(X)	
23		FPO-BV-V-(X)-K-(X)	
24		PVC-P-NB-K-(X)	
25		PVC-P-BV-K-(X)	
26		PVC-P-NB-E-GV-K-(X)	
27		PVC-P-BV-E-GV-K-(X)	
28		PVC-P-NB-V-(X)-K-(X)	
29		PVC-P-BV-V-(X)-K-(X)	
30		ECB-BV-E-GV-K-(X)	
31		PIB-BV-K-(X)	
32	Bahnen mit Kaschierung mit Selbstklebeschicht	PVC-P-BV-K-(X)-SK	EPDM-BV-K-(X)-SK
33		EVA-BV-K-(X)-SK	
34		FPO-BV-E-GV-K-(X)-SK	

[a] Für W0-I bis W2-I muss die Dicke der Bahn ≥ 1,2 mm, für W3-I ≥ 1,5 mm sein. Beispiel für Kurzbezeichnung: PVC-P-NB-1,5.

2.4 Abdichtung im Verbund (AIV)

Insbesondere das ZDB-Merkblatt „Abdichtung im Verbund“:2022-11 gibt wichtige Praxishinweise zur Ausführung von Abdichtungen im Verbund im Allgemeinen und auch speziell für die verschiedenen Abdichtungsstoffe. Dabei werden Begrifflichkeiten einheitlich zur DIN 18195 verwendet. Im Folgenden werden einige allgemein relevante Auszüge vorgestellt.

ZDB-Merkblatt Abdichtung im Verbund (AIV):2022-11
1.1 Allgemeine Hinweise
„Dieses Merkblatt beschreibt AIV für Wassereinwirkungen, wie sie im Innenbereich eines Gebäudes gemäß den in [Abschn. 2.2.2 (Tab. 2.3)] beschriebenen Einwirkungsklassen auftreten.
[…]

4.2.2 Abdichten von Durchdringungen und Einbauteilen

Abschlüsse und Übergänge
Türen sind möglichst außerhalb des spritzwasserbeanspruchten Bereiches zu planen. Befinden sich Türen im Spritzwasserbereich, gilt:
In den Leibungen ist die Abdichtungsschicht hochzuführen. Bei bereits vorhandenen Türzargen sind diese mit der Abdichtungsschicht zu hinterfahren. Die Türzargen sollten aus diesem Grund erst nach Ausführung der Abdichtungsschicht eingebaut werden.
Ein Übertritt von Wasser auf nicht abgedichtete angrenzende Bodenflächen ist zu vermeiden. Hierzu sind in den Türen/Zugängen Schwellenabschlüsse mit Niveauunterschied von $\geq$ 1 cm, z. B. in Form von Schrägflächen, Schwellen oder Winkel, zu planen.
Bei Wassereinwirkungsklasse W3-I ist in diesen Bereichen immer eine Rinne anzuordnen.

Badewannen und Duschwannen
Bereiche unter/hinter Bade- oder Duschwannen sind vor Wassereinwirkung zu schützen. Die Abdichtung ist in diesen Bereichen wie nachfolgend auszuführen:
- Anschließen des Wannenrandes an die Abdichtungsschicht, z. B. mit Wannenranddichtbändern oder Zargen, bzw.
- Fortführen der Abdichtungsschicht ohne Fliesenbelag unter und hinter der Wanne. Bei feuchtigkeitsempfindlichen Untergründen kann eine Abdichtung unter den Wannen erforderlich werden, um Schäden durch Kondensatbildung zu vermeiden.

Dichtstofffugen zwischen Badewanne/Duschwanne und Wand stellen keine Abdichtungsmaßnahme im Sinne der DIN 18534 dar.
[…]

7 Begriffe/Definitionen

Feuchtigkeitsempfindliche Untergründe
Stofflicher Aufbau: wasserempfindlich, z. B. Gipswerkstoffe, Calciumsulfatestriche, Holzwerkstoffe (Anmerkung: Holzwerkstoffe sind als direkter Untergrund für AIV mit Bekleidungen und Belägen aus Fliesen und Platten nicht geeignet.)“

Die alten ZDB-Merkblätter werden nachfolgend (auch wenn sie „zurückgezogen"/veraltet sind) aufgeführt, da sich i. d. R. aktuelle Rechtstreitigkeiten noch auf die alte Beschaffenheitsvereinbarungen beziehen. Hieraus geht unter anderem hervor, dass viele Hinweise bereits lange anerkannte Regel der Technik sind. Weiter geht hieraus hervor, dass durch die Novellierungen zum Teil lediglich einzelne Formulierungen präzisiert wurden.

ZDB-Merkblatt Abdichtung im Verbund (AIV):2019-08 (alt – zurückgezogen)
1.1 Allgemeine Hinweise
„Dieses Merkblatt beschreibt AIV mit Fliesen und Platten im Innenbereich unter Berücksichtigung von Wassereinwirkungsklassen und Untergründen. Die in diesem Merkblatt beschriebenen AIV haben sich in der praktischen Anwendung bewährt. Die hier beschriebenen AIV sind in DIN 18534-1, -3, -5, -6 geregelt, die auch die Anforderungen an die Produkte beschreibt.
[…]

4.2.2 Abdichten von Durchdringungen und Einbauteilen

Bodenabläufe
Siehe Leitfaden ‚Hinweise für die Planung und Ausführung von Abläufen und Rinnen in Verbindung mit Abdichtungen im Verbund (AIV)'.

Abschlüsse und Übergänge
Türen sind möglichst außerhalb des spritzwasserbeanspruchten Bereiches zu planen. Befinden sich Türen im Spritzwasserbereich, gilt:
In den Leibungen ist die Abdichtungsschicht hochzuführen. Bei bereits vorhandenen Türzargen sind diese mit der Abdichtungsschicht zu hinterfahren. Die Türzargen sollten aus diesem Grund erst nach Ausführung der Abdichtungsschicht eingebaut werden.
[…]

7 Begriffe/Definitionen

Bodengleiche Dusche
Duschbereiche, die mittels Duschwannen, Duschelementen und Ablaufsystemen zum Einbau in die Estrichkonstruktion erstellt werden und in die AIV integriert werden.

Feuchtigkeitsempfindliche Untergründe
Stofflicher Aufbau: wasserempfindlich, z. B. Gipswerkstoffe, Calciumsulfatestriche, Holzwerkstoffe (Anmerkung: Holzwerkstoffe sind als direkter Untergrund für AIV mit Bekleidungen und Belägen aus Fliesen und Platten nicht geeignet.)

Feuchtigkeitsunempfindliche Untergründe
Stofflicher Aufbau: wasserunempfindlich, z. B. Bauteile aus Beton, zementäre Dichtputze, Putze der Mörtelgruppe P II und P III, Mauerwerk, Porenbeton, zementgebundene mineralische Bauplatten"

> **Hinweis:** Einige Begriffe im folgenden ZDB-Merkblatt wurden analog zur alten DIN 18195 verwendet, sind veraltet und wurden in der DIN 18534-1:2017-07 geändert. Das Merkblatt teilt hier beispielsweise nur in die Beanspruchungen hoch (A, B, C) und mäßig (A0, B0) ein.

ZDB-Merkblatt Verbundabdichtung:2010-01 (alt – zurückgezogen)
Einführung
„Nach den Bauordnungen der Bundesländer sind Bauwerke und Bauteile so anzuordnen, dass durch Wasser, Feuchtigkeit […] sowie andere chemische, physikalische oder biologische Einflüsse Gefahren oder unzumutbare Belästigung nicht entstehen. Durch Feuchtigkeit beanspruchte bauliche Anlagen, wie z. B. Bäder, sind deswegen gegen Durchfeuchtungen zu schützen.
[…]

4.2.2 Abdichten von Durchdringungen und Einbauteilen

Trennschienen
Für das Befestigen der Schiene sind ggf. im Estrich Aussparungen vorzusehen. Die Schienen sind mit Reaktionsharz oder anderen geeigneten Werkstoffen zu befestigen oder zu vergießen.
Die Flächenabdichtungen sind an Trennschienen in Türdurchgängen mit Gewebe, Vlies oder Folien anzuschließen oder mit Abdichtungsstoffen einzudichten.

Türen
Die Abdichtung im Bereich von Türen ist durch geeignete Maßnahmen sicherzustellen (z. B. Türzargen nach Ausführung der Verbundabdichtung einbauen).

Badewannen und Duschwannen
Bei feuchteempfindlichen Umfassungsbauteilen oder Verlegeuntergründen sowie Beanspruchungsklassen A und C ist die Flächenabdichtung auch unter und hinter Wannen erforderlich und vom Planer gewerbeübergreifend vorzusehen oder die Abdichtung durch andere geeignete Maßnahmen (z. B. Dichtbänder für den Wannenanschluss) sicherzustellen.
Die Ausführung einer elastischen Fuge zwischen Badewanne/Duschwanne und Wand stellt keine Abdichtungsmaßnahme dar. Mit Fugenprofilen oder elastischen Fugenfüllstoffen geschlossene Fugen sind nicht wasserdicht. Mit elastischen Füllstoffen geschlossene Fugen unterliegen chemischen und/oder physikalischen Einflüssen nach DIN 52460, Abschnitt 2 und können reißen. Die unvermeidbare Verformung bei schwimmenden Konstruktionen überschreiten in der Regel die Elastizität der Fugenfüllstoffe. Eine Erneuerung der Fugenfüllstoffe ist ggf. vorzunehmen, um Folgeschäden zu vermeiden.
Bade- und Duschwannen müssen so standfest installiert (montiert) sein, dass der elastische Fugenfüllstoff in der Anschlussfuge bei bestimmungsgemäßer Nutzung

(Belastung) nicht über den Wert seiner zulässigen Gesamtverformung (ZGV) hinaus gedehnt und gestaucht wird.
[…]

5 Ansetzen und Verlegen von Fliesen und Platten
Fliesen und Platten sind in einem gesonderten Arbeitsgang nach DIN 18157 anzusetzen oder zu verlegen."

2.4.1 Abdichtung mit flüssig zu verarbeitenden Abdichtungsstoffen im Verbund (AIV-F) nach DIN 18534-3

Dieser Abschnitt befasst sich mit der DIN 18534-3:2017-07 (Teil 3) – Abdichtung mit flüssig zu verarbeitenden Abdichtungsstoffen im Verbund mit Fliesen und Platten (AIV-F). Gemeint sind hiermit Polymerdispersionen, rissüberbrückende mineralische Dichtschlämmen und Reaktionsharze. Eine mögliche Ausführung der Abdichtung im Duschbereich mit Flüssigkunststoff bei einer Altbausanierung ist in Abb. 2.8 dargestellt.

Abb. 2.8 Abdichtung im Wand- und Bodenbereich einer Dusche mit Flüssigkunststoff (hier: Altbau)

Tab. 2.9 Zuordnung der Abdichtungsbauarten

Nr.	1	2	3	4	5
	Abdichtungsbauart		Wassereinwirkungsklasse	Rissklasse	Mindesttrockenschichtdicke (d_{min})
1	Mit Polymerdispersion (DM)	An Wänden	W0-I bis W2-I	R1-I	0,5 mm
2		Auf Böden	W0-I bis W1-I		
3	Mit rissüberbrückenden mineralischen Dichtungsschlämmen (CM)	An Wänden und auf Böden	W0-I bis W3-I		2,0 mm
4	Mit Reaktionsharzen (RM)				1,0 mm

2.4.1.1 Schichtdicke

Alle Abdichtungen, insbesondere streichbare Flüssigabdichtungen, müssen eine gewisse Schichtdicke aufweisen.

> **DIN 18534-3:2017-07 „Abdichtung von Innenräumen" – Teil 3: Abdichtung mit flüssig zu verarbeitenden Abdichtungsstoffen im Verbund mit Fliesen und Platten (AIV-F)**
> **7.5.3 Mindesttrockenschichtdicke der Abdichtungsschicht**
> „Die Abdichtungsschicht muss überall die geforderte Mindesttrockenschichtdicke (d_{min}) nach [Tab. 2.9] aufweisen. Ist die in der ETA oder im abP für das Abdichtungsprodukt angegebene Mindesttrockenschichtdicke größer als die in dieser Norm geforderte Mindesttrockenschichtdicke, so gilt der größere Wert (siehe auch 8.2)."

Gem. Abschnitt 8.2 in besagter Norm muss die Schichtdicke hierzu im nassen Zustand als Nassschichtdicke gemessen werden und kann, falls nach der Ausführung Zweifel an dieser

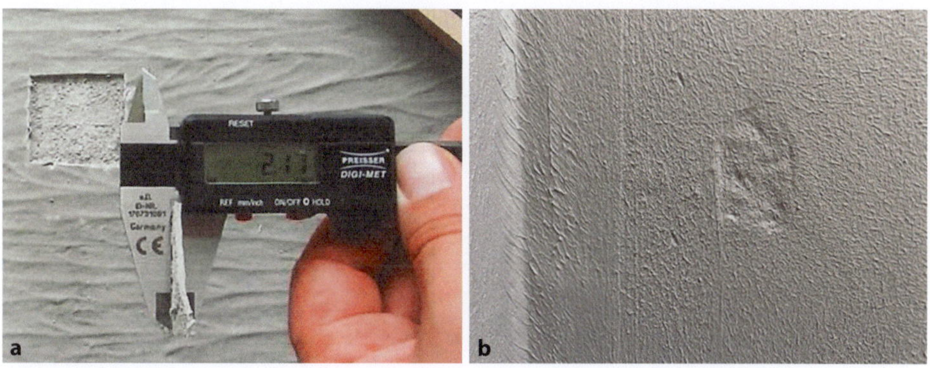

Abb. 2.9 Überprüfung der Schichtdicke: **a** Prüfung der Mindesttrockenschichtdicke; **b** Unzureichende Schichtdicke, visuell durch Vertiefung erkennbar (Quelle: a Fa. SOPRO: Planer XI, S. 77; b eigene Aufnahme)

bestehen, zur Bestätigung, wie in Abb. 2.9a dargestellt, überprüft werden (Bestätigungsprüfung). Wichtig ist hierbei, zu beachten, dass die Nassschichtdicke größer als die Trockenschichtdicke sein muss. Hierzu sind unbedingt die Herstellerangaben zu berücksichtigen. Zur Bestätigungsprüfung muss eine kleine Fläche aus der Abdichtung herausgeschnitten werden. Diese Stelle muss danach wieder abgedichtet werden und verursacht einen zusätzlichen Aufwand. Sinnvoll ist es hierbei, von Anfang an eine Bestätigungsprüfung mit einzuplanen bzw. -kalkulieren.

In vielen Fällen kann man bereits visuell eine zu geringe Schichtdicke wahrnehmen. Beispielweise durchscheinende Unterkonstruktionen, Vliese oder Unebenheiten, wie in Abb. 2.9b dargestellt, sind gute Indikatoren hierfür.

DIN 18534-3:2017-07 „Abdichtung von Innenräumen“ – Teil 3: Abdichtung mit flüssig zu verarbeitenden Abdichtungsstoffen im Verbund mit Fliesen und Platten (AIV-F)
8.1 Ausführung – Allgemeines
„[…] Die Abdichtungsschicht muss mindestens in zwei Aufträgen, bei Polymerdispersionen in unterschiedlichen Farben (Kontrast), ausgeführt werden. Jeder Auftrag ist deckend aufzubringen.“

Definition:
d_s Nenntrockenschichtdicke
d_{min} Mindesttrockenschichtdicke
d_z Dickenzuschlag im Nasszustand
$d_s = d_{min} + d_z$

Durch den Dickenzuschlag im Nasszustand kann ein Unterschreiten der Mindesttrockenschichtdicke vermieden werden, da wie in Abb. 2.10 dargestellt, die Abdichtungsschicht schwindet. Die flüssig zu verarbeitenden Abdichtungsstoffe sind in mindestens zwei Lagen/ Arbeitsgängen zu applizieren. Diese sollten in der Regel gleich stark ausgeführt werden. Zusätzlich bieten einige Hersteller auch für Reaktionsharze verschiedene Kontrastfarben an, um einen deckenden Anstrich zu gewährleisten.

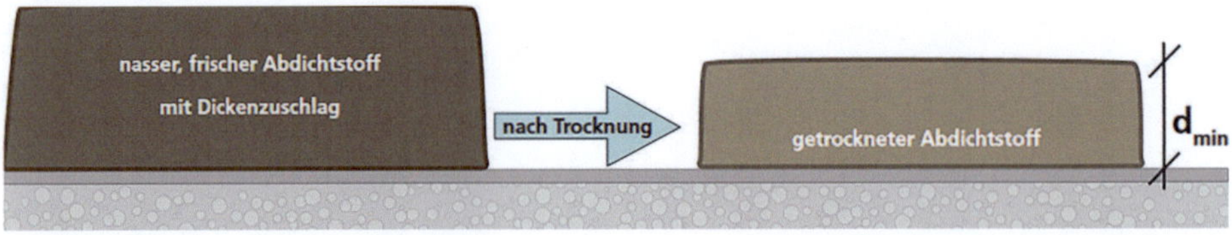

Abb. 2.10 Schichtdickenunterschiede zwischen frischem und getrocknetem Zustand. (Quelle: Fa. SOPRO: Planer XI, S. 76)

Weiter bieten einige Produkthersteller Hinweise zur Verarbeitung, wie die Schichtdicken eingehalten werden können, an.

PCI-Augsburg: Technisches Merkblatt 177:2022-01, Seite 3
„[Das Material] unverdünnt durch Rollen (Lammfellrolle), Streichen (Malerquast, Flächenstreicher) oder Spachteln satt und oberflächendicht in mindestens 2 Auftragsschichten auf den Untergrund aufbringen.
Rohrdurchgänge und Bodenabläufe mit [Dichtmanschette], Eckfugen und Boden-Wand-Anschlüsse mit [Dichtband] in die erste Auftragsschicht einlegen. Überstehende Geweberänder werden mit der zweiten Schicht überdeckt.
Das Aufbringen weiterer Schichten erfolgt jeweils nach dem Trocknen des vorhergehenden Auftrags. Zur Erleichterung der Schichtdickenkontrolle empfiehlt es sich, den ersten Auftrag in der Kontrollfarbe grau und die folgende(n) Schicht(en) im Farbton weiß auszuführen. Ein Durchscheinen der Untergrundfarbe signalisiert eine zu dünne Auftragsstärke und ist zu vermeiden.“

2.4.1.2 Detailausbildung

DIN 18534-3:2017-07 „Abdichtung von Innenräumen“ – Teil 3: Abdichtung mit flüssig zu verarbeitenden Abdichtungsstoffen im Verbund mit Fliesen und Platten (AIV-F)
7.6.1 Übergang zwischen Boden/Decke und Wand sowie in Wandecken
„Am Übergang der Abdichtung zwischen Boden/Decke und Wand sowie in vertikalen Wandecken müssen in das flüssig zu verarbeitende Abdichtungsmaterial Stoffe wie z. B. Vliese, Dichtbänder (ggf. mit Schnittschutz) hinterlaufsicher eingearbeitet werden. Dazu sind Stoffe nach der ETA oder dem abP zu verwenden. Für rechtwinklige Innen- und Außenecken in diesem Bereich sollten vorgefertigte Formstücke verwendet werden. Sofern die Dichtbänder oder -manschetten an der Oberfläche mit ggf. feuchtigkeitsleitenden Fasern (z. B. haftvermittelnde Textilien oder Vliese) versehen sind, müssen diese entsprechend der Herstellerangabe vollständig mit der Abdichtungsschicht bzw. dem Klebstoff wasserdicht überarbeitet werden.“

Die Einarbeitung bspw. eines Vlieses ist insbesondere von Relevanz, um Bewegungen des Untergrundes aufzunehmen. Anderenfalls besteht hierbei das Risiko, wie in Abb. 2.11 dargestellt, dass es bei Bewegungen des Untergrundes zu Rissbildungen in der Abdichtung kommt.

Darüber hinaus ist die Anordnung eines Schnittschutzes in jedem Fall sinnvoll. Hierdurch wird das Risiko der Beschädigung der Abdichtung beim Austausch der elastischen Verfugung gravierend reduziert.

Abb. 2.11 Rissbildung in der Abdichtung infolge von Bewegungen innerhalb eines Plattenstoßes zweier GK-Platten

2.4.1.3 Ausführung der Abdichtung im Verbund

Das ZDB-Merkblatt Abdichtung im Verbund:2022-11 bietet wertvolle praktische Hinweise zur fachgerechten Ausführung von Verbundabdichtungen. Dabei werden die verwendeten Begriffe in Übereinstimmung mit der DIN 18195 einheitlich definiert.

ZDB-Merkblatt Abdichtung im Verbund (AIV):2022-11
4.1.1 Flüssig zu verarbeitende Abdichtungsstoffe (AIV-F)

„Grundsätzlich gilt für flüssig aufzubringende Abdichtungsstoffe nach DIN 18534-3: Die Abdichtungsschicht ist in mindestens zwei Arbeitsgängen/Lagen nach Herstellerangaben aufzutragen. Vor dem Auftragen jeder weiteren Lage muss die darunterliegende Lage soweit ausgehärtet bzw. getrocknet sein, dass sie durch den nachfolgenden Arbeitsgang nicht beschädigt wird.

Im Bereich W3-1 ist die Nassschichtdickenkontrolle nach DIN 18534 zu dokumentieren.

Unabhängig vom Nutzungsbereich gelten folgende Mindesttrockenschichtdicken:
für Kunststoff-Mörtel-Kombinationen: 2,0 mm
für Reaktionsharzabdichtungen: 1,0 mm
für Polymerdispersionen: 0,5 mm

Bei Polymerabdichtungen ist das Erreichen der Schichtdicke vom Handwerker über den zweifarbigen Auftrag und die Verbrauchsmenge zu kontrollieren. Die geforderte Zweifarbigkeit und die Verbrauchsmenge sind keine Prüfkriterien nach Fertigstellung.

Im Schadensfall kann durch Ausbau, eine Zerstörung der Abdichtungsschicht und des Untergrunds, die geschuldete Schichtdicke anhand einer Laborprüfung ermittelt werden.“

Die alten ZDB-Merkblätter werden nachfolgend (auch wenn sie „zurückgezogen"/veraltet sind) aufgeführt, da sich i. d. R. aktuelle Rechtstreitigkeiten noch auf die alte „Beschaffenheitsvereinbarungen" beziehen.

ZDB-Merkblatt Abdichtung im Verbund (AIV):2019-08 (alt – zurückgezogen)
4.1.1 Flüssig zu verarbeitende Abdichtungsstoffe
„Grundsätzlich gilt für flüssig aufzubringende Abdichtungsstoffe nach DIN 18534-3: Die Abdichtungsschicht ist in mindestens zwei Arbeitsgängen/Lagen nach Herstellerangaben aufzutragen. Vor dem Auftragen jeder weiteren Lage muss die darunterliegende Lage soweit ausgehärtet bzw. getrocknet sein, dass sie durch den nachfolgenden Arbeitsgang nicht beschädigt wird.
Der Auftrag jeder Lage muss fehlstellenfrei, gleichmäßig und entsprechend dick erfolgen. Die Schichtdickenkontrolle während der Ausführung erfolgt z. B. durch den Materialverbrauch (Gebindeanzahl pro Flächeneinheit). Die erforderliche Nassschichtdicke ist vom Hersteller anzugeben. Handwerklich bedingt sind Schwankungen der Schichtdicke beim Auftragen des Materials nicht auszuschließen, die unten angegebenen Mindesttrockenschichtdicken sind jedoch einzuhalten.
Untergrund- und verarbeitungsbedingt kann ein Dickenzuschlag zur Nassschichtdicke von 25 % der Mindesttrockenschichtdicke erforderlich sein, sofern der Hersteller dazu keine anderen Angaben macht."

2.4.2 Abdichtung mit bahnenförmigen Abdichtungsstoffen im Verbund (AIV-B) nach DIN 18534-5

Dieser Abschnitt befasst sich mit der DIN 18534-5:2017-07 (Teil 5) – Abdichtung mit bahnenförmigen Abdichtungsstoffen im Verbund mit Fliesen und Platten (AIV-B). Diese bestehen aus Kunststoffbahnen auf thermoplastischer oder elastomerer Basis und sind ein- oder beidseitig vlieskaschiert, in Abhängigkeit davon, ob die Bahnen profiliert oder nicht profiliert sind.

DIN 18534-5:2017-07 „Abdichtung von Innenräumen" – Teil 5: Abdichtung mit bahnenförmigen Abdichtungsstoffen im Verbund mit Fliesen und Platten (AIV-B)
7.5.3 Verarbeitung der AIV-B
„Die Nähte der Bahnen sind mit systemkonformem Klebstoff durchgehend auf einer Breite ≥ 50 mm wasserdicht auszuführen. Dabei ist darauf zu achten, dass der Klebstoff nach dem Andrücken der Bahn eine ausreichende Restdicke im Nahtbereich aufweist und keine wasserführenden Kapillaren an den Überdeckungen entstehen.

Bei Vlieskaschierungen müssen freie Vliesränder an Nahtstellen durch Klebstoffüberdeckung geschlossen werden.

7.5.4 Nutzschicht aus Fliesen und Platten

Die im Verbund mit der Abdichtungsschicht stehende Nutzschicht aus Fliesen und Platten ist in Abhängigkeit von den zu erwartenden Einwirkungen zu planen.“

3 Fußboden

J. Schulz, *Bauschäden in Bädern und Nassräumen*,
https://doi.org/10.1007/978-3-658-49195-6_3

3.1 Abdichtung

3.1.1 Flächenabdichtung

Nach den anerkannten Regeln der Technik, insbesondere gemäß der DIN 18534 („Abdichtung von Innenräumen"), ist eine Flächenabdichtung in Badezimmern grundsätzlich erforderlich. Die Auswahl des geeigneten Abdichtungsstoffes ist abhängig von der Art der Wassereinwirkung. Die hierfür grundlegende Einteilung erfolgt dabei über **Wassereinwirkungsklassen**, die die Intensität und Häufigkeit der Wasserbelastung definieren (siehe hierzu Abschn. 2.2.2).

Die Fußbodenbereiche von häuslichen Badezimmern mit Dusche und/oder Badewanne kommen im Rahmen der Nutzung regelmäßig mit Wasser in Berührung. Daher müssen diese Flächen in der Regel gemäß W1-I oder W2-I abgedichtet werden (z. B. Bodenflächen innerhalb von Duschen).

Bodenflächen, die nicht direkt durch Spritzwasser belastet werden, fallen in W0-I (siehe Tab. 2.3). In der Regel sind dies nur Gäste-WCs oder häusliche Küchen. Hier ist gem. a. R. d. T. keine Flächenabdichtung erforderlich. Trotzdem empfehle ich, aufgrund meiner Erfahrung als Sachverständiger, unabhängig von der Wassereinwirkungsklasse in Räumen mit einem Wasseranschluss grundsätzlich immer eine Abdichtung, auch in WC-Räumen, vorzusehen.

Darüber hinaus gilt, dass jede Fußbodenabdichtung „wannenförmig", d. h. umlaufend aufgekantet, ausgeführt werden muss, auch im Bereich von Türen oder bodentiefen Fenstern.

Fachgerechte Planung und Ausführung

Die Flächenabdichtung erfolgt auf Grundlage der in Kap. 2 in Abhängigkeit des Abdichtungsstoffes aufgeführten Bedingungen. Insbesondere auf den Abschn. 2.2.1 wird an dieser Stelle verwiesen, in dem die einzelnen Abdichtungsbauweisen vorgestellt werden, die sich im Kern auf die Flächenabdichtung beziehen.

Hierbei sind hauptsächlich die erforderlichen Materialstärken und Lagen- bzw. Schichtauftragsanzahl zu beachten. Vor Beginn der Arbeiten ist außerdem zu prüfen, ob der Untergrund ausreichend trocken ist und keine weiteren Schwindverformungen zu erwarten sind.

Typische Schadensfälle

Schäden, die unmittelbar durch die Flächenabdichtung verursacht werden, treten in der Praxis vergleichsweise selten auf. Darüber hinaus sind sie häufig nur schwer oder gar nicht eindeutig zu identifizieren bzw. zu lokalisieren. In der Regel stehen solche Schadensbilder nicht isoliert für sich, sondern treten meist im Zusammenhang mit weiteren Planungs- oder Ausführungsfehlern auf. Häufig manifestieren sie sich in Form sogenannter Durchlaufschäden, bei denen Wasser über längere Zeit unbemerkt in die Konstruktion eindringen kann.

Die primären Schadensursachen liegen jedoch erfahrungsgemäß deutlich häufiger in den Bereichen der Abdichtungsanschlüsse, Durchdringungen, Aufkantungen sowie bei Einbauteilen. Diese konstruktiven Details sind nicht nur besonders schadensanfällig, sondern auch besser einsehbar und bewertbar. Sie erlauben daher häufig Rückschlüsse auf die Gesamtqualität der Planung und Ausführung der Abdichtungsmaßnahmen.

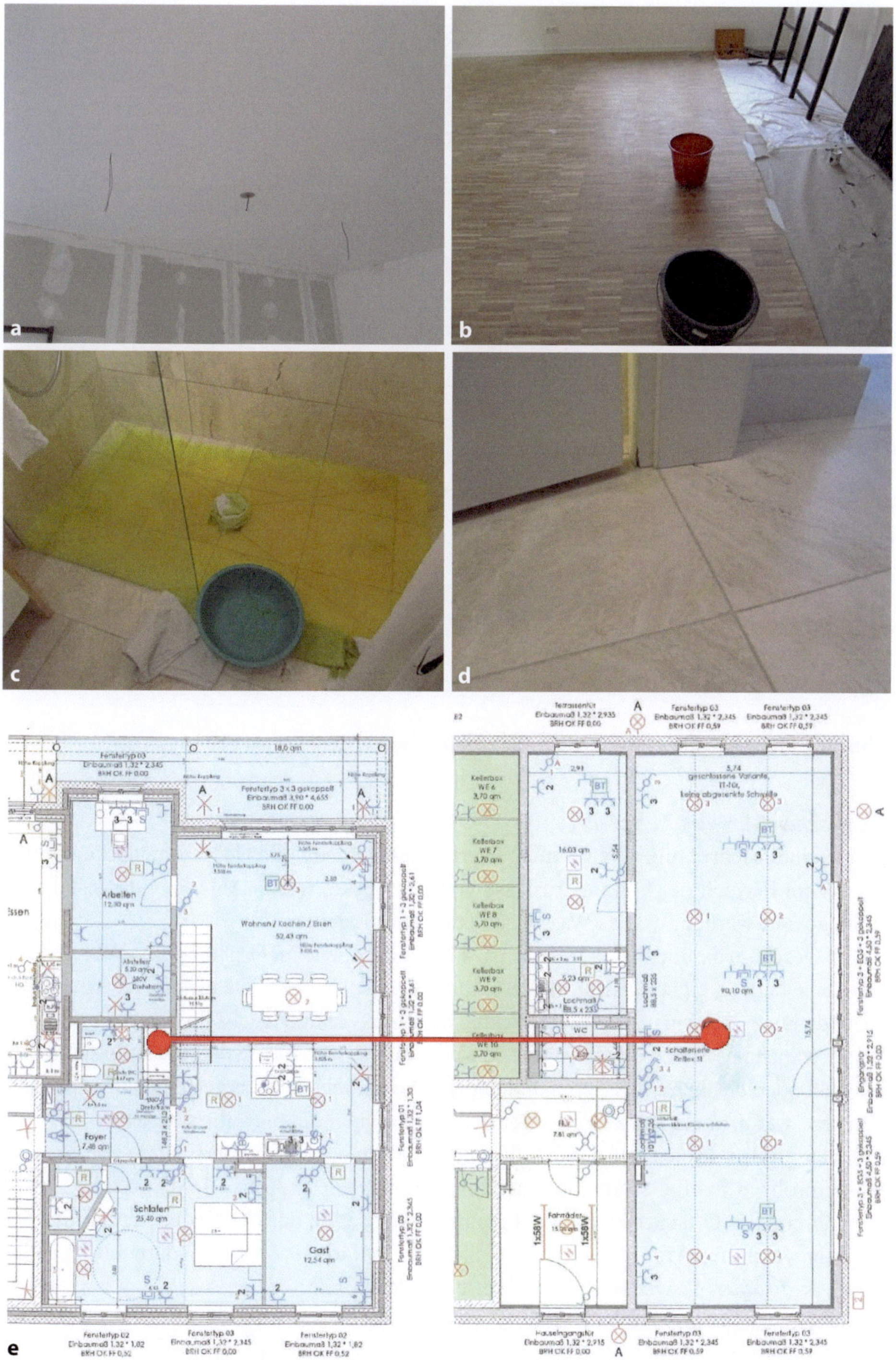

Abb. 3.1 Durchlaufschaden an einer Holzbalkendecke: **a** tropfendes Wasser aus der Holzbalkendecke; **b** Auffangeimer für das tropfende Wasser; **c** Wasserprobe; **d** aufgequollene Holzzarge neben der bodengleichen Dusche; **e** Grundrisse: links – Bad mit Dusche, rechts – ein Geschoss tiefer: Tropfstelle

Abb. 3.2 Probeentnahme aus einer mit Flüssigkunststoff abgedichteten Fläche

Klassischer Durchlaufschaden

Im EG eines Mehrfamilienhauses mit gewerblicher Nutzung und Holzbalkendecken tropfte Wasser im Bereich der Elektro-Auslässe von der Decke, wie in Abb. 3.1a dargestellt. Es sollte geklärt werden, wo das Wasser seinen Ursprung hatte.

Ein Geschoss darüber befand sich in ca. 4 m Abstand, wie im Grundriss in Abb. 3.1e markiert, eine bodengleiche Dusche. Weitere Ausführungspläne bzw. Details über die Badezimmerabdichtung wurden uns vom Architekten nicht zur Verfügung gestellt. Da keine weiteren Wasserentnahmestellen vorhanden waren, wurde meinerseits die Hypothese aufgestellt, dass der Fußboden des Duschbereiches undicht ist. Die in Abb. 3.1d dargestellte aufgequollene Türzarge war u. a. ein Indiz dafür, dass sich Feuchtigkeit unkontrolliert verteilt.

Unter großem Protest des darüber liegenden Wohnungseigentümers wurde von mir eine Wasserprobe mit aufgelöstem Farbpulver ausgeführt, wie in Abb. 3.1c dargestellt.

Während des Ortstermins trat kein gefärbtes Wasser an der EG-Decke hervor. Erst am nächsten Tag rief uns die Hausverwaltung an, dass gefärbtes Wasser im darunterliegenden Geschoss festgestellt wurde, d. h. es tropfte aus der Decke.

Gerade feuchteempfindliche Materialen (hier: mehrgeschossige Holzbauweise) müssen richtig abgedichtet werden. Es liegt die Vermutung nahe, dass alle anderen Duschbereiche analog ausgeführt wurden, da auch an den Terrassen u. a. Abdichtungsaufkantungen fehl-

Abb. 3.3 Auftrag der Flüssigkunststoffabdichtung in zu geringer Schichtstärke

ten. Das Problem an diesem Fall ist, dass das Gebäude ein fünfgeschossiger Neubau ist, welcher komplett in Holzbauweise errichtet wurde.

Beschädigung der Abdichtung

Die Abdichtung kann beispielsweise durch spitze Gegenstände im Bauprozess, das nachträgliche Entfernen von Fliesen, die mit der Abdichtung im Verbund verlegt wurden oder beim Austausch der elastischen Verfugung durch das Einschneiden dieser beschädigt werden. Weiterhin stellt auch die Entnahme von Probenmaterial zur Prüfung der Schichtstärke eine Beschädigung dar, wie in Abb. 3.2 dargestellt.

Wenn einzelne Fliesen im Nachhinein entfernt werden, besteht immer das Risiko, dass ein Teil der Abdichtung mit abgerissen wird. Die nötigen Anarbeitungsbreiten beim Verschließen von den hierbei entstehenden Schäden können i. d. R. nicht eingehalten werden, sodass immer auch ein Restrisiko verbleibt.

Zu geringe Schichtdicke der Abdichtung

Eine zu geringe Schichtdicke der Abdichtung ist in der Regel eher ein Problem der Abdichtung im Verbund mit flüssig zu verarbeitenden Abdichtungsstoffen (AIV-F). Hierbei erfolgt in der Regel ein zu geringer Materialauftrag. Ein guter Indikator hierfür ist beispielsweise das Durchscheinen von Unterkonstruktionen oder des ersten Anstrichs. In Abb. 3.3 beispielsweise sieht man den grauen Estrich an den Vertiefungen, da die Flüssigkunststoffabdichtung bei dem zu geringen Materialauftrag keinen durchgehenden Film über die Poren des Untergrundes ausbilden konnte.

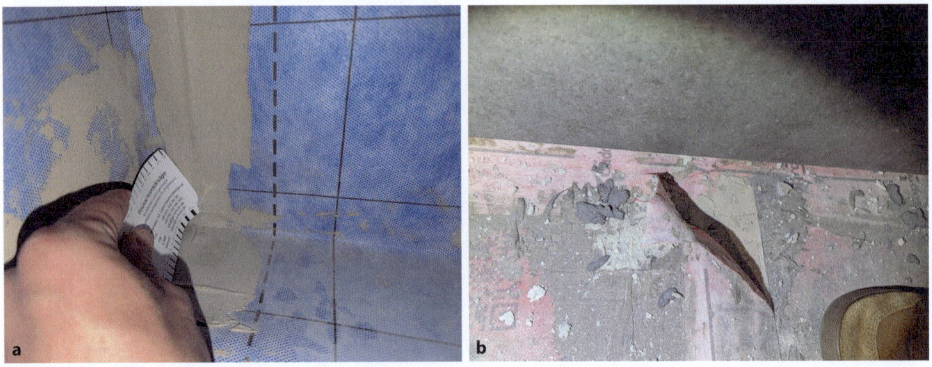

Abb. 3.4 ungenügende Fügung von bahnenförmigen Abdichtungen: **a** Fehlstelle in der Fügung der Abdichtungsbahnen; **b** Ablösung der Abdichtungsbahn

Bei bahnenförmigen Abdichtungen kann dies in Ausnahmefällen durch die Wahl einer falschen Bahn oder das Weglassen/Vergessen einer Lage auftreten.

Ungenügende Fügung von Abdichtungsbahnen
Gerade bei bahnenförmigen Abdichtungsstoffen ist weniger die zu geringe Schichtstärke ein Problem, sondern eher die ungenügende Verklebung und Fügung der Bahnen (Abb. 3.4). Bei der Abnahme der Abdichtungsabreiten werden diese häufig durch Falten in der Abdichtung erkennbar. An diesen Stellen ergibt sich i. d. R. eine Undichtigkeit, durch die Sickerwasser die Abdichtung hinterläuft.

3.1.2 Abdichtungsanschluss

Insbesondere die Abdichtungsanschlüsse, also die Übergänge zwischen der Flächenabdichtung und angrenzenden Bauteilen, spielen eine entscheidende Rolle, da sie Eindringstellen für Feuchtigkeit in den Deckenaufbau darstellen können. Diese Anschlüsse werden häufig nicht fachgerecht abgedichtet, sodass es zu einer Hinterläufigkeit der Abdichtung kommt. Ein besonderes Augenmerk liegt hierbei auf der exakten und fachgerechten Ausführung, da selbst kleinste Ungenauigkeiten oder Nachlässigkeiten schwerwiegende Schäden zur Folge haben können.

Im Fokus dieses Kapitels stehen die Abdichtungsanschlüsse an spezifische Bauteile, die besonders sorgfältig geplant und ausgeführt werden müssen. In den folgenden Abschnitten werden die technischen Anforderungen an die Ausführung für die Abdichtungsanschlüsse an Türschwellen, Türlaibungen und Türzargen sowie an bodentiefen Fenstern behandelt. Ebenso wird auf die Anschlüsse an Heizkreisverteiler, Revisionsöffnungen und die Abdichtung von Durchdringungen eingegangen.

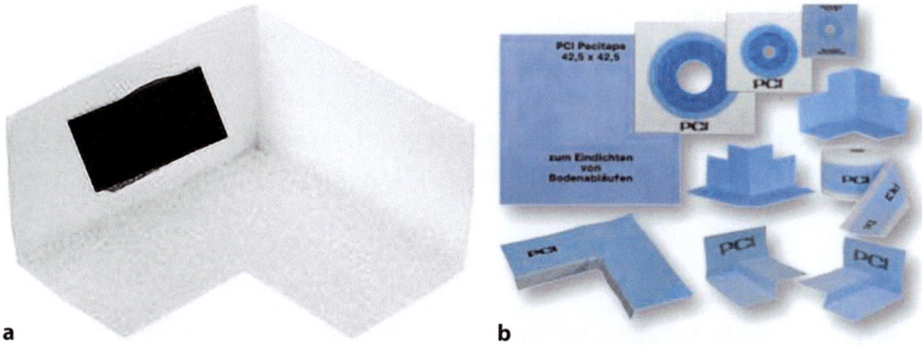

a b

Abb. 3.5 Vorgefertigte Formteile, wie Ecken und Dichtmanschetten: **a** Beispiel vorgeformte Innenecke; **b** Beispiele Formteile und Dichtmanschetten. (Quelle: **a** ardex.de; **b** pci-augsburg.eu)

DIN 18534-1:2017-07 „Abdichtung von Innenräumen“ –
Teil 1 Anforderungen, Planungs- und Ausführungsgrundsätze
8.5 Detailausbildung

8.5.1 An- und Abschluss an aufgehende Bauteile
„In Bereichen, in denen unter Berücksichtigung der Wassereinwirkung [siehe Abschn. 2.2.2] lediglich Bodenflächen abzudichten sind, ist die Abdichtungsschicht mindestens 5 cm über OKFF hochzuführen.
Die Abschlüsse der Abdichtungsschicht dürfen auch bei den zu erwartenden Bewegungen der eingebundenen Bauteile ihre Funktion nicht verlieren.
Die Ränder der Abdichtungsschicht dürfen weder abrutschen, noch sich ablösen um eine Hinterläufigkeit auszuschließen. Dazu sind je nach Abdichtungsbauart besondere Einbauteile erforderlich, es sei denn, der Haftverbund zum Untergrund oder die konstruktive Situation schließt auch ohne besondere Randverwahrung ein Ablösen oder Abrutschen der Abdichtungsschicht aus.
Über die Ebene der Nutzschicht hochgeführte Abdichtungsschichten sind vor mechanischer Beschädigung zu schützen.“

Jeder Produkthersteller hat für sein Abdichtungssystem, insbesondere seine Abdichtungsbänder, spezielle zusätzliche Produkte wie:

- Rohrmanschetten – für Abdichtungsdurchdringungen
- Innen-, bzw. Außenecken – für Abdichtungsaufkantungen, usw.

wie in Abb. 3.5 dargestellt.

3.1.2.1 Türschwelle

Fachgerechte Planung und Ausführung

DIN 18534-1:2017-07 „Abdichtung von Innenräumen“ –
Teil 1 Anforderungen, Planungs- und Ausführungsgrundsätze
8.5 Detailausbildung

[...]

8.5.5 Anordnung der Abdichtungsschicht im Bereich von Türen und Zugängen
„Bei der Planung der Abdichtung im Bereich von Türen und Zugängen zu wasserbeanspruchten Innenräumen sind zu berücksichtigen:

- die Lage des Duschbereiches bzw. der Bodenabläufe und Entwässerungsrinnen,
- die Höhenlage der wasserführenden Ebenen und
- die Gefällegebung sowie
- die Möglichkeit des Wasserübertritts auf angrenzende Räume.

Wasserübertritt auf nicht abgedichtete angrenzende Bodenflächen ist zu vermeiden. Je nach Wassereinwirkung sind in (Tür-)Zugängen Schwellenabschlüsse mit Niveauunterschied von mindestens 1 cm, z. B. Schrägflächen, zu planen.“

Der Schwellenabschluss mit Niveauunterschied ist insbesondere ab einer Wassereinwirkung von W2-I zu berücksichtigen. Welche Möglichkeiten zur Ausbildung des Schwellenabschlusses bestehen, ist in Abb. 3.6 dargestellt.

Die in der Abb. 3.6 dargestellten Ausführungsbeispiele sind Prinzipskizzen. Diese prinzipiellen Darstellungen baukonstruktiver Details sind in <u>keiner</u> Weise mit einer Ausführungsplanung gleichzusetzen bzw. können eine solche nicht ersetzen. Es muss sachkundig, in Abhängigkeit von der Wasserbeanspruchung entschieden werden, welche Variante und wie diese im Detail zur Ausführung kommt.

Die Prinzipskizzen in Abb. 3.6 führen oftmals zu Diskussionen, da in Variante a kein Höhenversatz darstellt ist. Die Argumentation lautet dann, wenn in Variante a kein Höhenversatz dargestellt ist, ist auch kein Höhenversatz erforderlich. Gleiches gilt auch für die Prinzipskizzen b und c. Hier fehlt die Abdichtungsaufkantung, z. B. am Metallwinkel. Dieser ist jedoch i. d. R. erforderlich, sodass die Abdichtung auch im Bereich der Tür wannenförmig ausgebildet ist. Weiter spielen in die Planung der Anrampung auch Randbedingungen, wie: „In welche Richtung öffnet die Tür?“ So kann beispielsweise eine schräge Fliese fast nur in Badezimmern verwendet werden, wenn sich die Badezimmertür nach außen öffnet. Hierdurch könnte diese Fliese in der Ebene des Türrahmens liegen. Anderenfalls müsste die Anrampung innerhalb des Badezimmers erfolgen.

Der Architekt muss in Abhängigkeit der Wassereinwirkung selbstständig Varianten <u>planen</u> und dies ohne Restrisiko. Es gilt:

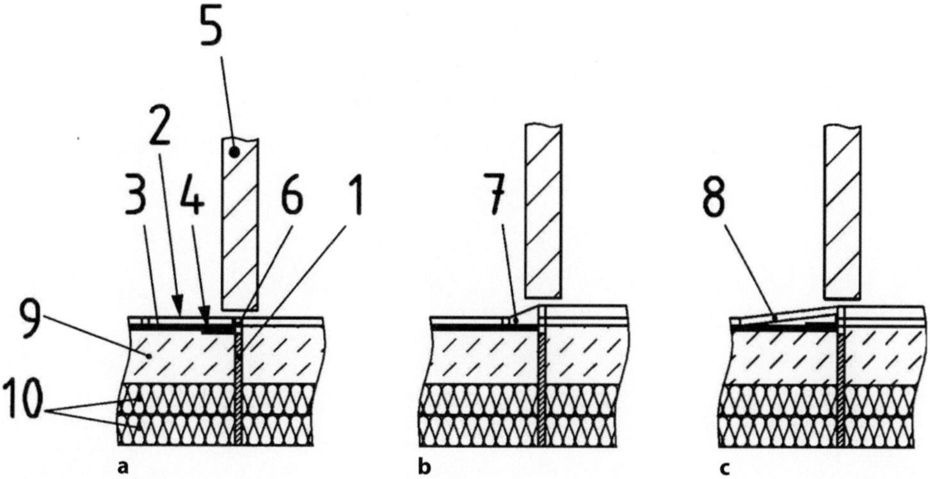

Legende
1 Randdämmstreifen
2 Fliesen
3 Dünnbettmörtel
4 Verbundabdichtung
5 Türblatt
6 Metallwinkel (bis Oberkante des höheren Belags
7 Profilleiste, schräg
8 Fliese, schräg
9 Estrich
10 Trittschalldämmung/Dämmung/ Höhenausgleich

Abb. 3.6 Badboden, Schnitte – Beispiele für den Abdichtungsrand im Türbereich: **a** Abdichtungsrand mit Metallwinkel; **b** Abdichtungsrand mit schräger Profilleiste; **c** Abdichtungsrand mit schräger Fliese. (Quelle: DIN 18534-1:2017-07, Bild 4)

► **Klartext**
Jedes Restrisiko stellt einen Planungsmangel dar.

Für den geforderten und daher zu planenden Höhenversatz der Bodenbeläge gibt es mehrere Möglichkeiten.

- Im Badbereich wird ein dünnerer, z. B. kunststoffvergüteter Estrich ausgeführt.
- Der Höhenversatz wird bereits in der Rohdecke vorgesehen. Dies ist möglich, da i. d. R. die Bäder geschossweise übereinanderliegen.
- Die gesamte Betondecke wird dünner, dafür aber mit einer erhöhten Stahlbewehrung geplant.

Zu den **Koordinierungspflichten** eines Architekten gehört es, diese Varianten mit dem Tragwerksplaner (Statiker) abzusprechen.

Abb. 3.7 **a, b, c** Türschwelle – Abdichtungsaufkantung auf der Winkelschiene (durchlaufend) hochgeführt. Nach der Fliesenverlegung kann die überstehende Abdichtungsaufkantung gekürzt werden

In Abb. 3.7 wird eine fachgerechte, umlaufende Abdichtungsaufkantung dargestellt. Nach Verlegung der Bodenfliesen wird der Überstand der Abdichtungsaufkantung abgeschnitten.

Bereits das alte ZDB-Merkblatt, das durch das heute gültige ZDB-Merkblatt:2022-11 „Abdichtung im Verbund (AIV)" ersetzt wurde (mit verschiedenen Überarbeitungen, wie beispielsweise 2019-08), regelte schon 2010:

ZDB-Merkblatt:2010-01 „Verbundabdichtungen" (alt)
8.5.5 Anordnung der Abdichtungsschicht im Bereich von Türen und Zugängen
„Die Flächenabdichtungen sind an Trennschienen in Türdurchgängen mit Gewebe, Vlies oder Folien anzuschließen oder mit Abdichtungsstoffen einzudichten.
Türen:
Die Abdichtung im Bereich von Türen ist durch geeignete Maßnahmen sicherzustellen (z. B. Türzargen nach Ausführung der Verbundabdichtung einbauen)."

Abb. 3.8 zeigt eine prinzipielle Darstellung für eine fachgerechte Herstellung der Abdichtung im Übergangsbereich zwischen Bad (Nassraum) und bspw. angrenzendem Flur (Trockenraum).

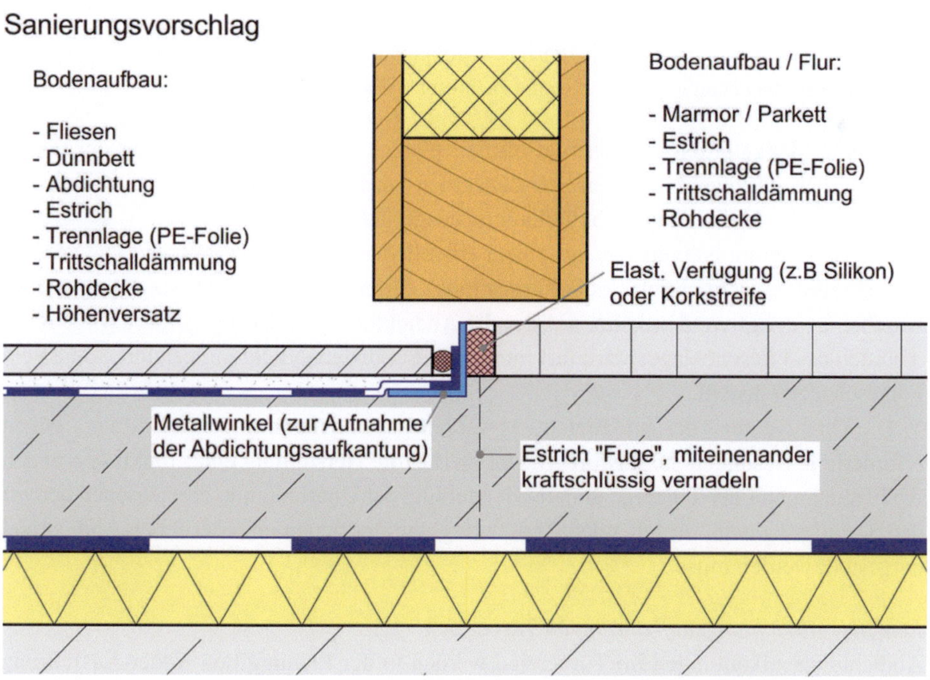

Abb. 3.8 Prinzipskizze – Belagsübergang Bad – Flur. (Quelle: eigene Darstellung)

Typische Schadensfälle

Die Qualität der Ausführung von Abdichtungen in Badezimmern lässt aus technischer Sicht oftmals sehr zu wünschen übrig. Sie enden in vielen Fällen im Türbereich.

Wenn in einem neu gebauten Badezimmer mit einer niveaugleichen, gefliesten Dusche im Türbereich keine Winkelschiene oder Höhenversatz erkennbar ist, kann man i. d. R. davon ausgehen, dass im Türbereich eine erforderliche Abdichtungsaufkantung fehlt.

Kommentar eines Bauträgers (fehlender Höhenversatz zwischen Bad und Flur):

> „Auf einen Niveauunterschied von 1 cm zwischen Duschbad und Wohnungsflur wird aufgrund der Gefahr des ‚Stolperns' verzichtet."

Bei fehlender Bad-Ausführungsplanung ist bei der nachträglichen Fehlerbeseitigung in den meisten Fällen die Wahrscheinlichkeit, im Nachhinein eine „Verschlimmbesserung" festzustellen, sehr hoch. Die Folge: Ein „Totalschaden", insbesondere, wenn schon alle sanitären Einrichtungsgegenstände montiert wurden.

In einem Rechtsstreit ist oftmals folgende Beweisfrage zu beantworten:

> „Liegen Planungs- und/oder Bauleitungsfehler vor?"

Antwort (in den meisten Fällen): Ja, es liegen Planungs- und/oder Bauleitungsfehler vor.

Immer wieder erhalte ich bei Bauvorhaben sinngemäß dieselbe Antwort von Architekt/innen und Bauleiter/innen auf die Frage, wo die Ausführungsplanung für die Abdichtung der Bäder sowie Abdichtung der Duschwannen sei:

> „Für die Abdichtung der Bäder muss keine Ausführungsplanung erstellt werden. Dies gehöre zu den Selbstverständlichkeiten, die eine Fachfirma wissen müsse."

Auch eine Mängelbeseitigung erfolgt oftmals planlos, d. h. ohne Überlegung der Folgeschäden. Aus den nachfolgenden Schadensfällen wird ersichtlich, welcher Schaden entsteht, wenn die Abdichtung nicht umlaufend ausgeführt wurde.

Die Beseitigung ist meistens mit einem erheblichen Aufwand verbunden: Die vordere Fliesenreihe (einschließlich Sockelfliese) muss entfernt werden, damit z. B. eine Winkelschiene verlegt werden kann, auf der die Abdichtungsaufkantung geführt wird. Beim Abbruch des Fliesenbelages wird fast immer die Fußbodenabdichtung zerstört, sodass ein Folgeschaden entsteht.

Die Türzarge muss de-, und remontiert werden. Anschließend sind erneut Malerarbeiten erforderlich. Besonders herausfordernd ist hierbei die Herstellung einer funktionierenden Abdichtung unter der Türzarge und die Herstellung der Überlappung, die zwischen der vor der Beseitigung noch bestehenden Abdichtung und der neuen erforderlichen Abdichtung hergestellt werden muss.

Fehlende Abdichtungsaufkantung im Türbereich

Abdichtungsaufkantungen im Türbereich werden in der Planung und in der Ausführung leider häufig nicht berücksichtigt. In den meisten Fällen sind die Abdichtungsaufkantungen zwar an den Wänden vorhanden, fehlen jedoch im Türbereich. Was nutzt eine umlaufende

Abb. 3.9 **a, b, c, d** Darstellung verschiedener fertiggestellter Einbausituationen mit fehlenden Winkelschienen und teils offenen Fugen

Abdichtungsaufkantung, wenn im Türbereich eine Aufkantung bzw. der Abdichtungsanschluss an einen Winkel fehlt und sie somit unterbrochen ist?

Bei der Begehung eines Neubauvorhabens konnte festgestellt werden, dass zum Belagsabschluss des Badezimmers erst gar keine Winkelschiene eingebaut wurde. Hierdurch besitzt die Abdichtung im Türbereich keine Aufkantung und ist somit nicht wannenförmig ausgebildet. Das im Fliesenkleber befindliche Wasser kann sich somit ungehindert in den angrenzenden Raum ausbreiten und zu Schäden führen. In Abb. 3.9 sind mehrere Situationen bildlich dargestellt, bei denen im fertigen Zustand keine Winkelschiene ausgeführt wurde oder die Fuge zwischen den Bodenbelägen offen ist.

Bei der in Abb. 3.10 dargestellten „Altbausanierung“ ist zu sehen, was die Folgen der fehlenden Abdichtungsaufkantung im Türbereich sein können. Hier wurde vollständig auf diese verzichtet, mit der Folge, dass der komplette Fußbodenaufbau und Sockelbereich der Trockenbauwände des angrenzenden Raumes durchfeuchtet wurde. Folge hieraus war ein massiver Schimmelbefall.

Falsch eingebaute Abschluss- bzw. Winkelschiene

Abb. 3.11 stellt ein Badezimmer während der Abdichtungsarbeiten dar. Die Abdichtung wurde hierbei noch nicht an die Abschlussschiene angeschlossen. Problematisch war hier-

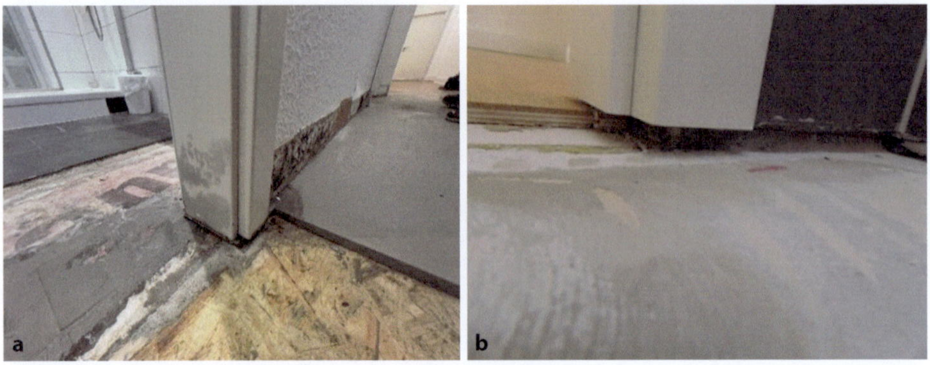

Abb. 3.10 Schadensbild eines fehlenden Abdichtungsabschlusses im Türbereich: **a** Schimmelbildung im Flurbereich; **b** Winkelschiene fehlt

Abb. 3.11 Einbausituation einer falsch platzierten Abschlussschiene: **a** Übersichtsfoto des Übergangsbereichs der Bodenbeläge; **b** zu kurze Abschlussschiene und Bodenbelag des angrenzenden Raumes, der in das Badezimmer reicht

bei, dass die Schiene zu kurz war und nicht im Laibungsbereich der Tür lag. Hierdurch kann kein Anschluss der Abdichtungsaufkantung der Wand und der Schiene hergestellt werden. Dieser müsste an den Stirnflächen des Holzfußbodens mit einer Außenecke angebracht werden, was einen unzulässigen Abdichtungsuntergrund darstellt und aufgrund der zu geringen Anarbeitungsbreite nicht funktioniert. Weiterhin sollte die Schiene bündig mit dem höher liegenden Bodenbelag abschließen.

Dieser Fehler lässt sich dadurch beheben, dass der Fußbodenbelag bis zur Vorderkante der Wand zurückgeschnitten wird und dann eine Schiene über die gesamte Türbreite davor platziert wird.

Weiter kommt es auch vor, dass die Abschlussschiene falsch herum eingebaut wird. Hierdurch kann kein Anschluss der Abdichtung an die Schiene erfolgen, da die Anarbeitungsbreite zu gering ist.

Fehlender Abdichtungsanschluss an die Abschluss- bzw. Winkelschiene
Die Abb. 3.12a und b stellen einige Einbausituationen dar, bei denen die Schiene für den Abdichtungsabschluss vorgesehen war, jedoch ohne, dass eine Abdichtung angeschlossen wurde. Die Abb. 3.12c und d stellen bei einem anderen Bauvorhaben hierdurch frühzeitig erkannte Schäden am angrenzenden Fußbodenbelag dar. Bei einem nachträglichen Einbau in einem fertiggestellten Badezimmer muss der Fliesenbelag im Türbereich aufgenommen und ein Metallwinkel zur Aufnahme der Abdichtungsaufkantung zwischen dem Fußbodenbelag im Flur und im Bad eingesetzt werden. Die Teilerneuerung von Fliesen führt jedoch meist zu Problemen, da die neuen Fliesen Farbabweichungen gegenüber den alten umgebenden Fliesen aufweisen können und die Abdichtung beim Ausbau der Fliesen bzw. Entfernen des Fliesenklebers beschädigt werden kann, sodass weiter ein Restrisiko von Undichtigkeiten besteht.

Fehlender Versatz
Entgegen der Forderung, dass die Oberkante des Badezimmerfußbodens tiefer liegen sollte als die der angrenzenden Räume, wurde in Abb. 3.13 der Zugang mit einer Stufe zum Bade-

Abb. 3.12 Darstellung verschiedener Einbausituationen mit fehlerhaft eingebauten Winkelschienen: **a** Einbausituation des Türbereichs; **b** Unebenheit im Untergrund und bereits eingebaute Zarge verhindern die fachgerechte Abdichtung; **c** Feuchtigkeitsschaden im Parkett des an ein Badezimmer angrenzenden Raumes; **d** Winkelschiene wurde nicht in die Abdichtung eingearbeitet und Feuchtigkeit steht ca. 2 m von der Dusche entfernt im Mörtelbett

Abb. 3.13 a, b, c Höhenversatz im Bodenbelag zum Badezimmer mit höherliegendem Badezimmerfußboden

zimmer ausgeführt. Hierdurch kann der Wasserübertritt in die angrenzenden Räume nicht zielsicher vermieden werden. Gerade bei bodengleichen Duschen nahe der Tür besteht hier ein sehr hohes Risiko von Folgeschäden.

3.1.2.2 Türlaibung

Fachgerechte Planung und Ausführung

DIN 18534-1:2017-07 „Abdichtung von Innenräumen" – Teil 1: Anforderungen, Planungs- und Ausführungsgrundsätze
4.2 Anforderungen an den Abdichtungsuntergrund und die Unterkonstruktion
„Der Untergrund muss bezüglich seiner Festigkeit und Oberflächenbeschaffenheit als Kontaktfläche für die Abdichtungsschicht geeignet sein. Dazu ist der Untergrund in geeigneter Weise, z. B. durch Beseitigung sich schädigend auswirkender Nester, Grate oder Risse, vorzubereiten und ggf. durch weitere Maßnahmen zu behandeln.

Die Unterkonstruktion muss für die vorgesehene Abdichtungsbauweise und gewählte Abdichtungsbauart geeignet sein. Hierzu gehört insbesondere, dass sich Verformungen und Rissbildungen nicht schädigend auf die Abdichtungsschicht auswirken dürfen.

4.3 Anforderungen an Übergänge, Abschlüsse und Anschlüsse
Übergänge, Abschlüsse und Anschlüsse der Abdichtung an Einbauteile und Durchdringungen müssen so hergestellt werden, dass sie nicht hinter- oder unterlaufen werden können.“

Je nach Anordnung/Lage des Türblattes liegt auch die Trennschiene/Winkelschiene (zwischen Bad und Flur) unterschiedlich, sodass auch die Abdichtungsaufkantung bis in die Türlaibung geführt werden muss. Mal ist das Türblatt mittig, mal „innen“ oder „außen“ von der Türlaibung.

Die Wände können unterschiedlich ausgeführt werden z. B.

- Mauerwerk aus Ziegelsteinen, Oberfläche mit Vertiefungen, Abdichtungsaufkantung auf Fehlstellen
- Kalksandstein bzw. Trockenbauwände aus Gipskarton-Ständerwerk mit glatter Oberfläche.

Zur Aufnahme der Abdichtungsaufkantung muss der Untergrund glatt sein und darf keine Fehlstellen aufweisen. Hierzu zählen z. B. auch „Nut und Feder“ am Ziegelstein. Die Abdichtungsaufkantungen sind mit speziellen Abdichtungsbändern auszuführen. Für die Innen-, bzw. Außenecken sind spezielle Formteile *eines* Herstellers zu verwenden.

Die Abdichtung ist auf einen *glatten* Untergrund aufzutragen, d. h. sind diese vorab für die Aufnahme der Abdichtungsaufkantung zu glätten, ggf. zu spachteln. Hieraus lässt sich schließen, wenn Bruchkanten oder „Nuten“ in Steinformaten vorhanden sind, dass die Oberfläche des Untergrundes gem. Abb. 3.14b egalisiert werden muss, bspw. durch eine Spachtelung. Hierdurch wird eine Hinterläufigkeit vermieden.

Darüber hinaus muss die Abdichtung vor dem Einbau der Türzargen erfolgen. Bei Türzargen muss zusätzlich darauf geachtet werden, dass diese einen Mindestabstand von 3 mm zur Fliesenoberfläche besitzen (siehe Abschn. 8.3), um ein Aufquellen der Zarge bei Wasserkontakt zu vermeiden.

Typische Schadensfälle

Unzureichender Abdichtungsuntergrund

Die vorhandene, auf dem unebenen Untergrund ausgeführte Abdichtungsaufkantung im Türlaibungsbereich (Abb. 3.15) ist zu entfernen und neu auszuführen, nachdem ein glatter Untergrund zur Aufnahme der Abdichtungsaufkantung geschaffen wurde.

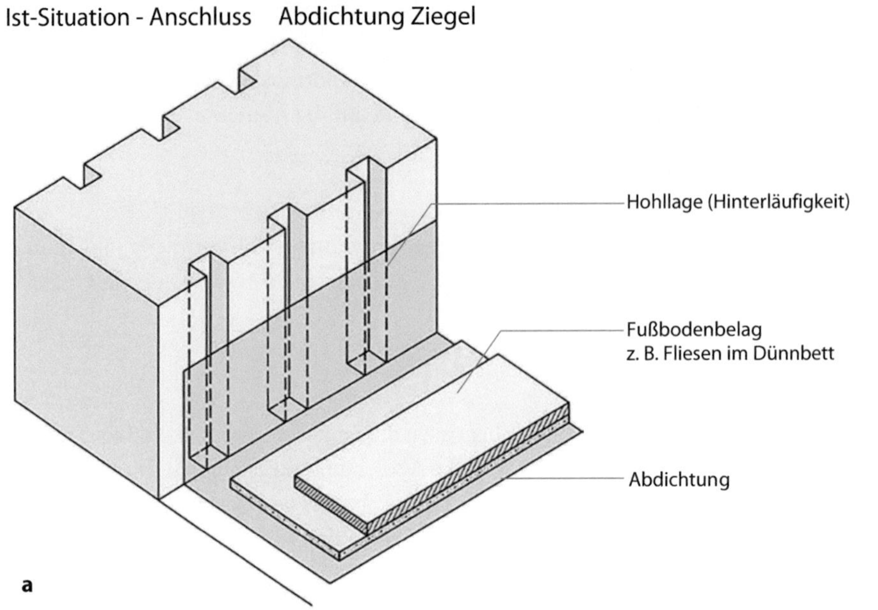

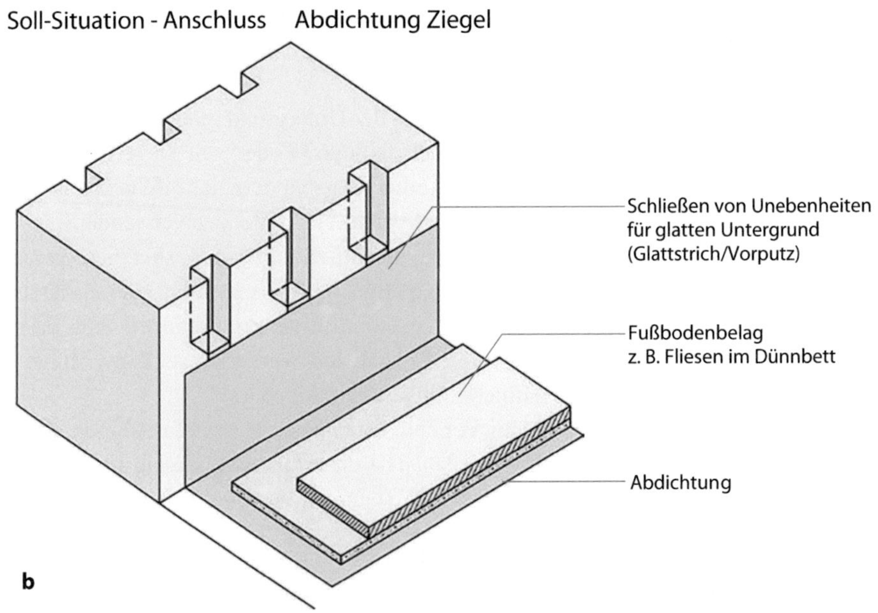

Abb. 3.14 Prinzipskizze – Abdichtungsaufkantung im Türlaibungsbereich: **a** Ist-Situation – Anschluss Abdichtung Ziegel; **b** Soll-Situation – Anschluss Abdichtung Ziegel (eigene Darstellung)

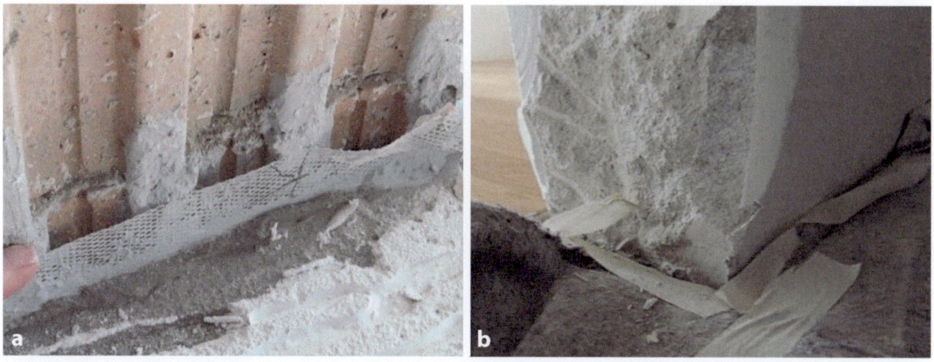

Abb. 3.15 fehlender glatter Untergrund zur Aufnahme der Abdichtungsaufkantung: **a** Abdichtungsaufkantung über Nut des Ziegels geführt; **b** Abdichtungsaufkantung auf unebenem Untergrund

Abb. 3.16 fehlende Abdichtungsaufkantung im Türlaibungsbereich

Fehlende Abdichtungsaufkantung

Die Abb. 3.16 stellt einen Ausführungsfehler dar, da hier gänzlich auf eine Abdichtungsaufkantung im Türlaibungsbereich verzichtet wurde und die Abdichtung somit nicht wannenförmig ausgebildet wurde.

Im Rahmen einer Begehung eines Objektes fiel auf, dass die vereinbarte Abdichtungsaufkantung *unter/hinter* der Türzarge fehlte. Dies kann immer wieder festgestellt werden, da aus Gründen des immensen Termindrucks bereits vor Abschluss der Abdichtungsarbeiten die Türzargen eingebaut werden. Auf den Rückbau der Zargen wird dann jedoch verzichtet. Dies kann in den meisten Fällen auf eine unzureichende Bauüberwachung und Koordinierung der einzelnen Gewerke (Grundleistungen nach HOAI) zurückgeführt werden. Besonders bei Holzzargen ist dies problematisch. Hier zeigt sich nach einigen Jahren, dass eingedrungene Feuchtigkeit zum Aufquellen des Holzfurniers führt. Es ist zwingend notwendig, dass die Türzargen de- und remontiert werden, um die Abdichtung gemäß einer Ausführungsplanung umzusetzen.

Abb. 3.17 **a, b, c** Beispiele für auf die Türlaibung geführte Abdichtungen

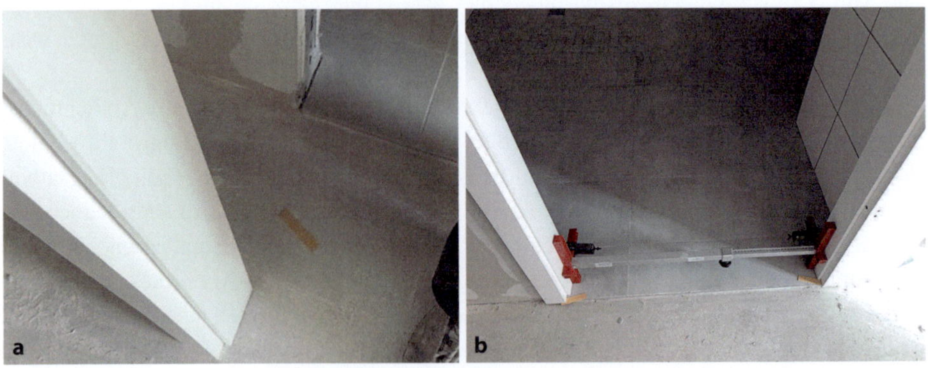

Abb. 3.18 Fehlende Abdichtungsaufkantung hinter der Türzarge: **a** Systemfehler in 139 Bädern: Abdichtungsanschluss an Winkelschiene fehlt; **b** Demontage der Türzargen und Rückbau der ersten Fliesenreihe

In dem in Abb. 3.17 und 3.18 dargestellten Fall versuchte der Fliesenleger stattdessen die Abdichtungsaufkantung auf die Zarge zu führen. Diese ist jedoch kein geeigneter Untergrund.

Bei einer stichprobenartigen Baubegehung wurde festgestellt, dass im Türbereich der Badezimmer (mit niveaugleichen Duschen), eine Winkelschiene oder ein Höhenversatz zur Aufnahme der erforderlichen Abdichtungsaufkantung fehlte.

Im Moment der Begehung war der Tischler gerade dabei, die Türzargen zu montieren. Den Hinweis, seine Arbeiten, d. h. die Montage der Zargen zu stoppen, nahm er nur unter Protest entgegen, da er noch am selben Tage eine Vielzahl von weiteren Türzargen montieren wollte, bzw. aufgrund des vorhandenen Termindrucks, montieren musste.

Die Situation beruhigte sich erst, nachdem ihm erklärt wurde, dass er, aufgrund des erforderlichen Abbruchs der vordersten Fliesenreihe zur Überarbeitung der Abdichtung, andernfalls seine Türzargen wieder de-, und remontieren müsse.

Fehlender Anschluss zwischen Türlaibung und Winkelschiene

Weiter muss ein Anschluss zwischen der Türlaibung und der im vorigen Abschnitt beschriebenen Winkelschiene hergestellt werden. Wenn dieser, wie in Abb. 3.19, fehlt, kann die Winkelschiene ihre Funktion nicht erfüllen und Sickerwasser kann über die Anschlussfuge im Türlaibungsbereich in die angrenzenden Räume gelangen.

Abb. 3.19 a, b, c Beispiele für fehlende Abdichtungsaufkantungsanschlüsse an die Winkelschiene im Türlaibungsbereich

3.1.2.3 Bodentiefe Fenster

Fachgerechte Planung und Ausführung

Für bodentiefe Fenster gelten die gleichen Anforderungen, wie an sämtliche andere Einbauten auch. Insbesondere sei hier darauf hingewiesen, dass die Abdichtung aufgekantet werden muss, wie in Abb. 3.20 dargestellt. Bei sehr tief reichenden Fenstern, bei denen die Abdichtung nicht 50 mm über den Bodenbelag gezogen werden kann oder dies aus optischen Gründen nicht gewünscht ist, handelt es sich um Sonderkonstruktionen. Hierbei sollten wasserdichte Fensterkonstruktionen verbaut werden und die Abdichtung nicht stumpf vor dem Profil enden. Insbesondere zu Sicherstellung der Wasserdichtheit sollten die Stöße in der Blendrahmenkonstruktion ggf. mit dem Hersteller abgestimmt werden.

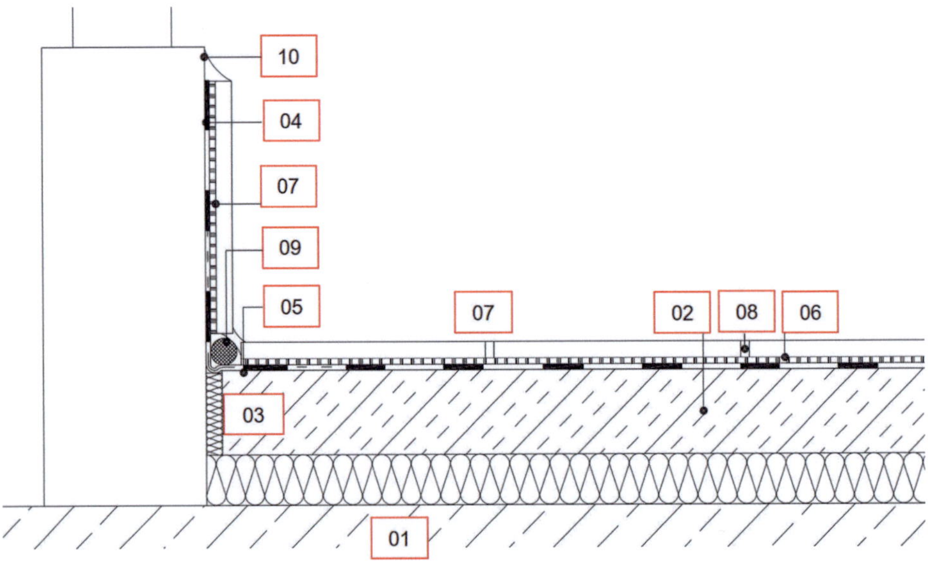

Legende
01 Rohdecke: Beton
02 schwimmender Zementestrich
03 Estrich Randstreifen
04 Verbundabdichtung
05 Dichtband
06 Fliesenkleber
07 Belag – Fliesen im Dünnbett (erstellt im Buttering-Floating-Verfahren)
08 starre Verfugung
09 elastische Verfugung mit Hinterfüllschnur
10 Fensterrahmen

Wichtig:
Die Prinzipskizze ist mit dem Produkthersteller abzustimmen, insbesondere im Hinblick der Wasserbeanspruchungsklasse

Abb. 3.20 Abdichtungsanschluss an bodentiefes Fenster, mit Sockelfliese. (Quelle: Fa. Sopro, Detail Nr. 2.3)

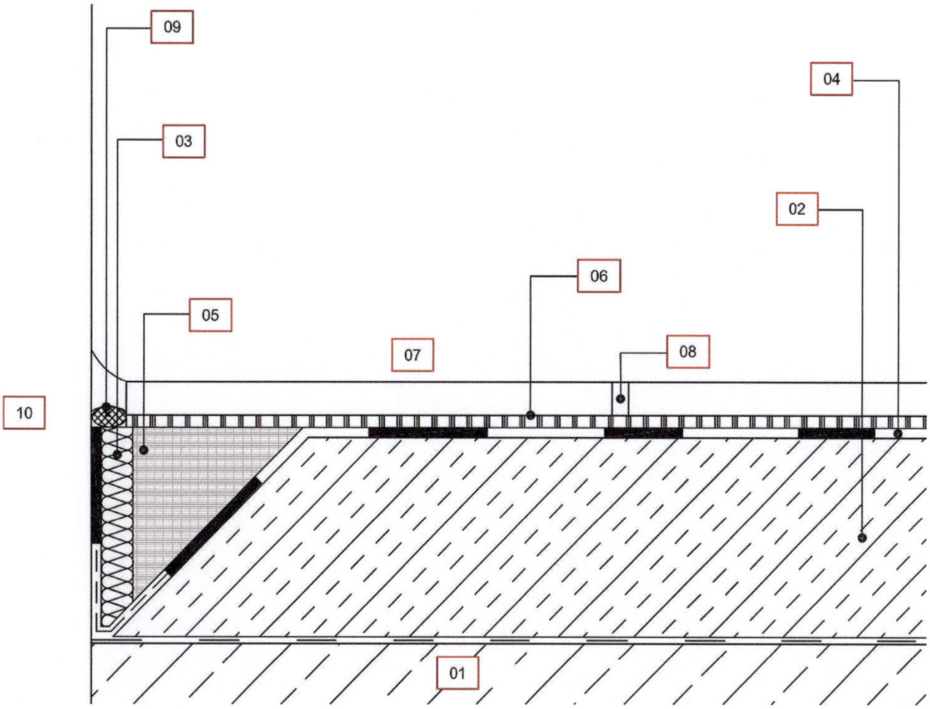

Abb. 3.21 Abdichtungsanschluss an bodentiefes Fenster, Verwahrung der Abdichtung ohne Sockelfliese. (Quelle: Fa. Sopro, Detail Nr. 10.1)

Um trotzdem einen Abdichtungsanschluss der Bodenabdichtung an das Fensterprofil herzustellen, kann beispielsweise, wie in Abb. 3.21 dargestellt, vorgegangen werden. Hierbei wird der Estrich in einem Winkel von 45° abgewinkelt. Trotzdem muss hier weiterhin die Anarbeitungsbreite von 50 mm einhalten werden.

Auch seitlich muss die Abdichtungsaufkantung, die 50 mm über die Belagsoberkante geführt werden muss, auf den Blendrahmen geführt werden. Hierbei muss mit normalen Abdichtungsstoffen auch eine Anarbeitungsbreite von 50 mm eingehalten werden. Dies ist

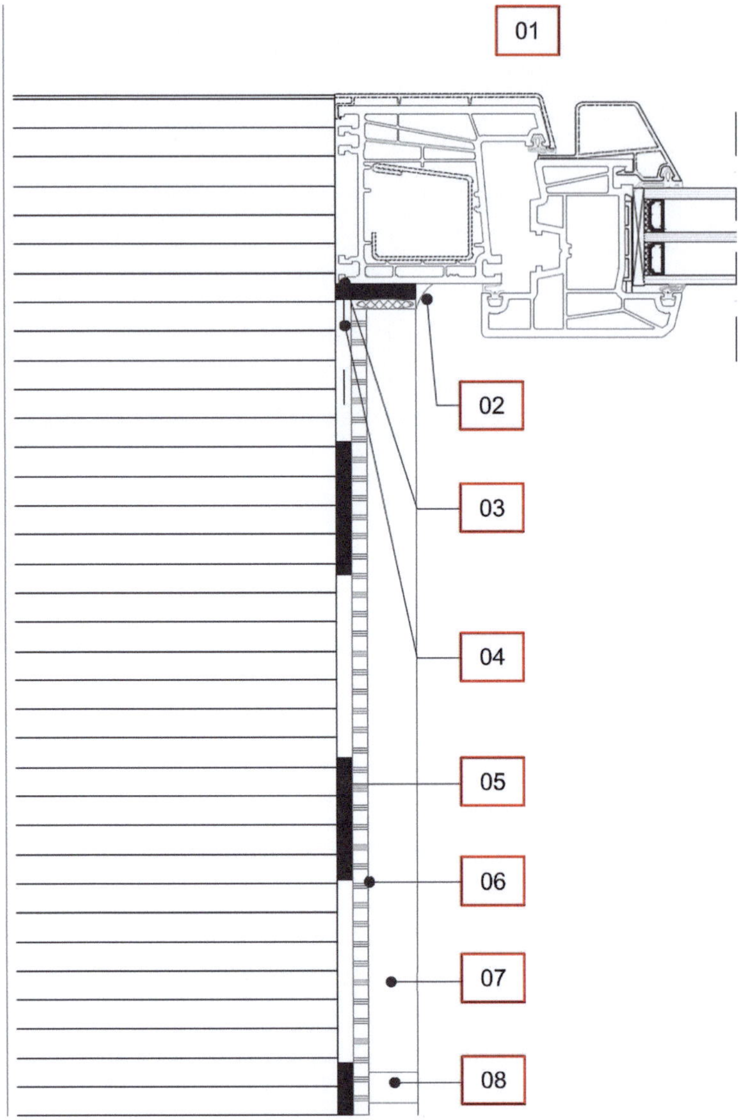

Legende
01 Fenster
02 elastische Verfugung
03 Fensterrahmen
04 Dichtband
05 Verbundabdichtung
06 Fliesenkleber
07 Belag – Fliesen im Dünnbett (erstellt im Buttering+Floating-Verfahren)
08 starre Verfugung

Wichtig:
Die Prinzipskizze ist mit dem Produkthersteller abzustimmen, insbesondere im Hinblick der Wasserbeanspruchungsklasse

Abb. 3.22 Abdichtungsanschluss an Blendrahmen im Horizontalschnitt. (Quelle: Fa. Sopro, Detail „Feuchtraum mäßig belastet, Anschluss an Fensterrahmen") in vielen Fällen nicht möglich, weshalb Produkte mit Sonderzulassung verwendet werden, um Details wie in Abb. 3.22 dargestellt, zu ermöglichen.

Typische Schadensfälle

In vielen Fällen findet analog zu den Türlaibungen kein Anschluss der Abdichtung mit einer ausreichenden Höhe an bodentiefe Fenster statt.

In den folgenden den Fotos der Abb. 3.23 ist deutlich das Fehlen einer Abdichtungsaufkantung („*wannenförmige Abdichtung*") zum Teil nahe der bodengleichen Dusche im Bereich des bodentiefen Fensters zu erkennen.

Abb. 3.23 **a, b, c, e, f** Beispiele für bodentiefe Fenster ohne Abdichtungsaufkantung; **d** Abbruch des Fliesenbelags zur nachträglichen Herstellung der Abdichtungsaufkantung (zu **c**)

In solchen Fällen muss der Fliesenstreifen vor dem bodentiefen Fenster abgebrochen und nach Ausführung der Abdichtungsaufkantung neu verlegt werden.

3.1.2.4 Technische Installationen und Durchdringungen

Fachgerechte Planung und Ausführung
Installationen und ihre Durchdringungen durch die Abdichtung sind zu planen. Viele Leitungen können beispielsweise so geführt werden, dass diese oberhalb der Abdichtungsaufkantung aus der Wand kommen.

Leitungen und Installationen, die zwingend durch die Abdichtung geführt werden müssen, bspw. für Abflüsse oder Einbauten in Raummitte müssen einen Anschluss an die Abdichtung besitzen. Grundlegend sollten Durchdringungen in Bodenkonstruktionen jedoch vermieden werden.

Einbauten, die primär die Abdichtungsaufkantung durchdringen, wie Revisionsklappen oder Heizkreisverteilerkästen, stellen einen Ausführungsfehler dar, da diese i. d. R. selbst nicht wasserdicht sind. Aus diesem Grund sollten sie oberhalb der Abdichtungsaufkantung ausgeführt werden.

DIN 18534-1:2017-07 „Abdichtung von Innenräumen" –
Teil 1 Anforderungen, Planungs- und Ausführungsgrundsätze
6.5 Installationen
„Heizungs-, Sanitär- und elektrotechnische Installationen sind so zu planen, dass die Funktionstüchtigkeit der Abdichtungsschicht gewährleistet ist.
Bei W1-I, W2-I und W3-I sollten heizungs-, sanitär- und elektrotechnische Installationsleitungen nur unterhalb bzw. hinter der Abdichtungsschicht geplant werden.
Durchdringungen von Abdichtungsschichten sind nach Möglichkeit zu vermeiden oder auf die unbedingt erforderliche Anzahl zu beschränken. Sind Durchdringungen erforderlich, sind diese zu planen.
Perforationen durch nachträglich anzubringende Installationen, z. B. Duschstangen, sind bei W2-I und W3-I als Durchdringungen zu planen und auszuführen.
[…]

8.5.2 Abdichtung von Bereichen unter/hinter Bade- oder Duschwannen
Ist auf Flächen unter/hinter Bade- und Duschwannen eine Abdichtung geplant, dürfen dort nur die für die Wannen selbst erforderlichen Rohre und Leitungen geplant werden. Durchdringungen für diese Rohre und Leitungen sind so zu planen, dass die Abdichtungsschicht sicher anzuschließen ist.

8.5.3 Anschluss an Einbauteile und Durchdringungen
Einbauteile, die die Abdichtungsschicht unterbrechen bzw. durchdringen, müssen sicher an die Abdichtungsschicht anschließbar sein. Durch Einbauteile selbst darf kein Wasser hinter die Abdichtungsschicht gelangen."

DIN 18534-3:2017-07 „Abdichtung von Innenräumen" – Teil 3: Abdichtung mit flüssig zu verarbeitenden Abdichtungsstoffen im Verbund mit Fliesen und Platten (AIV-F)
7.6.2 Anschlüsse an Durchdringungen und Einbauteile
„Der Anschluss der Abdichtungsschicht an Abläufe/Rinnen ist wie folgt vorzunehmen.
1. a) Bauseitige Klebeverbindung einer Dichtmanschette/Gewebematte
Für die Ausführung mit Klebeflansch ist eine gut klebefähige Oberfläche, z. B. ABS oder Kunststoff mit integriertem PP-Vlies, Edelstahl oder Polymerbeton vorzusehen. Die Dichtmanschette wird auf den Klebeflansch wasserdicht aufgeklebt (siehe Abb. 3.24).
Die Flanschbreite an Entwässerungsrinnen, Bodenabläufen und Einbauteilen muss mindestens 50 mm betragen. Dies gilt nicht für werkseitig angebrachte Dichtmanschetten.
Bei W0-I bis W2-I ist eine geringere Flanschbreite von ≥ 30 mm bei Nachweis durch den Hersteller für Ablauf und Dichtmanschette unter Verwendung systemkonformer Dichtkleber (Reaktionsharz und 2-komponentige MDS oder gleichwertig) für die Verbindung Klebeflansch zu Dichtband bzw. Dichtmanschette sowie zur AIV-F möglich. Bei W3-I sind Flanschbreiten ≥ 50 mm zur Abdichtung der Durchdringungen erforderlich. Zusätzliche Einwirkungen (z. B. erhöhte chemische Einwirkungen in Gewerbeküchen) können größere Flanschbreiten erfordern.
Die Überlappung der Dichtmanschette auf den angrenzenden Bereich muss mindestens 50 mm betragen."

Der Abb. 3.25 ist eine fachgerechte Ausführung der Abdichtung unter und hinter einer Badewanne dargestellt. Von erhöhter technischer Relevanz sind hierbei die Anschlüsse Wanne-Wand (Abb. 3.26) und Wanne-Fußboden (Abb. 3.27).

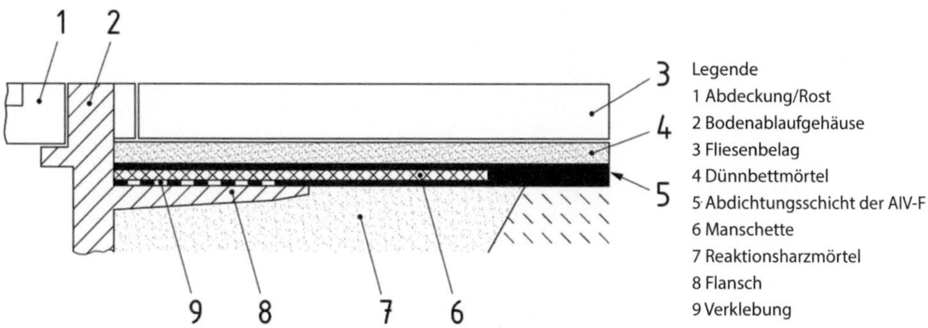

Abb. 3.24 Anschluss an einen Bodenablauf, Klebeverbindung (Beispiel). (Quelle: DIN 18534-3:2017-07, Bild 5)

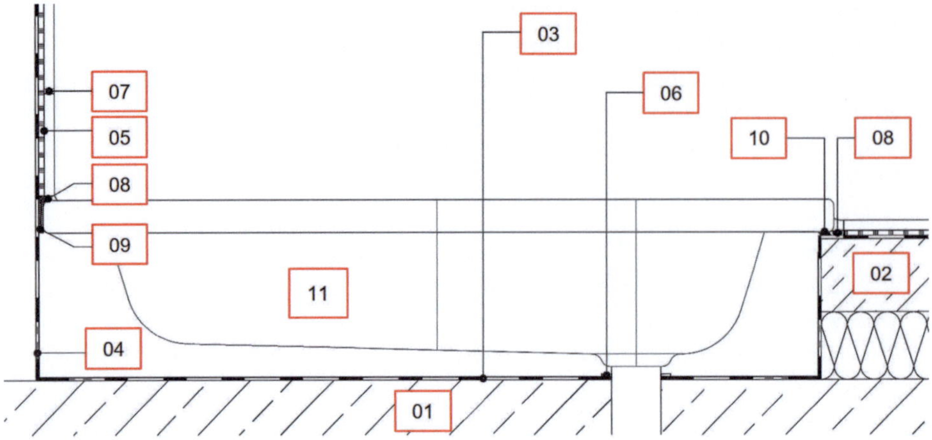

Legende
01 Rohdecke: Beton
02 schwimmender Zementestrich
03 Verbundabdichtung
04 Dichtband
05 Fliesen
06 Dichtmanschette
07 starre Verfugung
08 elastische Verfugung mit Hinterfüllschnur
09 Schallschutzband
10 Montagekleber
11 Duschwanne
Wichtig: Die Prinzipskizze ist mit dem Produkthersteller abzustimmen, insbesondere im Hinblick der Wasserbeanspruchungsklasse

Abb. 3.25 Abdichtung unter Duschwanne. (Quelle: Fa. Sopro)

Abb. 3.26 Anschluss Wanne – Wand. (Quelle: Fa. Sopro)

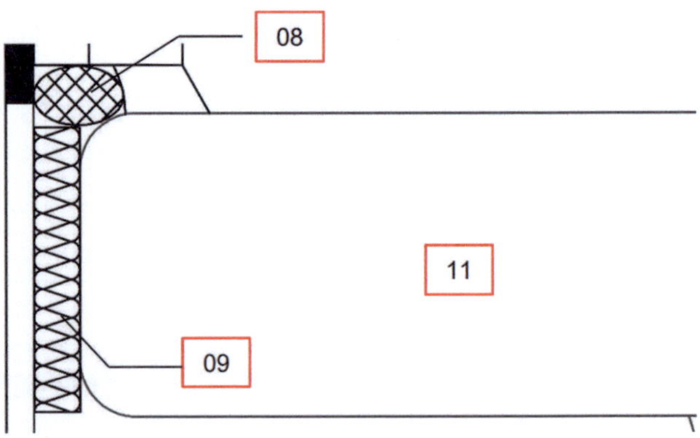

Legende
08 elastische Verfugung mit Hinterfüllschnur
09 Schallschutzband
11 Duschwanne

Wichtiger Hinweis:
Grundsätzlich ist immer ein Schnittschutz vorzusehen

Abb. 3.27 Anschluss Wanne – Fußboden. (Quelle: Fa. Sopro)

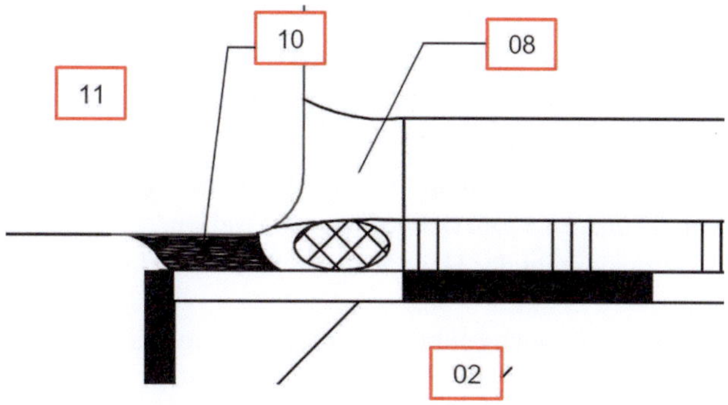

Legende:
02 schwimmender Zementestrich
08 elastische Verfugung mit Hinterfüllschnur
10 Montagekleber
11 Duschwanne

Wichtiger Hinweis:
Grundsätzlich ist immer ein Schnittschutz vorzusehen

Typische Schadensfälle

Heizkreisverteiler

Im Bereich des Heizkreisverteilerkastens fehlt oftmals die Abdichtungsaufkantung am Verteilerkasten, wie in Abb. 3.28 dargestellt. Werden die verantwortlichen Fachleute darauf angesprochen, bekommt man die erstaunlichsten Ausreden zu hören, u. a.:

> „Der Verteilerkasten ist aus Blech und somit automatisch dicht."

Spricht man als Reaktion dann die ebenfalls fehlende Anschlussfuge an:

> „Wir brauchen nach der DIN sowieso keine Abdichtung …"

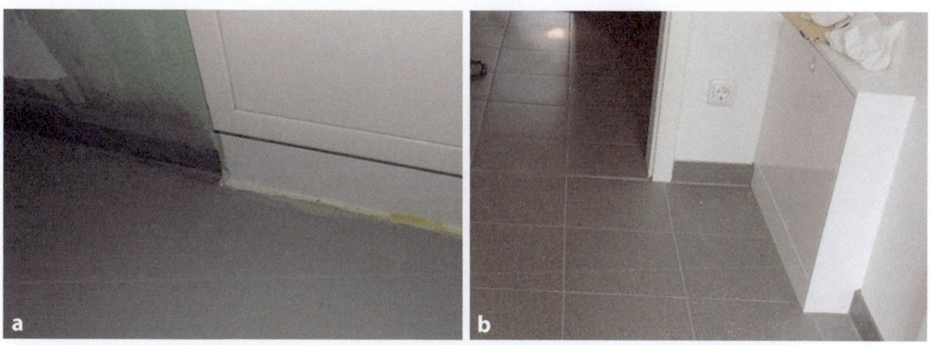

Abb. 3.28 Verteilerkästen ohne Abdichtungsanschluss; **a** fehlende Abdichtungsaufkantung am Verteilerkasten; **b** fehlende wannenförmigen Abdichtungsaufkantung an Verteilerkasten

Warum dann im vorliegenden Fall eine Abdichtung des Bodes bereits ausgeführt und damit vorhanden war, konnte einem auch niemand beantworten.

Jede Fußboden-Abdichtung muss „*wannenförmig*", d. h. umlaufend erfolgen, d. h. auch an bodentiefen Verteilerkästen.

Die fehlende Abdichtungsaufkantung ist zu ergänzen und muss die erforderliche Höhe von 50 mm über Oberkante Belag aufweisen.

Oftmals steht der Heizkreisverteilerkasten (leider) vor der Wand, d. h.

- diese Anordnung führt zu Einschränkung des Türöffnungsradius, wie in Abb. 3.29 dargestellt
- behindert die Möglichkeit der Möblierung,
- ist unansehnlich, usw.

Stellungnahme eines Bauträgers:

> „Ein Heizkreisverteiler vor der Wand stellt keinen Mangel im Sinne der allgemein anerkannten Regeln der Technik dar. Wir weisen in unseren Baubeschreibungen jede/n Erwerber/in darauf hin, dass ein Heizkreisverteiler vor der Wand installiert werden kann."

Abb. 3.29 Verteilerkasten vor der Wand mit der Folge, dass die Tür sich nicht vollständig öffnen lässt (≥ 90 Grad)

Die Formulierung mit dem modalen Hilfsverb (gem. DIN 820-2:2020-03) **„kann"** (i. S. v. „*es ist möglich, dass …*") stellt keine oder eine unzureichende Beratung über die Vor-, und Nachteile der Lage des Verteilerkastens gegenüber dem Erwerber dar.

Wie *kann* man einen Heizkreisverteilerkasten *vor* der Wand „planen"? Besser: ist es, diesen bündig, innerhalb der Wand zu platzieren. Hier fehlt die **Koordinierung** zwischen Architekten und TGA-Planer.

Revisionsöffnungen

Analog zu Heizkreisverteilerkästen sind Revisionsöffnungen zu betrachten.

Im Zuge eines Dachraumausbaus wurden auch die Badezimmer neu geplant. Bei der Planung wurde nicht berücksichtigt, die Bäder „übereinander" zu legen, sodass die Entwässerung auf kurzem Wege an den vorhandenen Strang angeschlossen werden kann. Liegen die Bäder auf verschiedenen Etagen nicht übereinander, muss die Entwässerung „spazieren" geführt werden u. a. mittels Hebeanlagen.

Im vorliegenden Fall fehlte im Bereich der Revisionsöffnung (vor der bodentiefen Hebeanlage) die Abdichtungsaufkantung (siehe Abb. 3.30).

Jede Fußbodenabdichtung muss „*wannenförmig*", d. h. umlaufend erfolgen, auch an bodentiefen Revisionsöffnungen. Im Bereich der Wandöffnung ist – analog zu den Türbereichen bzw. bodentiefen Fenstern – eine Winkelschiene zur Aufnahme einer Abdichtungsaufkantung zu ergänzen. Besser wäre es die Unterkante der Öffnung oberhalb der Abdichtungsaufkantung zu planen.

Abb. 3.30 fehlende Abdichtungsaufkantung im Bereich der Revisionsöffnung

Dichtmanschetten
Ein Badezimmer hatte sowohl eine niveaugleich geflieste Dusche und eine angrenzende Badewanne. Es kam zu einen Feuchteschaden im angrenzende Flurbereich, u. a. aufgrund fehlender Abdichtungsaufkantung im Türbereich, fehlendes „*Buttering-Floating*-Verfahren" im Duschbereich.

Abb. 3.31 Beispiele für nicht fachgerechte Ausführungen von Flächenabdichtungen im Bereich von Leitungsdurchführungen: **a** Abdichtungsanschluss ohne vorgefertigte Manschette; **b** Aufbringen einer Abdichtung unterhalb eines Rohres nicht möglich; **c** Fußbodenabdichtung unterhalb der Rohrleitung, Kontrolle der Schichtdicke nicht möglich; **d** fehlender Abdichtungsanschluss; **e** abgesenkter Fußboden zur Aufnahme einer Duschwanne; **f** Wie soll hier eine Fußbodenabdichtung unterhalb der Rohrleitung fachgerecht ausgeführt werden?

Abb. 3.31 *Fortsetzung* - Beispiele für nicht fachgerechte Ausführungen von Flächenabdichtungen im Bereich von Leitungsdurchführungen: **g** Fußbodenabdichtung unterhalb der Rohrleitung: Wie erfolgte die Kontrolle der Abdichtung? **h** Fehlende Koordination zwischen Objekt- und TGA-Planung; **i** Rohrleitung durch Fußbodenaufbau geführt; **j** Abdichtungsaufkantung fehlt, die Rohre sind aber schon verlegt

Nach einiger Diskussion mit dem Bauträger wurde der gesamte Bodenbelag abgebrochen, nachdem auch nachgewiesen wurde, dass unter der Abdichtung der Trockenestrich feucht war. Im Zuge der Sanierung wurde der Fußboden neu abgedichtet.

Nach Fertigmeldung des Bauträgers, wurden die Arbeiten besichtigt und festgestellt, dass im Türbereich wieder die Abdichtungsaufkantung fehlte, im Badewannenbereich die Abdichtungsdurchdringung (Badewannenentwässerung) nur mit einer Flüssigkunststoffabdichtung „*zugeschmiert*" wurde. Es fehlten Dichtmanschetten oder Rohrdurchdringungen mit Festflansch zur Aufnahme der Abdichtung.

Die Abdichtungsdurchdringung (hier: Badewannenentwässerung) nahe der niveaugleich gefliesten Dusche stellt die Wassereinwirkung W2-I, d. h. hohe Beanspruchung dar.

Die Industrie stellt dünne, wasserundurchlässige Abdichtungsbahnen her, die in der „Fläche" verlegt i. d. R. keine Probleme in der Ausführung darstellen – im Gegensatz zu den Anschlüssen z. B. an Durchdringungen. Abb. 3.31 stellt ein breites Sammelsurium an fehlerhaften Abdichtungsanschlüssen dar.

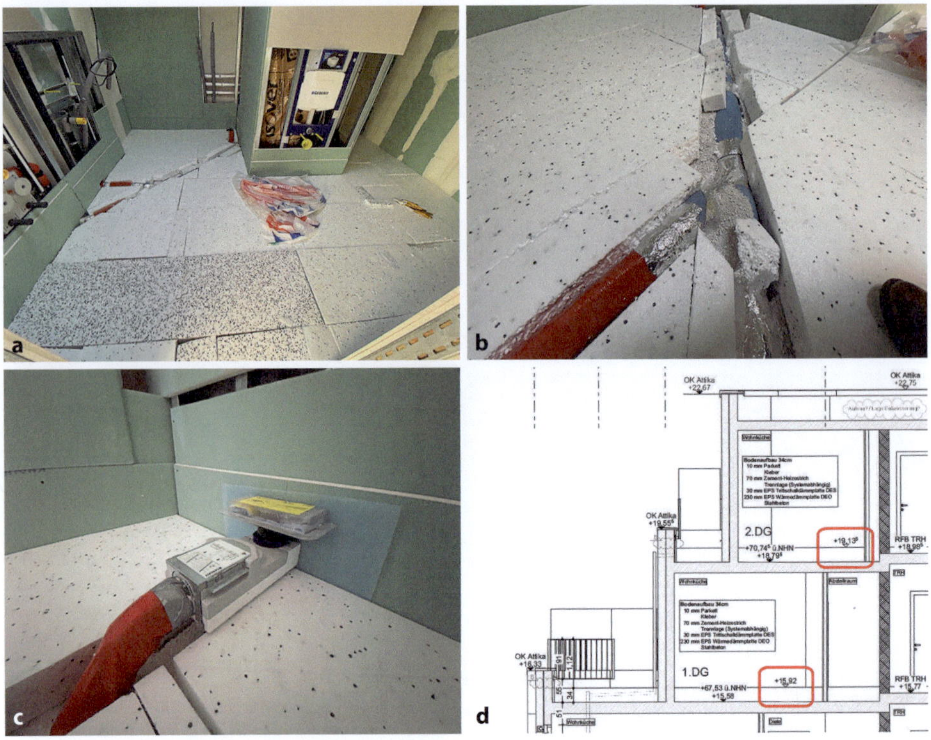

Abb. 3.32 Ausführung einer ungünstigen Leitungsführung im Fußboden: **a** Übersichtsfoto der Badaufteilung; **b** Detailaufnahme der Leitungsführung; **c** Fußbodenentwässerung; **d** Schnittdarstellung zur Darstellung der Aufbauhöhen

Verschenkte Raumhöhe

Bei der Planung einer Maisonette-Penthouse-Wohnung in einem Neubau wurde vom Architekten in beiden Dachgeschossen ein Fußboden mit 30 cm Aufbauhöhe vorgesehen, wie in Abb. 3.32 dargestellt. Diese Entscheidung wurde mit der Leitungsführung der Badezimmerentwässerung begründet. Somit erhielt die gesamte Wohnung diesen hohen Fußbodenaufbau, um einen Versatz, d. h. Stufen innerhalb der Wohnung, zu vermeiden. Dies führte jedoch dazu, dass die für eine Penthouse-Wohnung typische, wertvolle Zimmerhöhe verloren ging. Das Besondere an einer Dachraum- bzw. Penthouse-Wohnung ist in der Regel die Raumhöhe.

Es ist schwer vorstellbar, dass ein Architekt auf die Umsetzung solcher Raumhöhe verzichtet. Ein sachkundiger Planer hätte sicherlich eine alternative Lösung gefunden, wie z. B. die Bäder übereinander mit ggf. Höhenversatz innerhalb der Rohdecke. Hier scheint die Abstimmung zwischen dem Architekten und dem TGA-Planer zu fehlen (oder liegt es an der Unerfahrenheit?).

Heizleitungen

Heizrohrleitungen (für den Wand-Heizkörper) werden oftmals durch den Fußbodenaufbau/Abdichtung geführt (Beispiel in Abb. 3.33, i. d. R. aufgrund fehlender Koordinierung

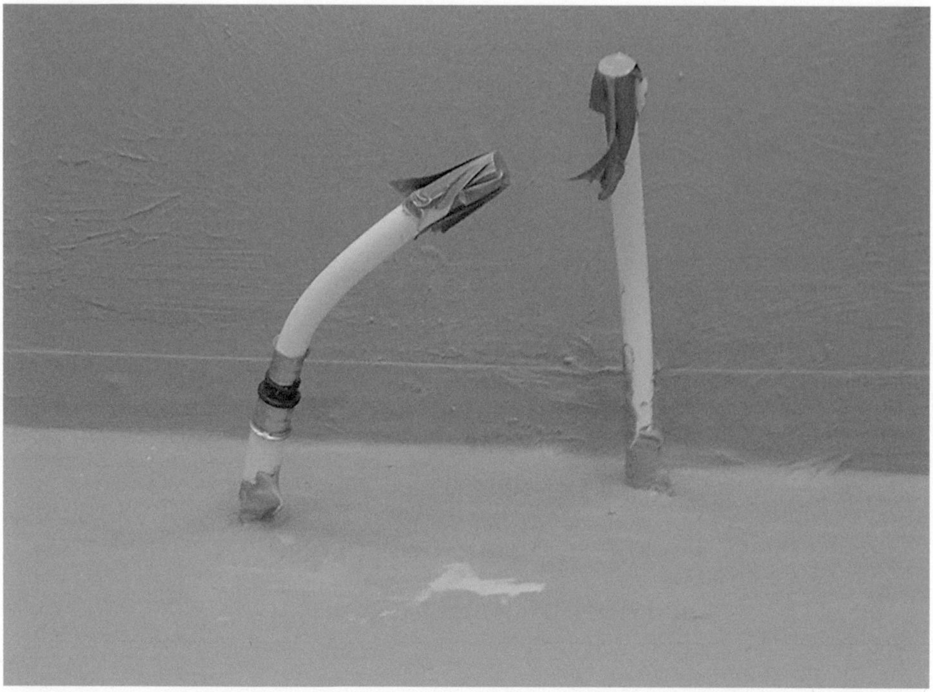

Abb. 3.33 Durchdringung der Abdichtung durch Heizrohrleitung ohne Abdichtungsmanschetten

zwischen Architekten und dem TGA-Planer). Die Vielzahl von Schadensfällen zeigt, dass eine Durchdringung der Abdichtung immer mit einem Schadensrisiko verbunden ist. In der Theorie ist das Abdichten von Durchdringungen (z. B. Leitungsführung von Heizkörpern) mittels Klebeflanschen möglich, doch widerspricht dem die Schadenspraxis oftmals. Die Industrie bietet eine Vielzahl von Manschetten/Formteilen an, die jedoch oftmals nicht oder fehlerhaft eingebaut werden. Dies liegt u. a. daran, dass Formteile nicht gerade „bei der Hand" sind oder Formteile teurer sind als Meterware.

Senkrechte Rohrdurchführungen (z. B. für den Heizkörperanschluss) durch die wannenförmige Fußbodenabdichtung sollten vermieden werden und stattdessen besser hinter/über der Abdichtungsaufkantung aus der Wand, d. h. oberhalb der Sockelfliese geführt werden. Durchdringungen, wie in Abb. 3.34 dargestellt, sollten vermieden werden. Dies hat den zusätzlichen positiven Effekt, dass der Reinigungsaufwand verringert wird.

Die elegantere Methode ist in Abb. 3.35 dargestellt. Hierbei wird eine Durchdringung der Abdichtung vermieden, indem die Leitungen innerhalb der Wände geführt werden bzw. diese durchdringen. Das Schadensrisiko wird hierdurch erheblich gesenkt und die Dauerhaftigkeit gesteigert.

Abb. 3.36 stellt eine Übersicht von vorgefundenen Ausführungsfehlern dar, die eine Überlagerung einiger der voran genannten Fehler sind.

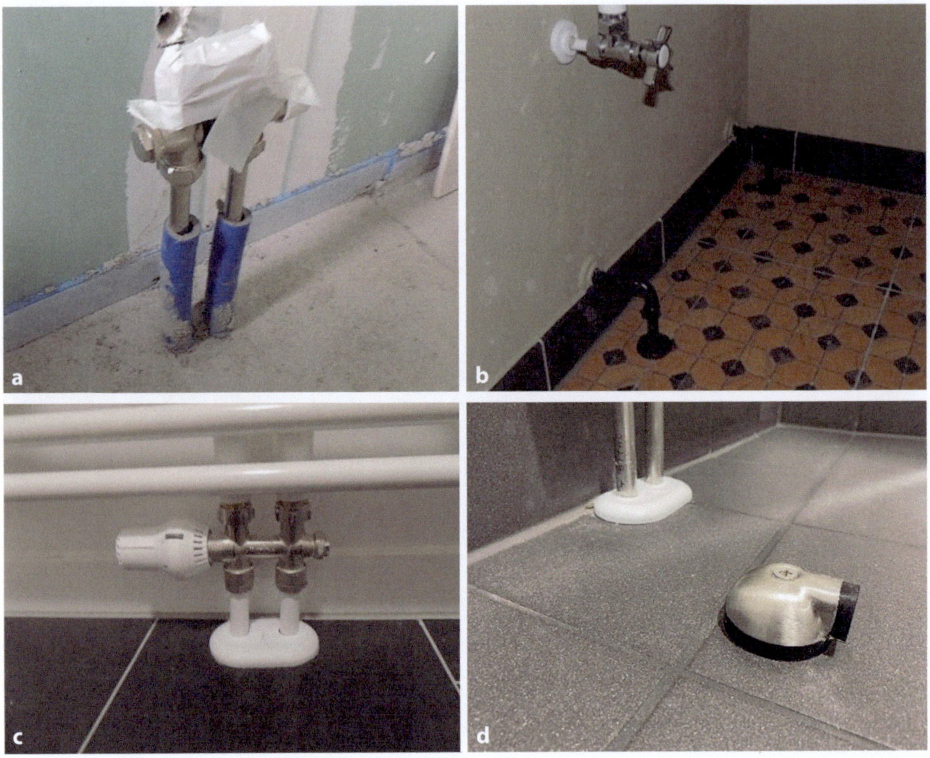

Abb. 3.34 Heizrohrleitungsführung und Türstopper-Verschraubung durch die Abdichtung mit erhöhtem Schadenspotential: **a** Heizrohrleitungsführung durch die Abdichtung ohne Abdichtungsmanschette; **b** Heizrohrleitungsführung durch die Abdichtung und in die Wand; **c** Heizrohrleitungsführung durch die Abdichtung; **d** Verschraubter Türstopper

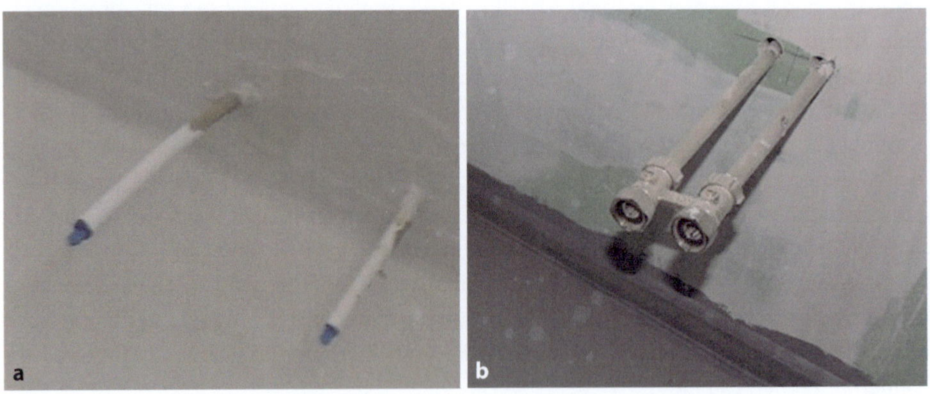

Abb. 3.35 **a, b** Beispiele für Heizrohrleitungsführungen oberhalb der Abdichtung

Abb. 3.36 Schadensbilder aufgrund fehlender Koordination zwischen Objekt- und TGA-Planung: **a** Fußbodenabdichtung unterhalb der Leitungsrohre; **b** Abdichtung wurde zwecks Rohrdurchdringung eingeschnitten; **c** lose verlegter elektrischer Leiter durchdringt die Abdichtung

3.2 Entwässerung

DIN 18534-1:2017-07 „Abdichtung von Innenräumen" –
Teil 1 Anforderungen, Planungs- und Ausführungsgrundsätze
6.4 Entwässerung

„Die ggf. erforderliche Entwässerung der abzudichtenden Fläche ist entsprechend DIN EN 12056 und DIN 1986-100 zu planen.

Bei der Planung ist zu beachten, dass abhängig von Lage, Zulaufmenge und Leistungsvermögen des Ablaufes sowie des Gefälles ein Aufstau entstehen kann. Die

sich daraus ergebende Aufbauhöhe des Fußbodens ist bei der Planung des Rohbaus zu berücksichtigen.
Die Abläufe sind grundsätzlich an den tiefsten Stellen der zu entwässernden (Teil-) Flächen vorzusehen. Dafür sind bei der Planung des Bauwerks die zu erwartenden Verformungen und Durchbiegungen zu berücksichtigen.
Abläufe zur Entwässerung von Belagsoberflächen, die die Abdichtungsschicht durchdringen, müssen je nach Abdichtungsbauweise sowohl die Belagsebene als auch die Abdichtungsebene dauerhaft entwässern.
Auf die Entwässerung der Abdichtungsschicht kann verzichtet werden, sofern diese nicht wasserführend ist.
Abläufe müssen so geplant und eingebaut werden, dass sie für Wartungszwecke zugänglich sind.
[…]

8.5.3 Anschluss an Einbauteile und Durchdringungen

8.5.3.1 Allgemeines
Das Anstauen von Wasser vor Bodenabläufen/Entwässerungsrinnen ist zu vermeiden.“

3.2.1 Wasserarten

Die Wasserbelastung auf der Nutzschicht kann man unterscheiden in:

- Oberflächenwasser
- Sickerwasser

3.2.1.1 Oberflächenwasser

Das **Oberflächenwasser** wird *auf* dem Bodenbelag über die Fußbodenentwässerung abgeführt.

3.2.1.2 Sickerwasser

Das **Sickerwasser** ist ursprüngliches Oberflächenwasser, welches auf die Abdichtungsebene über die starre Verfugung oder über den Bodenbelag eindringt. Abhängig von der Abdichtungsbauweise nach DIN 18534-1 muss ggf. auch dieses Wasser abgeführt werden. Im Folgenden wird auf die Besonderheiten der Entwässerung in Abhängigkeit der Abdichtungsbauweise gem. Abb. 2.2 eingegangen.

Abdichtungsbauweise a) Abdichtung unterhalb der lastverteilenden Schicht
Bei einer Abdichtung unterhalb der lastverteilenden Schicht ist ***„sowohl die Belagsebene als auch die Abdichtungsebene dauerhaft [zu] entwässern“***, d. h. dass hierbei beim Einlauf zusätzlich eine Entwässerung des Sickerwassers erforderlich ist.

Abdichtungsbauweise b) Abdichtung im Verbund

Bei einer Abdichtung im Verbund mit keramischen Fliesen muss nach DIN 18534-1 Sickerwasser nicht abgeführt werden. Dies ist zudem vermutlich auch technisch nicht zielsicher realisierbar, da dieses Wasser vorrangig kapillaraktiv ist. Jedoch dringt über die starre Verfugung oder Randbereiche Feuchtigkeit in die Ebene des Fliesenklebers ein und verteilt sich unterhalb des Fliesenbelags ggf. im gesamten Badezimmer. Abhängig von der Taltiefe bzw. des Hohlraumanteils des Zahnspachtels kann es hierbei zu einer starken Akkumulation von Wasser im Klebebett kommen, wie Abb. 3.37 zeigt. Die Rücktrocknung kann hierbei lediglich über die Fugen erfolgen und führt unter Umständen zu unschönen Ablagerungserscheinungen auf den Fugen. Aus diesem Grund sollte der Hohlraumanteil im Klebebett möglichst geringgehalten werden. Dies wird am besten erreicht, wenn die Fliesen im Buttering-Floating-Verfahren verlegt werden. Dieses ist in der Regel gesondert auszuschreiben, da es mit einem höheren Aufwand und somit höheren Kosten verbunden ist.

Das „*Buttering-Floating-Verfahren*“ wird ausführlich im Abschn. 6.3 im Zusammenhang mit der Herstellung von bodengleichen Duschen beschrieben. Weiterhin ist es ratsam, bei einer bodengleich gefliesten Dusche den Duschbereich vom restlichen Bad kapillar zu trennen. Dies kann mithilfe einer kapillarbrechenden Fuge, wie einem Stellwinkel im Übergangsbereich zur Dusche oder Kleberaupen erfolgen.

Abb. 3.37 Wasser in flüssiger Form (ca. 3 mm) im Fliesenklebebett ohne Abdichtungsanschluss an die Winkelschiene

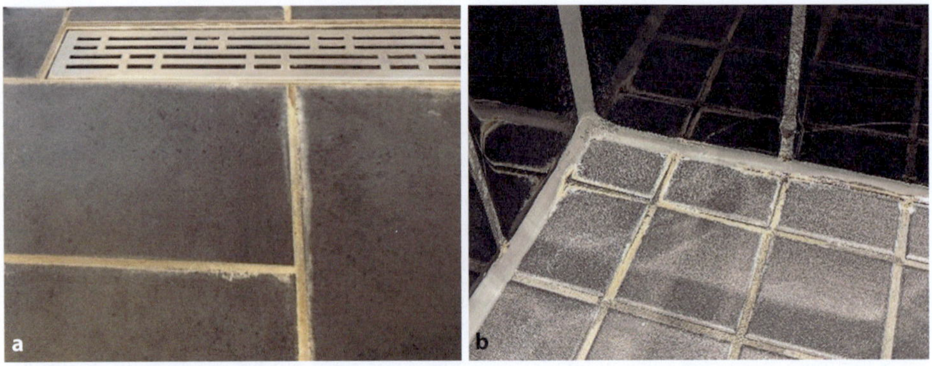

Abb. 3.38 Kalkablagerungen: **a** Kalkablagerung durch großen Hohlraumanteil; **b** Kalkablagerung durch Wasserreste auf der Verfugung

Abdichtungsbauweise c) Kombination aus a) und b)
Bei der Abdichtungsbauweise c) mit einer Abdichtung im Verbund auf der lastverteilenden Schicht und einer Abdichtung darunter ist gem. DIN 18534-1 theoretisch nur eine Entwässerung der oberen Abdichtungsebene nötig, wenn die untere Abdichtung nur als Notabdichtung dient. Planerisch ist anzugeben, ob die untere Ebene entwässert werden soll. Die Abläufe der oberen und unteren Ebene sollen hierbei rückstausicher bspw. durch getrennte Abläufe sein. Wichtig ist hierbei zu beachten, dass auch der untere Ablauf revisionierbar sein muss.

Bei einem Verzicht auf die Entwässerung der unteren Abdichtungsebene (bspw., wenn diese nur als Notabdichtung fungiert), sind trotzdem weitere Maßnahmen erforderlich, um eine unplanmäßige Wassereinwirkung frühzeitig zu erkennen. Dies kann bspw. durch ein Leckagemeldesystem erfolgen.

Typische Schadensfälle
Sickerwasser trocknet in der Regel über die starre Verfugung der Fliesen rück. Hierbei kommt es zu einem kapillaren Wassertransport aus dem Klebebett hin zur Oberfläche, an der das Wasser verdunstet. Dies kann zu teils starken Kalkablagerungen führen, die insbesondere auf dunklen Fliesenbelägen sehr auffällig sind, wie in Abb. 3.38 dargestellt. Verstärkt wird dieses Phänomen bspw. durch einen großen Hohlraumanteil unterhalb der Fliese durch die Aufkämmung des Fliesenklebers oder Hohllagen der Fliesen. Weiter kann bei kleinformatigen Fliesen, wie Mosaikfliesen, dieser Effekt auftreten, da hier das Wasser durch den hohen Fugenanteil nicht zielsicher abgeführt wird.

3.2.2 Ablaufkörper

Fachgerechte Planung und Ausführung
Der Ablauf, insbesondere von Duschen, kann punkt- oder linienförmig erfolgen. Hierfür existiert eine breite Auswahl an Einzelablauf- und Rinnenkörpern.

Bei der Planung ist zu beachten, dass abhängig von Lage, Zulaufmenge und Leistungsvermögen des Ablaufes sowie des Gefälles ein Aufstau/Rückstau entstehen kann. Die sich daraus ergebende Aufbauhöhe des Fußbodens ist bei der Planung des Rohbaus zu berücksichtigen. Grundsätzlich ist das Anstauen von Wasser vor Bodenabläufen oder Entwässerungsrinnen zu vermeiden.

Die Abläufe sind an den jeweilig tiefsten Stellen der zu entwässernden (Teil-)Flächen vorzusehen. Dafür sind bei der Planung des Bauwerks die zu erwartenden Verformungen und Durchbiegungen zu berücksichtigen.

Gerade bei bodengleich gefliesten Duschen bieten Rinnenkörper den Vorteil, dass das Gefälle in einer Ebene modelliert werden kann und nicht wie bei einem Einzelablauf dreidimensional modelliert werden muss.

Eine Übersicht der möglichen Bauarten von Bodenabläufen bietet die Abb. 3.39 aus der DIN EN 1253-1:2015-03.

Weiter ist zu beachten: Abläufe müssen gewartet werden. Der Wohnungsnutzer ist in der Regel kein Baufachmann bzw. keine Baufachfrau und muss daher auf diese Wartungspflicht hingewiesen werden, idealerweise im Mietvertrag.

Achtung: Einige Firmen bieten nur standardmäßige Duschrinnen-Längen an.

Es gibt jedoch Produkthersteller die Längen bis 600 cm anbieten und nach Maß fertigen. Dies ist besonders wichtig bei „Reihen“-Duschanlagen, wie z. B. in Fitnessstudios. Bei solch hohen Beanspruchungen sollte eine Duschrinne aus V4A- und nicht aus V2A-Stahl bestehen, da dieser eine höhere Korrosionsbeständigkeit und Temperaturresistenz besitzt.

3.2.3 Zusätzliche themenverwandte Hinweise

Geruchsverschluss

Ein Geruchsverschluss, auch Siphon genannt, soll verhindern, dass unangenehme Gerüche aus der Abwasserleitung über die Entwässerungsöffnung in das Badezimmer eindringen. Diese Höhe ist definiert als die wirksame Wasserhöhe im Geruchsverschluss, zur Verhinderung des Durchtritts von Faulgasen, wie in Abb. 3.40 durch H markiert dargestellt. Um diese Funktion dauerhaft zu erfüllen, ist laut DIN 1986-100:2016-09 eine Verschlusshöhe von mindestens 50 mm erforderlich. Diese Regelung war auch bereits in der alten DIN 1986-100:2008-05 enthalten. Ist die Verschlusshöhe geringer, kann es vorkommen, dass das Wasser im Geruchsverschluss austrocknet und sich die Gerüche somit ungehindert im Raum verteilen können.

Auf dem Markt existieren einige Produkte, die die Mindesthöhe nicht einhalten und bspw. nur 40 mm aufweisen. Dies ist eine Sonderlösung und sollte vermieden werden, indem die nötige Aufbauhöhe von Anfang an in der Planung berücksichtigt wird. Die sich daraus in der Regel ergebenden Fußbodenaufbauhöhen sind in Abb. 3.40 dargestellt. Weiter wäre insbesondere bei einer Unterschreitung der Aufbauhöhe auf die Risiken der Geruchsbelastung hinzuweisen.

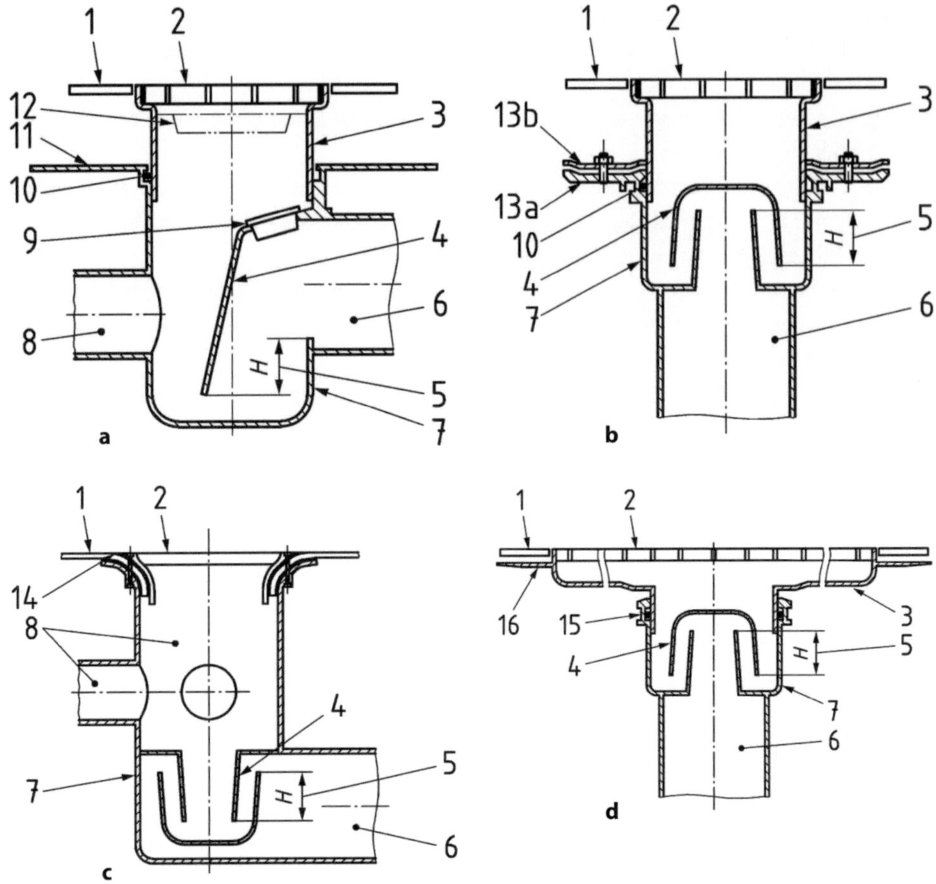

Legende
1 Bodenoberfläche
2 Rost/Deckel
3 Aufsatzstück
4 Geruchverschluss
5 Geruchverschlusshöhe (H ≥ 50 mm)
6 Abflussstutzen
7 Ablaufkörper
8 Seitlicher Anschluss
9 Reinigungsöffnung
10 Sickeröffnung
11 Flansch zum Kleben von Dichtungsbahnen
12 Schmutzeimer
13 Flansch mit Gegenflansch
a Festflansch
b Losflansch
14 Flansch zum Festklemmen eines flexiblen Bodenbelags mit einem Klemmring
15 Dichtung
16 Flansch für die Verklebung flüssig aufzubringender Abdichtungen

Abb. 3.39 Bauarten von Bodenabläufen: **a** Bodenablauf mit seitlichen Anschlüssen und Flansch zum Kleben von Dichtungsbahnen (Beispiel); **b** Bodenablauf mit Flansch zum Festklemmen von Dichtungsbahnen (Fest- und Losflansch; Beispiel); **c** Bodenablauf mit seitlichen Anschlüssen und Flansch zum Festklemmen von flexiblen Bodenbelägen (z. B. PVC-Bodenbelag; Beispiel); **d** Ablaufrinne mit Flansch für die Verklebung flüssig aufzubringender Abdichtungen (Beispiel). (Quelle: DIN EN 1253-1:2015-03, Bild 1)

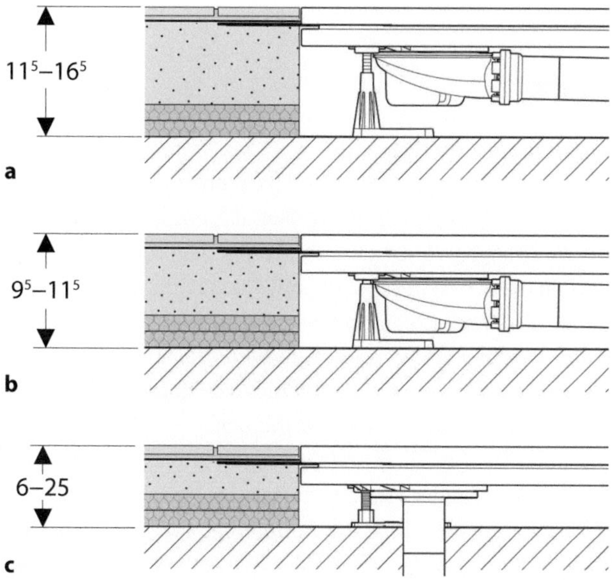

Abb. 3.40 erforderliche Fußboden-Aufbauhöhe – je nach Entwässerungsführung. **a** Bodeneben mit Geruchsverschlusshöhe 50 mm (Schnitt Setaplano50); **b** Bodeneben mit Geruchsverschlusshöhe 30 mm (Schnitt Setaplano30); **c** Bodeneben mit senkrechter Durchführung, wobei 25 cm nur mit einer Fußverlängerung möglich sind (Schnitt Setaplano Crossfloor). (Quelle: Fa. Geberit)

DIN 1986-100:2016-09 „Entwässerungsanlagen für Gebäude und Grundstücke" – Teil 100: Bestimmungen in Verbindung mit DIN EN 752 und DIN EN 12056
5 Planung von Grundstücksentwässerungsanlagen

5.7 Ablaufstellen

5.7.1 Verhinderung des Austrittes von Gasen – Geruchsverschlüsse
„Einzubauende Geruchverschlüsse oder Bauteile mit Geruchverschluss müssen den dafür geltenden Normen (z. B. DIN EN 274-1, DIN EN 1253-1) entsprechen.
Die Geruchverschlusshöhe im Geruchverschluss muss mindestens betragen:
für Schmutzwasserabläufe 50 mm"

DIN EN 1253-1: 2015-03 „Abläufe für Gebäude" – Teil 1: Anforderungen
4.1.5: Geruchverschlusshöhe
„Bodenabläufe für Abwasser müssen eine Geruchverschlusshöhe H von mindestens 50 mm besitzen und sind nach 5.3.1 [der Norm] zu prüfen."

3.3 Nutzschicht

3.3.1 Fliesenbelag

Fachgerechte Planung und Ausführung
Bei der Planung des Fliesenbelags sind einige Faktoren zu berücksichtigen. Bereits bei der Auswahl der Farben sollte berücksichtigt werden, dass besonders dunkle Flächen anfällig für unschöne optische Erscheinungen sind. Bei Kalkablagerungen auf dunklen Fliesen und auch Armaturen fallen diese besonders stark auf. Auch Ablagerungen auf den Fugen durch beispielsweise die Austrocknung von Sickerwasser heben sich dunkle Fliesen besonders von den umgebenden Flächen ab. Verstärkt werden diese Effekte bei kleinformatigen Fliesen oder in Duschbereichen mit geringem Gefälle und Pfützenbildung. Aus diesem Grund würde ich in Bädern eher hellere Farbtöne empfehlen.

Weiter sind die gewählten Fliesenformate auf die umgebenden Randbedingungen anzupassen. Abhängig von der in der Planung zulässigen Deckendurchbiegung und Deckenschwingung müssen hier entsprechend die Formate gewählt werden, da es bei zu großen Fliesenformaten ansonsten zu Ablösungen oder Brüchen der Fliesen kommen kann. Dies fördert beispielsweise zusätzlich die im Abschn. 3.2.1.2 beschriebenen Phänomene.

Vorhandene tragende Bauteile/Deckenbalken dürfen ohne Verstärkung bis zu einer Durchbiegung von l/200 ausgenutzt werden („Bestand").

Sobald Bauteile/Deckenbalken verstärkt werden, darf die Durchbiegung $w_{net,fin}$ gem. Abb. 3.41 l/300 nicht überschreiten.

Vorhandene Durchbiegung:

Iy < l/300	Keine Verstärkung (theoretisch) erforderlich.
Iy > l/300 < l/200	Verstärkung wird empfohlen, jedoch nicht zwingend erforderlich; Eigenverantwortung des Bauherrn!

Beispiel:

Deckenbalken-Länge	= 6,0 m = 600 cm	
zul. Durchbiegung	< l/300 = 600/300	= 2 cm
z. B. vorh. Durchbiegung = l/200	= 600/200	= 3 cm

d. h. die Deckenbalken biegen sich 3 cm durch.

Typische Schadensfälle
Fliesen über Holzbalkendecke
Generell sind bei Altbauten mit Holzbalkendecken die starren Beläge anfällig für Schäden. Besonders große Spannweiten, wie in Abb. 3.42 dargestellt, besitzen ohne Verstärkungsmaßnahmen nach dem Aufbringen der Lasten eine starke Durchbiegung.

Bei dem in Abb. 3.43 dargestellten Schadensfall handelt es sich um ein Altbaudachgeschoss, welches im Zuge eines Dachraumausbaus zu Eigentumswohnungen ausge-

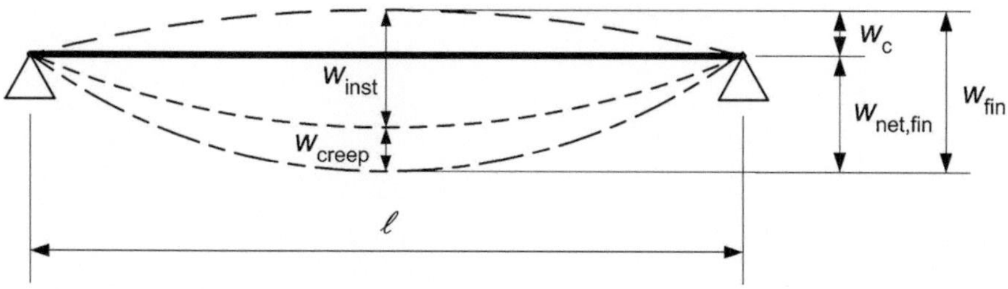

Legende

ℓ	Stützweite, Deckenbalken-Länge
w_{inst}	Anfangsdurchbiegung aus Eigengewicht, der ersten und weiteren Verkehrslasten
w_{creep}	Verformungsanteil durch Kriechen
w_{fin}	Enddurchbiegung aus Eigengewicht, veränderlichen Verkehrslasten und Kriechen
w_c	Überhöhung (falls vorhanden)
$w_{net,fin}$	Enddurchbiegung abzüglich Überhöhung

Abb. 3.41 Anteile der Durchbiegung, DIN EN 1995-1-1:2010-12: Bemessung und Konstruktion Holzbauten, Bild 7.1

Abb. 3.42 Holzbalkendecke eines Altbaus mit über 6 m Spannweite

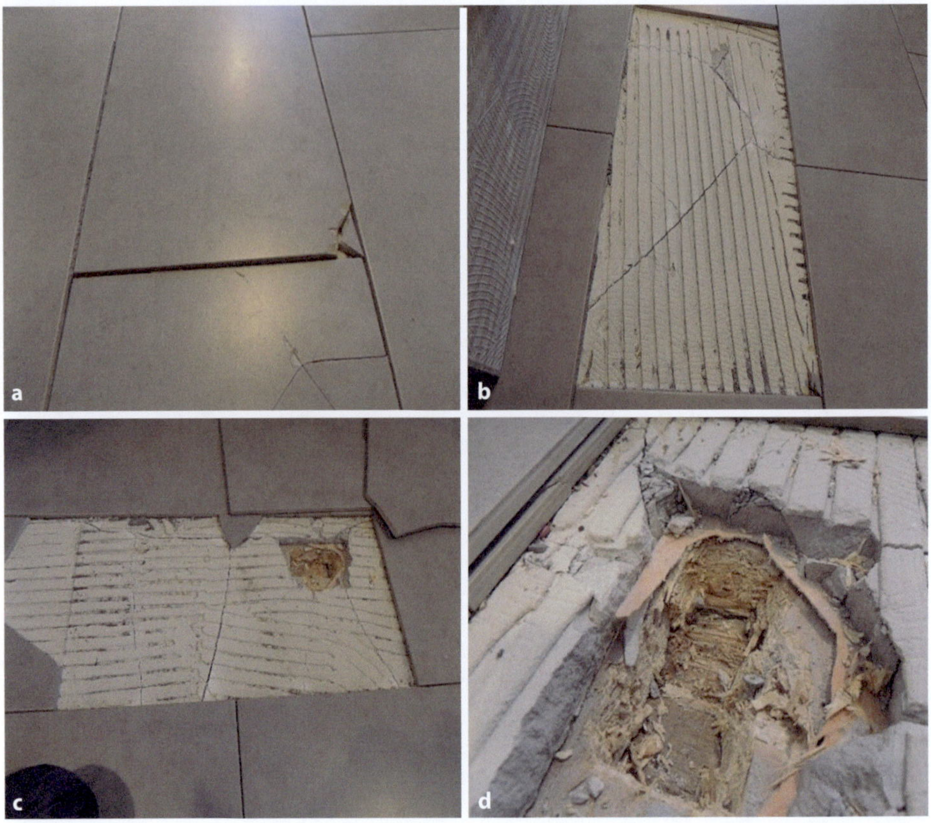

Abb. 3.43 Schäden am Fußbodenbelag und Bauteilöffnung: **a** Rissbildung und Ablösung der Fliesen; **b** Rissbildung im Fliesenkleber; **c** Bauteilöffnung; **d** Aufnahme des Fußbodenaufbaus

baut wurde. Die Fußböden in den Küchen und Bädern wurden dabei mit großformatigen (60 × 30 cm) Fliesen/Platten versehen. Innerhalb der Gewährleistung begann sich die „starre" Verfugung des Fliesen-Bodenbelages zu lösen. Immer mehr Fliesen lösten sich und lagen „hohl". Der Fußbodenaufbau in der Küche sah wie folgt aus:

Fußbodenaufbau:

- Fliesen im Dünnbett,
- Ausgleichmasse,
- Folie (?),
- OSB-Platte verschraubt mit Holzbalken,
- Dielung

Eine statische Berechnung bzw. Tragwerksplanung konnte auf Nachfrage nicht vorgelegt werden, was vermuten lässt, dass keine vorlag. Bei einer Nutzungsänderung, wie dem hier durchgeführten Dachraumausbau entfällt der „Bestandsschutz". Hierdurch gelten an die

Planung und Ausführung die Anforderungen nach aktuellen Regelwerken. Das bedeutet, dass eine Decke nur als gebrauchstauglich gilt, wenn die Beschränkungen der Durchbiegung und Schwingung und die Anforderungen des Schallschutzes erfüllt werden.

In der Folge der zu hohen Durchbiegung und Schwingung kommt es zur Ablösung der Fliesen. Der starre Fliesenbelag erhält infolge der Durchbiegung eine Stauchung und schert ab. Verhindern ließe sich dies, wenn in der Tragwerksplanung eine Deckenbalkenverstärkung berücksichtigt wird, um die Durchbiegung zu reduzieren.

Weiter kann es in den Randbereichen zu Aufwölbungen kommen, die zum Abriss der Abdichtung führen.

Bei dem beschriebenen Fall wurde zusätzlich der Trockenestrich in Form von OSB-Platten mit dem Untergrund verschraubt. Hierdurch kann der erforderliche Trittschallschutz nicht gewährleistet werden.

Die Fliesen wurden lediglich im Floating-Verfahren verlegt, d. h. eine erforderliche Ausführung im „Buttering-Floating-Verfahren“ für großformatige Platten fehlte. Dies hatte eine erhöhte Hohllagigkeit und eine schnellere Ablösung vom Untergrund zur Folge.

Wie bereits in Abschn. 2.2.3 beschrieben sind Holzwerkstoffe als Untergrund zunächst als ungeeignet einzustufen. Die hierfür erforderliche Entkopplung fehlte.

Zur Vermeidung solcher Schäden ist zu beachten, dass vor einer Sanierung u. a. folgende Unterlagen erforderlich sind.

- Tragwerksplanung/Statik, d. h. ggf. Deckenbalkenverstärkung,
- Ausführungsplanung des Fußbodenaufbaus unter Berücksichtigung des Trittschallschutzes.

Lediglich eine Erneuerung des Fliesenbelages (ohne statische Überprüfung) ist wenig sinnvoll.

Dem Bauherrn oder Bauüberwacher wird empfohlen, im Zuge des Einbaus der Abdichtung besondere Aufmerksamkeit auf die eben beschriebenen technischen Details zu richten und bestenfalls mit einer Kamera die kritischen Stellen fotografisch festzuhalten („Beweissicherung“), um späteren Streitigkeiten vorzubeugen.

Fliesen auf Holzspanplatten

In einem weiteren Fall einer ausgebauten Dachgeschosswohnung ereignete sich folgender Fall. Der Fliesenbelag unmittelbar vor der Badewanne im Badezimmer wölbte sich, wie in Abb. 3.44 dargestellt, auf. Nach Entfernung der Fliesen war folgendes erkennbar.

a) Fliesen im Dünnbett verlegt (viele Hohlräume),
b) eine sehr dünne Beschichtung, < 0,05 mm
c) Holzspanplatten, die sich aufgrund der Feuchte stellenweise aufwölbten und dadurch den Fliesenbelag hochdrückten.

Obwohl Holzspanplatten in Bädern ungeeignet sind, werden sie doch immer wieder verwendet. Oftmals wird beim Verarbeiten der Abdichtung nachlässig gearbeitet und damit

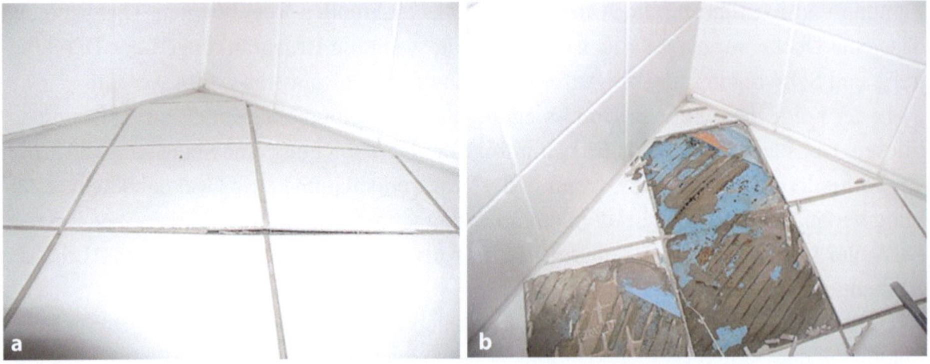

Abb. 3.44 Ablösung von Fliesen durch aufquellenden Untergrund: **a** Fliesenaufwölbung; **b** Hohllagigkeit des Fliesenklebers

Fehlstellen produziert. So kommt es, dass Sickerwasser über die Fugen durch die Fehlstellen in der Abdichtung in die Holzspanplatte eindringen kann. Diese quillt auf, verformt sich und reißt die Abdichtungslage an weiteren Stellen auf. Die Folge dieses Kreislaufs sind reißende Fliesenverfugungen und Aufwölbung des Fliesenbelags.

Kostengünstig, aber nicht empfehlenswert, ist, die Abdichtung auf den unbeschädigten Holzspanplatten zu erneuern. Beschädigte, also aufgequollene, Spanplatten sind zu entfernen und durch neue zu ersetzen.

Besser ist es jedoch, im Badezimmerbereich grundsätzlich feuchteunempfindliche Baustoffe z. B. Zementestrich oder Zementfaserplatten zu verwenden. Dies ist jedoch in einer Tragwerksplanung durch entsprechende Lastannahmen zu überprüfen.

Zur besseren Kontrolle der Schichtstärke ist es nicht nur bei Polymerdispersionen empfehlenswert, eine zweifarbige Beschichtung als Abdichtung zu wählen. Der abzudichtende Untergrund ist erst dann dicht, wenn die Farbe des ersten Anstrichs durch den zweiten nicht mehr hindurchschimmert.

3.3.2 Gefälleausbildung

Fachgerechte Planung und Ausführung
Grundsätzlich ist der folgende Lehrsatz zu berücksichtigen:

> **Klartext**
> Wasser darf nicht ruhen, Wasser muss fließen.

Daher ist immer ein Gefälle erforderlich.

Hierbei ist jedoch ein stärkeres Gefälle nicht automatisch besser. Welches Gefälle erforderlich ist, wird in der DIN 18534 nicht geregelt. Diese fordert lediglich ein *„ausreichendes Gefälle zur Ableitung von Wasser in einen Ablauf“*, erlaubt aber auch *„das Ableiten von*

Wasser auf andere Weise“. Auf andere Weise kann beispielsweise mithilfe eines Wasserschiebers erfolgen.

Das bedeutet, dass das Gefälle planerisch festgelegt werden muss. Dies muss in Abstimmung mit dem Bauherrn und unter Berücksichtigung der folgenden Randbedingungen erfolgen:

- Wasserableitung
- Pfützenbildung
- Unfallverhütungsvorschriften
- Rutschgefahr
- Verformungen des Untergrundes („Durchbiegung“)
- Fliesenoberfläche (glatte Großformate mit geringem Fugenanteil, keine Mosaike (Bodenbelag) mit hohem Fugenanteil).

Kein oder ein geringes Gefälle und zulässige Bautoleranzen führen häufig zu einem „Kontergefälle“ und Pfützenbildung. Hinweise zum Gefälle in Duschanlagen, insbesondere in öffentlichen Einrichtungen wie Fitnessstudios, sind in Deutschland i. d. R. in Normen und Richtlinien festgelegt.

Es hat sich bewährt, in Duschbereichen mindestens ein Gefälle von 1 bis 2 % vorzusehen, um den Wasserablauf (weitgehend) zu gewährleisten. Das bedeutet, dass das Gefälle ca. 1–2 cm pro Meter betragen sollte. Ein zu starkes Gefälle kann jedoch die Benutzung erschweren und die Sicherheit beeinträchtigen.

Außerdem ist sicherzustellen, dass das Wasser in Richtung der Abläufe geleitet wird. Aufgrund des geringen Gefälles < 3 % und zulässigen Bautoleranzen, kommt es zur Pfützenbildung, d. h. zusätzliche Maßnahmen sind erforderlich, z. B. das anfallende Wasser muss mittels „Schieber“ entfernt werden. In öffentlichen Einrichtungen und Arbeitsstätten ist das Personal bzw. nutzende Personen ausdrücklich darauf hinzuweisen.

Aussagen über Gefälle in den a. R. d. T.

Neben der DIN-Norm gibt es auch spezifische Vorgaben in Bauordnungen oder durch Anforderungen bzw. Empfehlungen von Fachverbänden (siehe Tab. 3.1, 3.2, 3.3, 3.4, 3.5).

Es ist ratsam, bei der Planung und Umsetzung die aktuellen Bau- und Hygienestandards genau zu prüfen.

Inzwischen gibt es eine Vielzahl von **Gerichtsurteilen** zu diesem Thema mit sinngemäß nachfolgenden Hinweisen:

> „Das **Gefälle** in Feuchträumen, welche durch eine Bodenentwässerung entwässert werden, ist nicht vorgeschrieben. Als Richtgröße gilt hierbei **ein Gefälle von ca. 1,5 bis 2 %.** Entscheidend allerdings ist die Vermeidung von Pfützenbildung, d. h. das Wasser sollte weitestgehend abfließen.“

Weiterhin gestaltet sich gerade bei rechteckigen Duschbereichen mit Einzelablauf die Messung des Gefälles als schwierig. Hier besitzt die lange Seite immer ein geringeres Gefälle als die kurze, wie Abb. 3.45 verdeutlicht. Hierbei muss in der Planung überlegt werden,

Tab. 3.1 Boden-Gefälle nach DIN, Merkblätter, Unfallverhütungsvorschriften usw

DIN-Normen	Aussagen zum Gefälle
DIN 18534-1:2017-7 „Abdichtung von Innenräumen“	**4.1.11 Gefälle zur Wasserableitung** Die wasserführenden Ebenen (Abdichtungsschicht und/oder Oberfläche der Nutzschicht) *sollten* ein ausreichendes Gefälle zur Ableitung von Wasser in einen Ablauf aufweisen. Hiervon darf abgewichen werden, wenn das Ableiten/Entfernen von Wasser auf andere Weise erfolgt. […] **6.3 Gefälle** Die aus der ggf. erforderlichen Gefällegebung von Belag und Abdichtungsebene resultierenden zusätzlichen Aufbauhöhen sind bei der Planung des Rohbaus zu berücksichtigen. […] **8.5.5 Anordnung der Abdichtungsschicht im Bereich von Türen und Zugängen** Ist ein Oberflächengefälle geplant, muss es vom Türbereich weg zum Ablauf hin gerichtet sein. Türen und Zugänge sollten gegen das Einwirken von Spritz- und Brauchwasser geschützt werden. Bodengleiche Duschflächen oder ähnlich beanspruchte Flächen sollten z. B. nicht ohne geeignete Schutzmaßnahmen unmittelbar neben Türen und Zugängen angeordnet werden
DIN 18195-5:2011-12 alt/zurückgezogen „Abdichtungen gegen nichtdrückendes Wasser auf Deckenflächen und in Nassräumen“	**8.3.2 Abdichtung mit Bitumen- oder Polymerbitumenbahnen** „Beträgt das Gefälle der Abdichtungsunterlage unter 2 %, sind mindestens zwei Lagen Polymerbitumenbahnen zu verwenden.“
DIN 18040-2:2011-09 „Barrierefreies Bauen – Planungsgrundlagen-Teil 2: Wohnungen“	**5.5.5 Duschplätze** „Die Fläche des Duschplatzes kann in die Bewegungsfläche des Sanitärraums einbezogen werden, wenn – der Übergang zum Duschplatz bodengleich gestaltet ist; – die zur Entwässerung erforderliche Neigung max. 2 % beträgt.“
DIN EN 15288-1:2019-05 „Schwimmbäder – Sicherheits- technische Anforderungen an Planung und Bau“	**5.6.1 Oberflächen von Nassbereichen** Die Oberflächen aller Nassbereiche müssen so angelegt sein, dass Pfützen und Wasseransammlungen, die ein Ausrutschen und unhygienische Bedingungen verursachen können, vermieden werden (z. B. geneigt). Die Neigung in Richtung der Abflüsse muss zwischen 2 % und 4 % betragen. Bei einer Neigung von > 3 % muss die Rutschfestigkeit besonders berücksichtigt werden. Wenn Wasser auf der Oberfläche selbstständig abfließt, muss die Neigung zwischen 0 % und 4 % (z. B. Überlaufgitter) betragen.
DIN EN 15288-1:2010-12 alt/zurückgezogen „Schwimmbäder – Sicherheitstechnische Anforderungen an Planung und Bau“	**5.5.2 Vermeidung von Wasseransammlungen in Barfußbereichen:** „Die Neigung in Richtung der Abflüsse muss zwischen 2 % und 5 % betragen. Bei einem Gefälle > 3 % ist besonders auf die Rutschhemmung zu achten.“

Tab. 3.2 Boden-Gefälle nach Zentralverband Deutsches Baugewerbe (ZDB)

Merkblätter	Aussagen zum Gefälle
ZDB-Merkblatt „Abdichtungen im Verbund (AIV)“ 2022-08	**Abschlüsse und Übergänge** Bei Türen und Zugängen zu wasserbeanspruchten Innenräumen sind bei der Planung der Abdichtung folgende Punkte zu berücksichtigen: Höhenlage der wasserführenden Ebenen sowie Gefällegebung, Ein planmäßiges Oberflächengefälle muss vom Türbereich weg hin zum Ablauf gerichtet sein. Ein Übertritt von Wasser auf nicht abgedichtete angrenzende Bodenflächen ist zu vermeiden. Hierzu sind in den Türen/Zugängen Schwellenabschlüsse mit Niveauunterschied von ≥ 1 cm, z. B. in Form von Schrägflächen, Schwellen oder Winkel zu planen.
ZDB-Merkblatt „Abdichtungen im Verbund (AIV)“ 2019-08	**Abschlüsse und Übergänge** Bei Türen und Zugängen zu wasserbeanspruchten Innenräumen sind bei der Planung der Abdichtung folgende Punkte zu berücksichtigen: Höhenlage der wasserführenden Ebenen sowie Gefällegebung. Ein planmäßiges Oberflächengefälle muss vom Türbereich weg hin zum Ablauf gerichtet sein.
ZDB-Merkblatt „Verbund-abdichtungen“ 2012-08	Angaben zum Gefälle fehlen
ZDB-Merkblatt „Schwimmbadbau“ 2019-08	Nur Hinweis zu: **Merkblatt 25.07 der DGfdB**
ZDB-Merkblatt „Schwimmbadbau“ 2012-08	**7.2 Hinweise zur Ausführung** „Bodenbeläge, die durch Feuchtigkeit hoch beansprucht werden, müssen mit Gefälle ausgebildet und über eine ausreichende Anzahl von Bodeneinläufen entwässert werden; Gefälle von > 5 % sind zu vermeiden (siehe hierzu das Merkblatt 25.07 der DGfdB)“
BEB-Merkblatt „Abdichtungsstoffe im Verbund mit Bodenbelägen“, 2010-08	„Sofern ein Bodenablauf vorhanden ist, ist das notwendige Gefalle (in der Regel 1–3 %, abhängig von der Oberflächenstruktur des Bodenbelages) zu den Entwässerungssystemen im Untergrund anzuordnen.“
„KOK-Richtlinien für den Bäderbau“, 2013 Koordinierungskreis Bäder	**32.30 Ausbau des Umkleidebereichs** Der Bodenbelag muss folgende Anforderungen erfüllen: – Verschleißfestigkeit (hohe Abriebfestigkeit), – Widerstandsfähigkeit gegenüber chemischen Reinigungsmitteln bei gleichzeitig leichter Reinigungsmöglichkeit, – Rutschhemmung entsprechend Bewertungsgruppe „B“ nach GUV I 8527. Zur Entwässerung ist die Bodenoberfläche mit gleichmäßigem Gefälle, mindestens 2 %, auszubilden. Größere Gefälleunterschiede sollten vermieden werden..

Tab. 3.2 *Fortsetzung*

Merkblätter	Aussagen zum Gefälle
„KOK-Richtlinien für den Bäderbau", 2013 Koordinierungskreis Bäder	**33.30 Ausbau und Ausstattung des Sanitärbereichs** Zum schnelleren Ablauf des Wassers erhält der Boden im Bereich der Duschen ein Gefälle von mindestens 3 %. **34.30.20 Nicht tragende Konstruktionen** Bodenbeläge in Nassbereichen sind rutschhemmend, Bewertungsgruppe „B", und mit ausreichendem, gleichmäßigem Gefälle ≥ 2 % auszuführen. Bei der Auswahl der Materialien ist eine Belastung durch chemische Einflüsse (Reinigungsmittel) zu beachten. Plastische Fugenfüllungen sind Wartungsfugen; sie unterliegen einer ständigen Kontrolle.

Tab. 3.3 Boden-Gefälle nach Deutsche Gesetzliche Unfallversicherung e. V. (DGUV)

DGUV	Aussagen zum Gefälle
DGUV-Regel 107-001 (alt: BGR/GUV-R 108) „Betrieb von Bädern" 2018-08	**4.1.1 Verkehrswege, Fußböden** Wasseransammlungen in Verkehrsbereichen sind zu vermeiden. Dies wird z. B. durch ausreichendes Bodengefälle nach ASR A1.5/1,2 „Fußböden" und Bodenabläufe nach DIN EN 1253 „Abläufe für Gebäude" erfüllt.
DGUV-Information 207-006 (alt: GUV-18527) „Bodenbeläge für nassbelastete Barfußbereiche", 2020-05	**3.2 Planung und Verlegung** Bauliche Maßnahmen, durch die sichergestellt wird, dass Verkehrswege möglichst von Wasseransammlungen frei bleiben. Dies wird z. B. durch ausreichendes Bodengefälle (→ detaillierte Angaben hierzu siehe z. B. Merkblatt DGfdB R 25.07 „Gefälleausbildung in Bodenbelägen von Schwimmbädern". Hierin werden genannt: mind. 2 % in Beckenumgängen und 3 % in Duschbereichen) sowie durch eine ausreichende Anzahl von Bodeneinläufen erreicht.
DGfdB-Richtlinie R 25.07 „Gefälleausbildung in Bodenbelägen von Schwimmbädern" Deutsche Gesellschaft für das Badewesen e. V.	**Gefälleausbildung** mind. 2 % in Beckenumgängen und 3 % in Duschbereichen
DGUV-Regel 108-003 (alt: BGR 181) „Fußböden in Arbeitsräumen und Arbeitsbereichen mit Rutschgefahr" 2003-10	**4 Weitere bauliche Anforderungen an Fußböden** Eine wirkungsvolle Entwässerung von Bodenflächen kann durch ausreichende Querneigung (mindestens 2 %) erzielt werden. Das Wasser soll breitflächig in das angrenzende Gelände abfließen, ohne andere Verkehrsflächen zu überqueren. Ist dies durch örtliche Gegebenheiten nicht möglich, sind Entwässerungseinrichtungen wie Rinnen und Abläufe vorzusehen.
DGUV-Regel 110-003 „Branche Küchenbetriebe" 2019-04	**Unfallsichere Gestaltung von Küchenfußböden** Durch ein leichtes Gefälle des Fußbodens zum Ablauf hin kann erreicht werden, dass die Flüssigkeiten schnell abgeführt werden und sich nicht in Arbeits- und Verkehrsbereichen sammeln können.

Tab. 3.4 Boden-Gefälle nach Technische Regeln für Arbeitsstätten ASR

ASR	Aussagen zum Gefälle
Technische Regeln für Arbeitsstätten, ASR A1.5/1,2 „Fußböden“ 2013-02	**4 Allgemeines** (4) Fußböden sollen ohne Neigung angelegt werden. Ausgenommen sind funktionelle Neigungen, z. B. zur Ableitung von Flüssigkeiten. […] **6 Schutzmaßnahmen gegen Ausrutschen** (3) Sofern Flüssigkeiten oder gleitfördernde Stoffe in einem solchen Umfang auf den Fußboden gelangen, dass dadurch eine Rutschgefahr für Personen besteht, sind geeignete Maßnahmen zu ergreifen. Fließfähige Flüssigkeiten lassen sich beispielsweise durch ein ausreichendes Fußbodengefälle abführen (z. B. ein Gefälle von mindestens 2 % bei Flüssigkeiten mit wasserähnlichen Fließeigenschaften). Das Ableiten von Flüssigkeiten über Verkehrswege ist nach Möglichkeit zu vermeiden.

Tab. 3.5 Boden-Gefälle nach Fachverband Fliesen + Naturstein sowie der Zentralverband Sanitär + Heizung

Fachverband	Aussagen zum Gefälle
Schnittstellenkoordination Nassraum 2018-12	**2.1.2.1 Gefälle innerhalb der Dusche** In Abhängigkeit von der Aufstauhöhe und Einbausituation ergeben sich für Abläufe/Rinnen spezifische Ablaufleistungen, welche im Einzelfall zu ermitteln und zu planen sind. Die sich aus den zulaufenden Abwassermengen ergebenden Aufstauhöhen sind in der Gesamtkonstruktion zu berücksichtigen. Bei der Planung von barrierefreien Duschanlagen sind ggf. zusätzlich die Vorgaben nach DIN 18040-2 zu berücksichtigen. Das Gefälle im Duschbereich soll ca. 1 % bis 2,5 % betragen. Aufgrund der Grundrissgeometrie kann sich je nach Position des Ablaufes für einzelne Teilflächen ein höheres Gefälle ergeben. Im Bedarfsfall sind die notwendige Gefällegebung und die ggf. erforderlichen Aufbauhöhen bereits bei der Planung zu berücksichtigen. **2.1.2.3 Gefälleplanung im Bereich von spritzwasserbelasteten Türen und Zargen** Wasseraustritt auf nicht abgedichtete angrenzende Bodenflächen ist zu vermeiden. Je nach Wassereinwirkung sind in (Tür-)Zugängen Schwellenabschlüsse mit Niveauunterschied, z. B. Schrägflächen mit einem Höhenunterschied von mindestens 1 cm, zu planen.

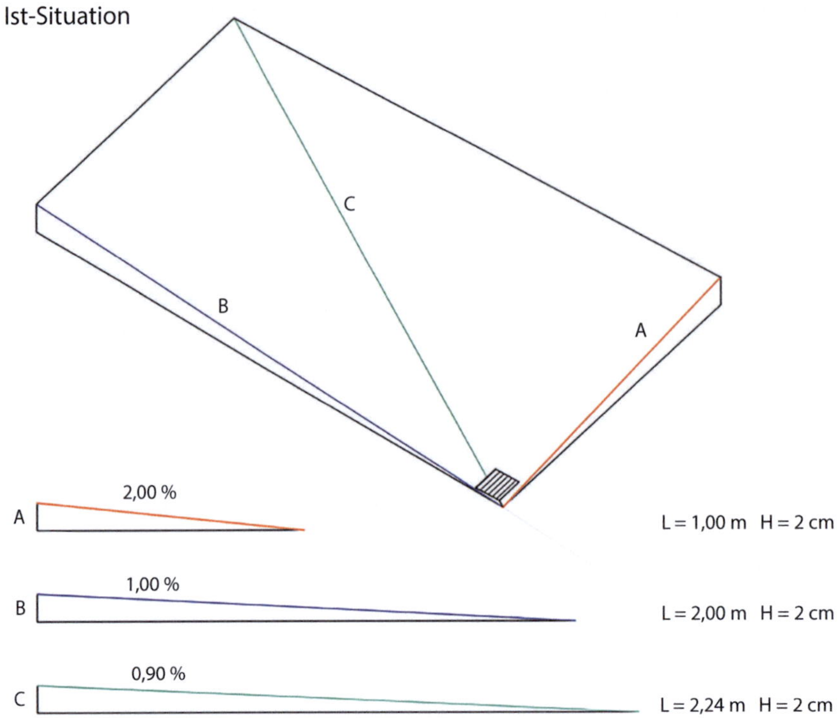

Tabelle: Gefällewerte, je nach Wahl des Gefälles von 2 %

A	B	C
2,00 %	1,00 %	0,90 %
4,00 %	2,00 %	1,80 %
4,50 %	2,30 %	2,00 %

Abb. 3.45 Prinzipskizze – unterschiedlicher Gefälle bei einem rechteckigen Grundriss. (Quelle: eigene Darstellung)

welche Entfernung die Bezugslänge für die Gefälle-Anforderungen (z. B. 2 % Gefälle) darstellt (kurze Entfernung, lange Entfernung oder Diagonale).

Wird ein Gefälle von 2 % für die Diagonale gewählt, ergibt sich bei der kurzen Seite A, ein Gefälle von 4 %. Bei dieser Neigung entsteht für den Nutzer in Abhängigkeit der nutzenden Personengruppe und der Rutschhemmung ggf. eine Unfallgefahr. Eine Gefälleänderung ist jedoch aufgrund der Vorgaben für die Türschwellenhöhe oftmals nicht möglich.

Gefälle unter Berücksichtigung der Toleranzen im Hochbau

Die DIN 18157 „Ausführung von Bekleidungen und Belägen im Dünnbettverfahren“ verweist auf die DIN 18202:2019-07 „Toleranzen im Hochbau“ (Ersatz für DIN 18202:2013-04).

Tab. 3.6 Grenzwerte für Ebenheitsabweichungen: Auszug aus der DIN 18202:2019-07, Tab. 3

Spalte	1	2	3	4	5	6
Zeile	**Bezug**	**Stichmaße als Grenzwerte in mm bei Messpunktabständen in m bis**				
		0,1	**1**[a)]	**4**[a)]	**10**[a)]	**15**[b)]
1	Nichtflächenfertige Oberseiten von Decken, Unterbeton und Unterböden	10	15	20	25	30
2a	Nichtflächenfertige Oberseiten von Decken oder Bodenplatten zur Aufnahme von Bodenaufbauten, z. B. Estriche im Verbund oder auf Trennlage, schwimmende Estriche, Industrieböden, Fliesen- und Plattenbeläge im Mörtelbett	5	8	12	15	20
2b	Flächenfertige Oberseiten von Decken oder Bodenplatten für untergeordnete Zwecke, z. B. in Lagerräumen, Kellern, monolithische Betonböden	5	8	12	15	20
3	Flächenfertige Böden, z. B.: Estriche als Nutzestriche, Estriche zur Aufnahme von Bodenbelägen, Fliesenbeläge, gespachtelte und geklebte Beläge	2	4	10	12	15
4	Flächenfertige Böden mit erhöhten Anforderungen, z. B. mit selbstverlaufenden Spachtelmassen	1	3	9	12	15

a) Zwischenwerte sind zu interpolieren
b) Die Grenzwerte für Ebenheitsabweichungen der Spalte 6 gelten auch für Messpunktabstände über 15 m.

Sie ist verbindlich für die Beurteilung von Niveaudifferenzen und setzt voraus, dass eine zweifelsfreie Leistungsbeschreibung zugrunde liegt. „Zweifelsfrei" besagt, dass eine eindeutige Aussage bzgl. der geforderten und praktisch ausführbaren Ebenflächigkeit gemacht werden muss.

Die nach DIN 18202 zulässigen Maßtoleranzen sind in Tab. 3.6, in Abhängigkeit der vereinbarten Anforderungen aufgeführt. In der Regel werden normale Anforderungen vereinbart, sodass die Zeile 3 *„flächenfertige Böden"* anzuwenden ist. Unter Berücksichtigung der zulässigen Maßtoleranzen, wie auch bei erhöhten Anforderungen, bei denen ein Stichmaß von 3 mm auf einen Meter zulässig ist, kann die Pfützenbildung bei den oben beschriebenen Gefällen nicht zuverlässig ausgeschlossen werden. Da es immer wieder Diskussionen über die Art der Messung gibt, wird in Abb. 3.46 zusätzlich der Messaufbau dargestellt.

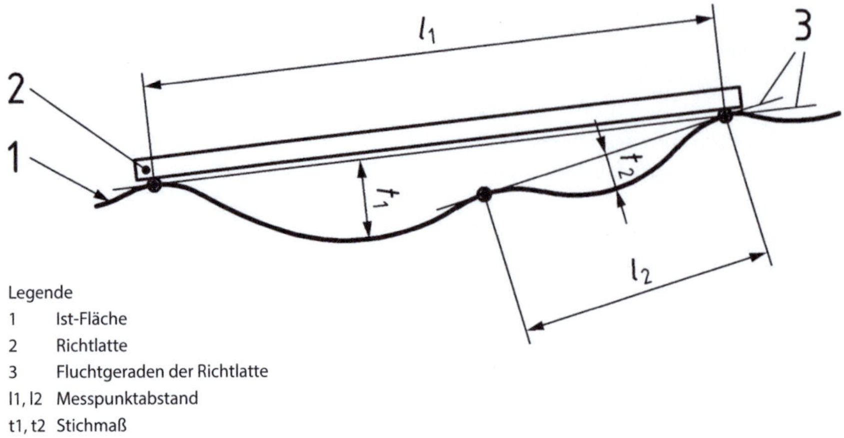

Abb. 3.46 Zuordnung der Stichmaße zum Messpunktabstand bei Überprüfung, z. B. durch Messlatte und Messkeil. (Quelle: DIN 18202 – Bild 14)

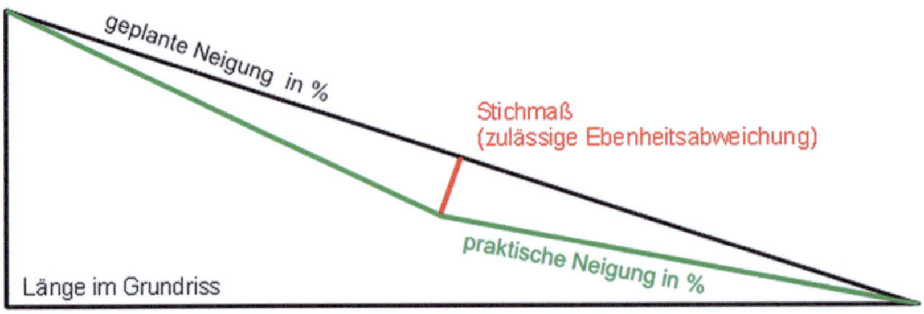

Geplante Neigung [%]	**2,0 %**	**2,4 %**	**2,0 %**	**2,5 %**	**2,0 %**	**2,6 %**
Längeim Grundriss	6 m	6 m	4 m	4 m	2 m	2 m
Zulässiges Stichmaß	1,1 cm	1,1 cm	1 cm	1 cm	0,6 cm	0,6 cm
Praktische Neigung [%]	**1,6 %**	**2,0 %**	**1,5 %**	**2,0 %**	**1,5 %**	**2,0 %**

Abb. 3.47 reales Gefälle unter Berücksichtigung zulässiger Ebenheitsabweichungen

In Abb. 3.47 wird zusammengefasst dargestellt, wie sich das Gefälle infolge der Maßabweichung verringern kann. Zusätzlich sind für einige Abmessungen beispielhaft die normalen Maßtoleranzen aufgeführt und das sich daraus ergebende verringerte Gefälle ermittelt.

Gegebenenfalls müssen individuelle erhöhte Ebenheitsanforderungen vereinbart werden, die auch in der Regel höher zu vergüten sind. Fehlen entsprechende Angaben im

Leistungsverzeichnis, z. B. bei Fußbodenentwässerung, ist dem Fliesenleger zu empfehlen, „Behinderung“ und „Bedenken“ anzumelden.

DIN 18352:2019-09 „Fliesen- und Plattenarbeiten“
„3.1.3 Abweichungen von vorgeschriebenen Maßen sind in den durch DIN 18202 „Toleranzen im Hochbau – Bauwerke“ bestimmten Grenzen zulässig. Werden an die Ebenheit erhöhte Anforderungen gegenüber DIN 18202:2013-04, Tabelle 3, Zeile 3 und Zeile 6, oder sonstige erhöhte Anforderungen an die Maßhaltigkeit gegenüber den in der oben genannten Norm aufgeführten Werte gestellt, sind die erforderlichen Leistungen Besondere Leistungen.“

Ist die Konstruktionshöhe des Fußbodens für ein ausreichendes Gefälle zu gering, sollten in der Planung mehrere Fußbodeneinläufe bzw. besser eine Entwässerungsrinne berücksichtigt werden.

DIN 18534-1:2017-07 „Abdichtung von Innenräumen“ –
Teil 1 Anforderungen, Planungs- und Ausführungsgrundsätze
6.3 Gefälle
„Die aus der ggf. erforderlichen Gefällegebung von Belag und Abdichtungsebene resultierenden zusätzlichen Aufbauhöhen sind bei der Planung des Rohbaus zu berücksichtigen.“

Rutschsicherheit trotz Gefälle
Im privaten Bereich werden in der Regel keine bzw. kaum Anforderungen an die Sicherheit gestellt. Gerade in Bädern ist die Sicherheit jedoch gerade im Hinblick auf die Rutschhemmung von großer Relevanz. Die vormalige DIN 51130:2014-02 bzw. aktuell gültige DIN EN 16165:2023-02 nimmt u. a. eine Klassifizierung der rutschhemmenden Eigenschaften von Bodenbelägen vor. Diese gilt jedoch nur für Bodenbeläge, deren Einsatz in Arbeitsräumen und Arbeitsbereichen mit Rutschgefahr vorgesehen ist. Es empfiehlt sich jedoch auch für private Bäder diese Grundlagen zu berücksichtigen.

Die Norm ordnet die Klassen der Rutschhemmung in Abhängigkeit des Neigungswinkels zu. Dieser ist jedoch nicht auf die tatsächliche Neigung, sondern auf die Prüfung bezogen. Die geringste Klasse R9 weist auch den geringsten Haftreibwert auf. Die Tab. 3.7 stellt die existierenden Klassen der Rutschhemmung mit ihrem zugehörigen Neigungswinkel und der Anwendung wieder.

Typische Schadensfälle
Aufgrund des geringen Gefälles von < 2 % kommt es „zwangsläufig“ zu Pfützenbildung und erhöhter „Verschmutzung“ durch bspw. Haare (siehe Abb. 3.48).

Tab. 3.7 Klassen der Rutschhemmung nach DIN 51130 und ihre Anwendungsbereiche (Quelle: Fa. B&B handgeformt GmbH)

Klasse der Rutschhemmung	Neigungswinkel in °	Anwendungsbereich
R9	6–10	Private Wohn- und Arbeitsbereiche, Innenbereich von öffentlichen Eingängen, Treppen, Toiletten, Pausenräume, Aufenthaltsräume, Kantinen, Verkaufsräume
R10	10–19	Bäder, Terrassen, Toiletten (privat und öffentlich), Waschräume, „barrierefreie" Bereiche, kleine Küchen für Gastronomiebetriebe, Lehrküchen in Schulen und Kindergärten
R11	19–27	Eingangsbereichen außen, Ladeneingänge, Treppen, Pausenhöfe, Räume für die Lebensmittelproduktion, mittelgroße Küchen für Gastronomiebetriebe, Küchen für Gemeinschaftsverpflegung, Wohnheime, Kindertagesstätten, Sanatorien, Labore, Barfußbereich in Schwimmbädern, öffentliche Saunen, Poolumgänge, Arbeitsumgebungen mit Wasser und Schlamm, Reinigungsbereiche von Sportstätten, Waschküchen, Gemeinschaftsbäder und -duschen
R12	27–35	Fahrzeugstellplätze der Feuerwehr, Krankenhausküchen, Küchen in denen mehr als 100 Gedecke täglich produziert werden, Räume in denen fetthaltige Lebensmittel produziert werden (Milch und Milchprodukte, Öle und Wurstwaren), Großküchen für Gastronomiebetriebe, Industrieabteilungen mit Verwendung von rutschigen Stoffen, Autoparkplätze
R13	> 35	Schlachthöfe, Räume der Lebensmittelverarbeitung, Räume mit großen Fettmengen

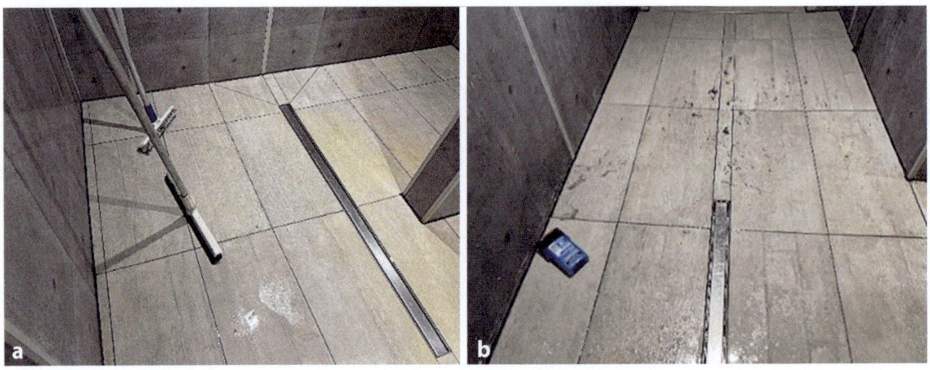

Abb. 3.48 Verunreinigung einer öffentlichen Dusche durch ein zu geringes Gefälle bzw. Wasserableitung und fehlende Reinigung: **a** Schieber zur Entfernung von Wasser; **b** starke Ansammlung von Schmutz u.a. durch mangelnde Wasserabführung

Es ist ratsam, bei der Planung und Umsetzung die geltenden Hygienestandards genau zu prüfen und die Reinigung, insbesondere die Fußbodenflächen im Duschbereich zu erhöhen, d. h. das Personal ist besonders darauf hinzuweisen.

3.3.3 Überzähne

Fachgerechte Planung und Ausführung
An vielen Stellen in gefliesten Bereichen treten Höhenversätze zwischen den Fliesen auf, die auch als Überzahn bezeichnet werden. Diese ergeben sich zum einen durch die Verlegung, aber zum anderen auch durch leichte Ebenheitsabweichungen bzw. Verwölbungen einzelner Fliesen. Häufig versuchen die am Bau beteiligten Personen bei der Feststellung von Überzähnen die DIN 18202 für Toleranzen im Hochbau heranzuziehen. Diese findet für die Messung von Überzähnen bzw. Versätzen jedoch keine Anwendung, wie im Folgenden zitiert wird.

DIN 18202:2019-07 „Toleranzen im Hochbau – Bauwerke“
5.4 Grenzwerte für Ebenheitsabweichungen
„Bei flächenfertigen Wänden, Decken, Estrichen und Bodenbelägen sollen Sprünge und Absätze vermieden werden. Hierunter ist aber nicht die durch Flächengestaltung bedingte Struktur zu verstehen. Tabelle 3 [der DIN] findet für Höhenversätze zwischen benachbarten Bauteilen keine Anwendung.“

Nur weil die zuvor genannte Norm hier keine Anwendung findet, bedeutet dies nicht, dass es hierzu keine Regelungen gibt. Grundlegend sind die Anforderungen für keramische Fliesen und Platten im ZDB-Merkblatt beschrieben. Weiter wird in dem Merkblatt bei Betonwerksteinen auf die ATV DIN 18333 und für Naturwerkstein auf die DIN EN 12057 und DIN EN 12058 verwiesen.

ZDB-Merkblatt:2019-08 „Höhendifferenzen in Keramischen-, Betonwerkstein- und Naturwerksteinbekleidungen und Belägen“
1 Fest verlegte Bekleidungen und Belagsflächen
(Dick-, Dünn- oder Mittelbettverfahren)

1.1 Bekleidungen und Beläge aus keramischen Fliesen und Platten
„[…]
Die materialbedingten Maßtoleranzen sind bei der Verlegung in den Fugen möglichst an- oder auszugleichen.
Bei der Ausführung im Verbund setzt sich die Höhendifferenz benachbarter Fliesen und Platten aus der handwerklichen Verlegetoleranz (hT [= 1,0 mm]) und der

Stofftoleranz (auch „vorhandene materialbedingte Maßtoleranz“) des Belagsstoffes zusammen.

[…]

1.1.3 Berechnungsbeispiel Baustellenprüfung

Eine vereinfachte Form zur Ermittlung der maximal zulässigen Höhendifferenz an der Baustelle oder wenn keine Rückstellproben vorhanden sind, ist folgende Berechnungsweise:

Formel:

zul. ΔH = (Länge + Breite)/1000 +
handwerkliche Verlegetoleranz (hT) 1,0 mm

Diese vereinfachte Formel kann bei Presskanten bis zur addierten Seitenlänge a + b = 100 cm, d. h. einer maximalen Stofftoleranz von 1,0 mm angewendet werden. **Bei Fliesen mit rektifizierten Kanten wird die Summe der Seitenlängen halbiert.**“

DIN 18333:2019-09 „Betonwerksteinarbeiten“
0 Hinweise für das Aufstellen einer Leistungsbeschreibung

„0.2.6 Zulässige Absätze und Höhenversprünge zwischen benachbarten Platten.

3 Ausführung

[…]

3.1.3 […] In Innenräumen sind bei Platten bis 0,25 m^2 zwischen benachbarten Platten Absätze und Höhenversprünge bis 1,5 mm zulässig.
In Innenräumen sind bei Platten größer 0,25 m^2 bis 0,5 m^2 zwischen benachbarten Platten Absätze und Höhenversprünge bis 2 mm zulässig.
In Innenräumen sind bei Platten größer 0,5 m^2 und in bewitterten Bereichen bei Platten größer 0,25 m^2 die zulässigen Absätze und Höhenversprünge gesondert zu vereinbaren.“

Typische Schadensfälle

Es kommt immer wieder vor, dass spätestens bei der Bauabnahme vom Bauherrn bzw. Erwerber Höhenversätze/Überstände zwischen zwei Platten beanstandet werden. Dies fällt insbesondere beim „Streiflicht“ auf.

Nicht jeder Höhenversatz ist jedoch auch gleichzeitig ein Ausführungsfehler. Bei Streiflicht sichtbar werdende Unebenheiten in den Oberflächen von Bauteilen sind zulässig, wenn diese die Grenzwerte nach DIN 18202:2019-07 „Toleranzen im Hochbau – Bauwerke“ nicht überschreiten.

Der dünne Fliesenkleber kann Unebenheiten im Untergrund nicht allein ausgleichen. Daher ist vor Ausführung der Verlegung der Fliesen der Untergrund zu überprüfen.

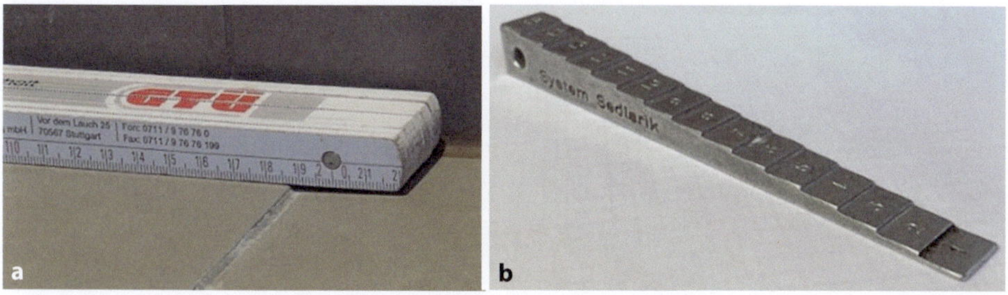

Abb. 3.49 Hilfsmittel für die Ermittlung von Überzähnen: **a** Höhenversatz zwischen zwei Fliesen; **b** Messkeil

Gerade bei einem eventuellen Rechtsstreit müssen Messungen (hier: Höhenversprünge/Überzähne) *genau* ermittelt werden, d. h. der Augenschein, im Sinne von: „Anlegen eines Zollstocks", reicht nicht aus. Für Messungen von Höhenversprüngen gibt es spezielle Messkeile aus Metall, wie in Abb. 3.49 dargestellt, die die genauen Ergebnisse liefern. Diese sind vor allem zur Überprüfung von Stichmaßen als Abweichungen aus der Ebene im Bereich von Kehlen oder Mulden unterhalb des Richtscheites oder unterhalb einer Richtschnur in einem Messbereich von 1,0 mm bis 15 mm erforderlich.

Bei der Auswertung der Messungen ist u. a. folgendes zu berücksichtigen:

1. die a. R. d. T. (DIN-Normen und Merkblätter) zur Ausführung,
2. das Schwindverhalten des Materials gem. DIN EN 14411:2016-12 (Aufschüsselung, Verwölbung usw.).

Für sehr hohe Anforderungen an die Ebenheit, d. h. ohne „Überzähne", gibt es Nivelliersysteme, wie Fugenkreuze, mit denen die Fliesenhöhe mittels „Gewindelasche und Zughaube" nivelliert werden kann. Eine Baustelle, bei der ein Nivelliersystem wurde, ist in Abb. 3.50 dargestellt. Für die Anwendung müssen die folgenden Schritte beachtet werden:

1. Schritt: Kleber aufziehen, erste Fliese einlegen, Gewindelasche unter die Fliese legen
2. Schritt: Nächste Fliese in den Kleber legen, sodass die Gewindelaschen in der Fuge fixiert sind
3. Schritt: Zughauben auf die Gewindelaschen drehen, die Fliesen werden auf ein Niveau angehoben bzw. gesenkt – die Zughaube verbleibt vorerst auf der Gewindelasche
4. Schritt: Kleber aushärten lassen, Zughauben abdrehen und die überstehenden Gewinde der Gewindelaschen in Fugenrichtung abbrechen – Fläche wie gewohnt verfugen

„Gewindelasche und Zughaube" helfen bei der Ausführung, d. h.:

- perfekt für die Großformatverlegung
- gleichmäßiges und ebenes Fugenbild
- Überzähne oder überstehende Kanten werden vermieden
- für die Verlegung an Wand und Boden
- keine weiteren Werkzeuge wie Zangen oder Pistolen nötig

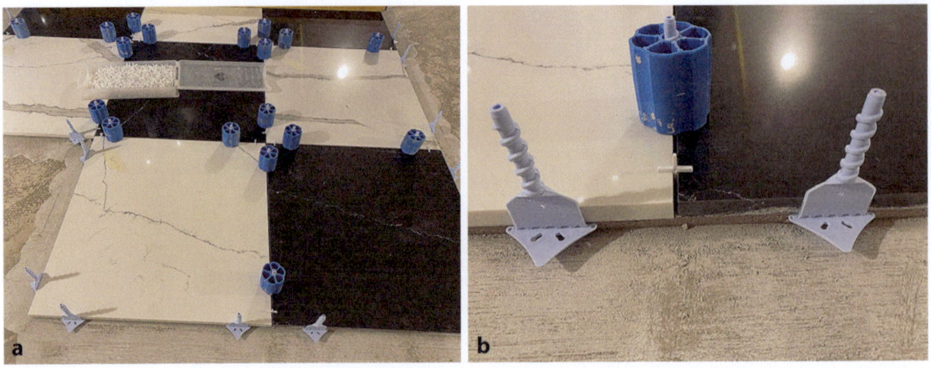

Abb. 3.50 Verwendung eines Nivelliersystems: **a** Übersichtsfoto beim Verlegen von großformatigen Fliesen mithilfe eines Nivelliersystems; **b** Detailaufnahme der Gewindelaschen

3.3.4 Sichtestrich und Strukturbeton

Fachgerechte Planung und Ausführung

Auch bei der Verwendung von Sichtestrich und Strukturbeton muss eine Abdichtung eingebaut werden. Diese wird hierbei unterhalb des (Sicht-)Estrichs geplant. Streng genommen fällt diese Abdichtungsbauweise gem. DIN 18534-1 (siehe Abschn. 2.2.1) in die Bauweise „***a) Abdichtung unterhalb des Estrichs***". Die Bauweise „b) Abdichtung oberhalb des Estrichs im Verbund (AIV)" ist hier nicht anzuwenden und somit auch nicht die dazugehörigen Teile der Abdichtungsnorm, die die Abdichtung im Verbund beschreiben. Somit wären hierfür nur die Teile 2 und 4 für Abdichtungen mit bahnenförmigen Abdichtungsstoffen und Gussasphalt oder Asphaltmastix anzuwenden (siehe hierzu Tab. 2.2). Bei der Verwendung anderer Abdichtungsstoffe, wie Flüssigkunststoff, handelt es sich um Sonderkonstruktionen. Dies Abdichtung muss hierbei zusätzlich durch eine Trennlage geschützt werden.

Bei dieser Abdichtungsbauweise stellen sich zusätzlich sämtliche Abdichtungsanschlüsse, bspw. an Duschtassen, konstruktiv schwierig dar. Probleme werden hierbei häufig durch das Schwindverhalten des Estrichs verstärkt. Gerade an zurückspringenden Ecken können Kerbrisse, wie in Abb. 3.51 auftreten und Beschädigungen an der Abdichtung verursachen.

Vorteile bietet diese Konstruktion nicht, weshalb ich aus meiner sachverständigen Tätigkeit von Sichtestrichen in Bädern und Nassbereichen abraten würde. Hierbei bietet sich der folgende Lehrsatz an:

▶ **Klartext**

Da wo Wasser anfällt, ist eine Abdichtung erforderlich, d. h. nicht auf der Unterseite, sondern auf der Oberseite des Estrichs. Andernfalls hätten wir im wahrsten Sinne des Wortes einen „*schwimmenden*" Estrich der im „Wasser steht".

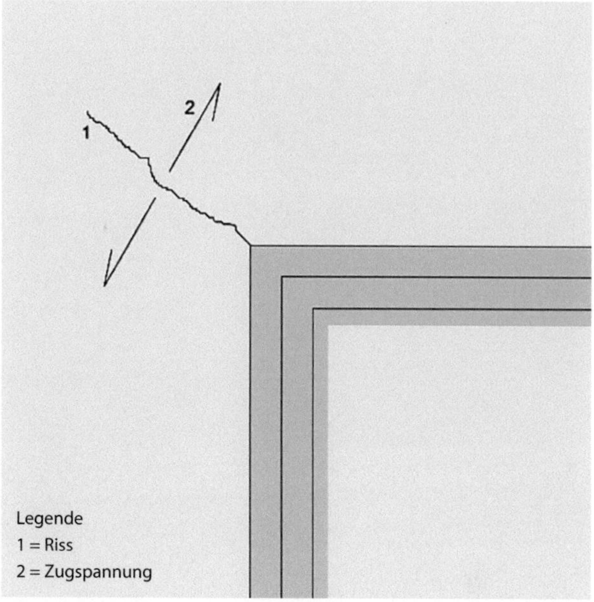

Abb. 3.51 Kerbriss (eigene Darstellung)

Typische Schadensfälle

Es ist in Mode gekommen, Zementestrich als sogenannten ***Sichtestrich*** auszuführen, d. h. der Estrich erhält zusätzlich zu seiner materialgegebenen Oberflächenbeschaffenheit keinen Bodenbelag/Anstrich o. ä. mehr.

Dies mag vielleicht für einen gewöhnlichen Wohnraum ohne direkte Wasserbeanspruchung interessant sein, nicht jedoch für Räume in denen Wasser anfällt und eine Abdichtung erforderlich ist.

In einem Schwimmbad wurde als Naturstein-Imitation ein Sichtestrich/Strukturbeton ausgeführt (siehe Abb. 3.52a). Die Betreiber beklagten sich über eine dauerhafte Pfützenbildung und eine damit verbundene schlechte Reinigung und Hygiene.

Trotz ständiger, intensiver Reinigung sah der Fußboden immer schmutzig aus. Die Anarbeitung des Fußbodens an aufgehende Bauteile, wie Stützen oder Durchdringungen sah zusätzlich unschön aus.

Aus hygienischen und Reinigungsgründen sollte eine raue Oberfläche (wie es beim Strukturbeton der Fall ist) im Schwimmbadbereich vermieden werden.

Bei einem Gefälle von < 3 % und Vertiefungen (wie den vorhandenen) wird es immer zu Pfützenbildungen und Verunreinigungen kommen.

Abb. 3.52 Verunreinigungen im Schwimmbadbereich an Strukturbeton: **a** Sichtestrich im Schwimmbadbereich; **b** Sichtestrich im Umkleidebereich; **c** Fußbodenentwässerung

Wände

4

J. Schulz, *Bauschäden in Bädern und Nassräumen*,
https://doi.org/10.1007/978-3-658-49195-6_4

4.1 Flächenabdichtung

Wände von häuslichen Bädern werden heutzutage in der Regel nicht vollständig gefliest und abgedichtet. Die flächige Abdichtung wird hierbei nur noch in den Bereichen der Duschen und Duschwannen aufgebracht. Diese muss bis 20 cm oberhalb der Wasserentnahmestelle geführt werden. Alle anderen Wände müssen lediglich über eine Aufkantung der Abdichtung verfügen, die 5 cm über die Oberkante des Fußbodenbelags reicht.

In häuslichen Bädern besitzen die Wände nur die Wassereinwirkungsklasse W1-I, wodurch auch feuchteempfindliche Untergründe oder einfachere Durchdringungen möglich sind. Die Anforderungen hieran sind bereits in Kap. 2 beschrieben, wobei auf Besonderheiten des Wandaufbaus in den folgenden Abschnitten eingegangen wird.

Wie die Abdichtung im Duschbereich ausgeführt werden muss, wird in Kap. 6 beschrieben.

4.1.1 Feuchteunempfindliche Untergründe

4.1.1.1 Zement-/Faserzementplatten

Fachgerechte Planung und Ausführung

Zement- und Faserzementplatten gehören zu den Montagewänden bzw. Trockenbaukonstruktionen. Hierbei gibt es verschiedene Systeme, die herstellerabhängige Angaben zur Montage besitzen, welche umzusetzen sind. Dieser Abschnitt gibt die darüber und über die Wassereinwirkungsklasse hinaus zu beachtenden Anforderungen wieder. Die Anforderungen an die Abdichtung gelten analog zu denen in Kap. 2.

ZDB-Merkblatt Wanduntergründe im Innenbereich:2022-11
4 Wanduntergründe im Innenbereich – Normuntergründe/Regelausführungen

4.1 Montagewände/Trockenbaukonstruktionen (Normuntergrund nach DIN 4103-1, DIN 18181 und DIN 18183)

„[…]
Ständerwerke bestehen aus verzinkten Stahlblechprofilen. Sie können auch aus Holzständerkonstruktionen mit Rahmenquerschnitten von 6 cm × 6 cm hergestellt werden.
[…]
Bei Plattendicken von 10 oder 12,5 mm müssen sie für Fliesenbeläge doppelt beplankt werden und der Ständerabstand darf nicht größer als 62,5 cm sein.
Bei [Gipskarton-]Platten ab 15 mm Stärke reicht eine einfache Beplankung. Der Ständerabstand darf nicht größer als 42,5 cm sein.
Bei doppelter Beplankung muss Folgendes beachtet werden:
[…]

> - Alle Platten sind fest zueinander zu stoßen.
>
> [...]
>
> - Kreuzfugen in der Beplankung sind nicht zulässig.
> - Die Fugen und Randabschlüsse der ersten Lage müssen mit einer geeigneten Spachtelmasse (nicht mit Fliesenkleber) verspachtelt werden (ohne Fugenbewehrung)
> - Die Fugen und Randabschlüsse der zweiten Lage müssen mit einer Spachtelmasse (nicht mit Fliesenkleber) mit Fugenbewehrung verspachtelt werden.“

Aus gutachterlicher Sicht ist die Ausführung mit Faserzementplatten als Trockenbaulösung zu bevorzugen (siehe Abb. 4.1). Diese unterscheidet sich ausführungstechnisch nicht von einer Ausführung mit Gipskartonplatten.

Typische Schadensfälle

Ob Neu- oder Altbau, heutzutage bleiben in Badzimmern die Be- und Entwässerungsleitungen, Spülkästen usw. nicht sichtbar auf der Wandoberseite, sondern sie werden in den meisten Fällen mit Platten verkleidet. Bei der Wahl der Unterkonstruktion ist die Eigenschaft des Baustoffes zu berücksichtigen.

Abb. 4.1 Beispiel für Ausführung von Wänden in einem Bad mit Faserzementplatten: **a** Duschnische mit Ablage; **b** Ausführung mit Faserzementplatten

Im Duschbereich ist es empfehlenswert, keine Gipskartonplatten, sondern feuchtebeständige Materialien zu verwenden. Trockenbau-Platten bestehen i. d. R. aus Zement und Zuschlagstoffen und sind beidseitig mit Glasgittergewebe armiert. Sie eignen sich als Fliesenträger für Nass- und Feuchträume.

4.1.1.2 Beton

Fachgerechte Planung und Ausführung

Beton als feuchteunempfindlicher Baustoff ist grundsätzlich als Untergrund für Abdichtungen und Fliesen geeignet.

ZDB-Merkblatt Wanduntergründe im Innenbereich:2022-11
4 Wanduntergründe im Innenbereich – Normuntergründe/Regelausführungen
[…]

4.5 Beton (Normuntergrund nach DIN 1045-2 und DIN EN 206)

„[…]
Bei Untergründen aus Beton muss der Schwindprozess durch Trocknen weitgehend abgeschlossen sein. Dafür hat sich eine Dauer von 6 Monaten als ausreichend erwiesen. Die Schwindung des Betons ist für die dauerhafte Verklebung der Fliesen die größte Herausforderung. Der Untergrund darf sich nur begrenzt verformen. Bekleidungsstoffe sollen möglichst spät aufgebracht werden.
Die Oberfläche des Betons ist auf Rückstände von Schalölen sowie Sinter- oder Plastifikatorenschichten zu prüfen. Diese Trennmittel müssen vor der Verlegung mechanisch entfernt werden.
[…]
Beim Einsatz von Abdichtungen im Verbund (AIV) sind die Rissklassen des Betons zu bewerten. […]“

Typische Schadensfälle

An einem Neubauvorhaben lösten sich die Wandfliesen an den Außenwänden (Stahlbeton) innenhalb der Gewährleistung (Abb. 4.2).

Beton schwindet im Volumen beim Abbinden. Verlegt man auf frischen Beton Fliesen, kann es durch diese Volumenverringerung zu Spannungen zwischen Beton und Fliesenbelag kommen. Fliesen dürfen erst nach ca. 6 Monaten verlegt werden, wenn der Betonuntergrund eine Restfeuchte von unter 2 % aufweist.

Mit entsprechend hochwertigen Verlegemörteln kann man Fliesen auf Beton ggf. früher verlegen.

Alles, was mit Wasser „angemacht wird“, sei es Beton, Estrich oder Putz, muss trocknen. Infolgedessen verkürzt sich das Bauteil und schwindet. Sind jedoch die starren Fliesen vor

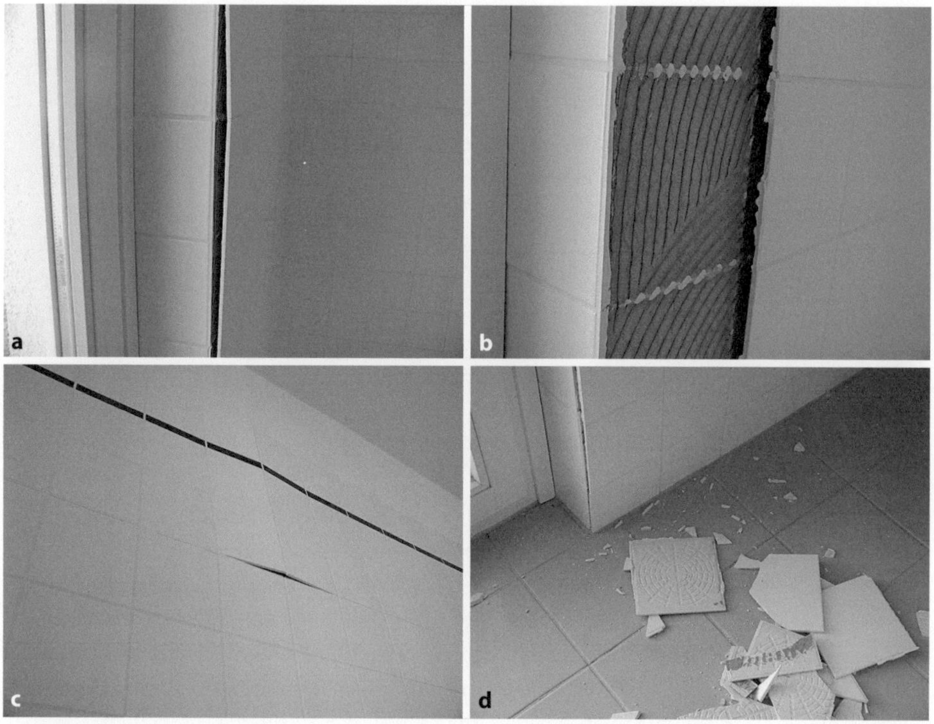

Abb. 4.2 Ablösende Wandfliesen von einer Betonwand: **a** Ablösung der Wandfliesen; **b** nach Ablösung der Fliesen sichtbarer Fliesenkleber; **c** Ablösung der Wandfliesen; **d** heruntergefallene Wandfliesen

Abschluss des Trocknungsvorganges auf den Beton aufgebracht, kommt es zu Ablösungserscheinungen des Fliesenbelages.

4.1.2 Feuchteempfindliche Untergründe

4.1.2.1 Gipskartonplatten

Fachgerechte Planung und Ausführung

Gipskartonplatten gehören als feuchteempfindlicher Baustoff zu den Montagewänden bzw. Trockenbaukonstruktionen. Die Feuchteempfindlichkeit macht sie für den Einbau in feuchtebelasteten Umgebungen nur bedingt geeignet. Eingebaut werden dürfen sie, unabhängig vom Abdichtungsmaterial, nur bis zu einer Wasserbelastung der Wassereinwirkungsklasse W1-I, das heißt, sie sind höchstens für Wandkonstruktionen häuslicher Bäder geeignet. Auch „grüne" Gipskartonplatten, die eine Imprägnierung besitzen, sind hiervon nicht ausgenommen. Grundlegend sind hier beim Einbau dieselben Randbedingungen, wie in Abschn. 4.1.1.1 zu beachten.

Zusätzlich gilt Folgendes:

> **DIN 18181:2019-04 „Gipsplatten im Hochbau – Verarbeitung“**
> **10 Verarbeitung von Gipsplatten in Feuchträumen von Wohnbereichen oder Räumen ähnlicher Beanspruchung**
> „In Räumen mit nutzungsbedingt zeitweise hoher Luftfeuchte ist der Einbau von Gipsplatten zulässig, wenn durch geeignete Lüftungsmöglichkeiten die anfallende hohe Luftfeuchte innerhalb eines üblichen Nutzungszyklus wieder abgeführt werden kann. Vorzugsweise sind für diese Anwendungsfälle Gipsplatten des Typs H2 nach DIN EN 520, beziehungsweise GKBI/GKFI nach DIN 18180 zu verwenden.
> Für Räume mit nutzungsbedingt ständig hoher Luftfeuchte sind Gipsplatten im Regelfall nicht geeignet.
> […]
>
> **12 Hinweise für die Weiterbearbeitung von Gipsplattenoberflächen**
> Ist bei zweckbestimmter Nutzung mit zeitweisem Wasserbeschlag der Flächen zu rechnen, z. B. im Wandbereich häuslicher Duschen, so sind die Oberflächen, Anschlussfugen und freiliegenden Schnittflächen (z. B. für Installationsdurchführungen) in geeigneter Weise abzudichten. Abdichtungen und Oberflächenbeschichtungen, z. B. mit Fliesen, müssen so aufeinander abgestimmt sein, dass sowohl die abdichtende Wirkung als auch der dauerhafte Halt der Beschichtung sichergestellt werden.
> Im nicht bewitterten Außenbereich sind die Gipsplatten mit geeigneten Materialien zu beschichten.“

Der Trockenbau bietet zahlreiche Vorteile, insbesondere im Hinblick auf die kurze Herstellungszeit, die gute Revisionierbarkeit, die flexible Leitungsführung sowie das geringe Eigengewicht. Insbesondere bei der Ausführung mit Gipskartonplatten stellt er zudem eine wirtschaftlich sehr effiziente Bauweise dar. Im Nassbereich sollten anstelle von Gipskartonplatten besser feuchteunempfindlichen Baustoffe verwendet werden. Dies begründet sich in zwei Eigenschaften der gipshaltigen Platten. Diese verlieren zum einen ihre Festigkeit beim Kontakt mit Wasser und bieten durch ihren Bezug aus Karton einen idealen Nährboden für Pilze, die sich häufig bis tief in die Platten ansiedeln. Eine Trocknung und oberflächliche Beseitigung reicht bei Feuchtigkeitsschäden hier häufig nicht aus, sodass meist ein teilweiser oder gar kompletter Rückbau der Trockenbauplatten erfolgen muss.

Gerade unter Berücksichtigung des unvorhersehbaren Nutzerverhaltens würde ich aus meiner gutachterlichen Erfahrung grundlegend von der Verwendung von gipshaltigen Baustoffen, zumindest in den Bereichen von Duschen und Badewannen, abraten. Dies begründet sich nicht nur in der möglichen Wasserbelastung in flüssiger Form, sondern auch durch möglicherweise dauerhaft hohe Luftfeuchtigkeit. Das Nutzerverhalten kann hier beispielweise in der Anzahl der Duschvorgänge oder in Bezug auf das Heiz- und Lüf-

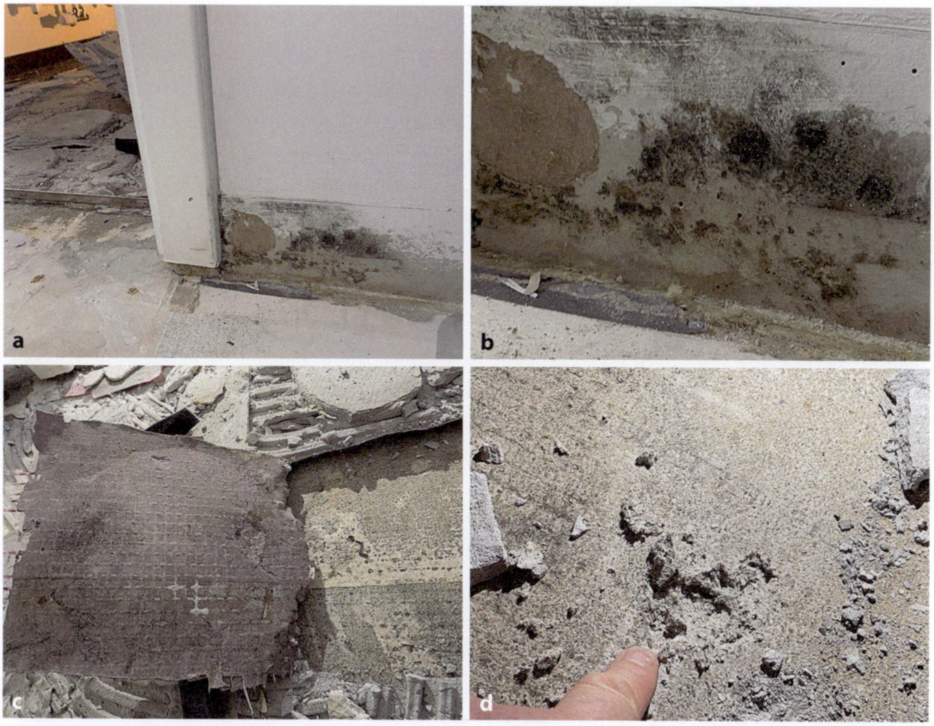

Abb. 4.3 Feuchtigkeitsschaden an Gipswerkstoffen: **a** Übersichtsfoto Schimmel hinter der Sockelleiste; **b** Schimmel an der GK-Wand; **c** leicht vom Estrich ablösbare Abdichtung und Feuchtigkeit in der Ebene des Estrichs; **d** Festigkeitsverlust des Gipsestrichs

tungsverhalten variieren. Weiter kann es vor allem in Mietwohnungen vorkommen, dass im Laufe der Nutzung zusätzliche Einbauten im Duschbereich installiert werden, die ggf. nicht immer fachgerecht sind.

Typische Schadensfälle

In einer umgewandelten Eigentumswohnung kam es im Flurbereich (angrenzend zum innenliegenden Badezimmer) zu bräunlichen Verfärbungen im Parkettbereich. Im Zuge der Ursachenfeststellung wurden in diesem Bereich auch die Scheuerleisten entfernt. Als Ergebnis musste hier festgestellt werden, dass sich auf der Gipskartonwand (GK-Wand) Schimmelpilz gebildet hatte, wie in Abb. 4.3 dargestellt.

Im Anschluss wurde im Bad, welches einen niveaugleich gefliesten Duschbereich besaß, eine Fliese herausgenommen und die Abdichtung angeschnitten. Hierdurch konnte festgestellt werden, dass die Haftzugfestigkeit der Abdichtung, infolge der Durchfeuchtung des Gipsestrichs, fast vollständig verloren gegangen war. Weiter wies der Estrich eine enorme Reduktion der Festigkeit auf.

Bei solchen Fällen kommt es infolge der zulässigen Bauteiltoleranzen und der Deckendurchbiegung der Rohdecke zu einer ungleichmäßigen Verteilung von Feuchtigkeit unterhalb des Estrichs.

Der durchfeuchtete Gipsestrich war bis zur Rohdecke zu entfernen, weiter war durch die Durchfeuchtung der Trittschalldämmung mittelfristig mit einer Schimmelpilzbelastung innerhalb des Fußbodenaufbaus zu rechnen. Liegt bei der Trittschalldämmung ein Faserdämmstoff („weiche Trittschalldämmung") vor, ist von einem Absenken des Estrichs und einer wesentlichen Schwächung des Trittschallpegels auszugehen. Darüber hinaus führen durchfeuchtete, angrenzenden Wandbereiche zu einer Schimmelpilzbildung.

4.1.2.2 Holzwerkstoffe

Fachgerechte Planung und Ausführung

Grundsätzlich sind Holz und Holzwerkstoffe in Bädern und Nassräumen als Sonderkonstruktion zu betrachten. Diese sind als Untergrund für Abdichtungen und Fliesen ungeeignet. Dies kann vorrangig damit begründet werden, dass Holz, auch unter Einwirkung der Luftfeuchtigkeit, quellt und schwindet.

ZDB-Merkblatt Wanduntergründe im Innenbereich:2022-11
5 Wanduntergründe im Innenbereich – Sonderkonstruktionen
[…]

5.1 Holz (Sonderkonstruktion)

„Bei der Verlegung von Wandfliesen auf Holzuntergründen ist zu unterscheiden, ob die Fliesen direkt oder indirekt auf Holz verlegt werden.
Holz ist aufgrund seines Verformungs- und Quellverhaltens als direkter Untergrund für Fliesen nicht geeignet. Eine direkte Verlegung der Fliesen auf Holzuntergründen ist immer eine Sonderkonstruktion. Die direkte Verlegung auf Holz (z. B. im Möbelbau) ist nur mit speziellen Dünnbettmörteln oder Klebern möglich.
Eine indirekte Verlegung kann mithilfe eines geeigneten Entkopplungssystems erfolgen (siehe ZDB-Merkblatt „Verlegung von Fliesen und Platten auf Entkopplungssystemen im Innenbereich"). Auch das ist als Sonderkonstruktion mit dem Kunden zu vereinbaren. Das Entkopplungssystem muss gemäß Hersteller für den Einsatz an Wänden geeignet sein.
Holz ist kein geeigneter direkter Untergrund für Fliesen in Bereichen mit Wassereinwirkungen (W0-I bis W3-I)."

Typische Schadensfälle

In einem privaten Schwimmbadbereich (einschl. Saunabereich) wurden Holzwerkstoffplatten (hier: OSB Platten) als Wandkonstruktion verwendet. Die Wände wurden mit Bahnen abgeklebt, wie in Abb. 4.4 dargestellt. In dem vorliegenden Fall wäre auch unter Verwendung von Entkopplungsmatten das Schadenspotential sehr hoch.

Abb. 4.4 Beispiele für Holzwerkstoffe in Nassräumen: **a** Holzwerkstoffe im Saunabereich; **b** Folie – ausreichender Feuchteschutz; **c** Holzwerkstoffe im Saunabereich; **d** Folienanschlüsse

4.2 Abdichtungsanschluss

In diesem Abschnitt wird auf die Möglichkeiten der Abdichtungsanschlüsse im Wandbereich eingegangen. Hierbei wird besonderes Augenmerk auf Durchdringungen gelegt.

Besondere Anschlüsse an bspw. Fenstertüren sind hier nicht berücksichtigt, da es sich hierbei um Sonderkonstruktionen handelt, deren Detailausbildung eine enge Abstimmung mit den Fensterherstellern bedarf.

4.2.1 Sockelfliesen

Fachgerechte Planung und Ausführung

Heutzutage werden Badezimmerwände i. d. R. nicht mehr komplett gefliest, oftmals nur noch im Duschbereich. Wände, die nicht gefliest werden, erfordern jedoch zum Schutz der Abdichtungsaufkantung Sockelfliesen.

Sockelfliesen können unterschiedlich ausgeführt werden.

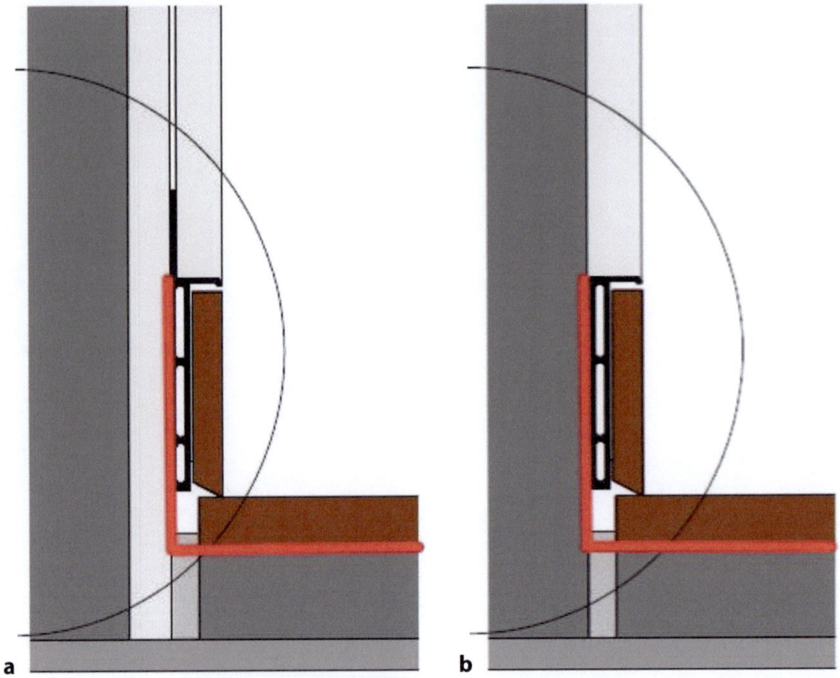

Abb. 4.5 Prinzipskizze zum Verlauf der Abdichtung (hier rot dargestellt) hinter Systemschienen für flächenbündige Sockelfliesen: **a** flächenbündige Sockelfliese bei einer doppelt beplankten Trockenbauwand; **b** flächenbündige Sockelfliese bei einer massiven Wand und Putzoberfläche. (Quelle: Fa. Bichler Türenwerk, mit eigener Markierung)

Vorspringend – auf Wandfläche
Bei dieser konventionellen Variante wird die Sockelfliese auf der Wand angebracht. Dies ist mit einem „normalen" Zeit- und Arbeitsaufwand verbunden. Diese Ausführung führt dazu, dass sich im Verlauf der Nutzung auf der sich ergebenen Aufkantung (Sockelfliese vor Wand) Staub sammeln kann.

Rückspringend – d. h. flächenbündig mit der Wandoberfläche
Diese Variante ist aus meiner Sicht optisch wesentlich ansprechender und hat den Vorteil, dass sich weniger Staub und Schmutz auf den Sockelfliesen ansammeln kann. Bei dieser Ausführungsvariante ist jedoch mit einem erhöhten Zeit- und Arbeitsaufwand und somit erhöhten Kosten zu rechnen. Abb. 4.5 stellt die Systemskizze eines Produktherstellers für solche flächenbündigen Sockelfliesen und -leisten dar.

Im Zuge der Ausführung wird die Abdichtung mit der Sockelfliese bei einer massiven Wand direkt auf das Rohmauerwerk aufgebracht und nur der darüberliegende Wandbereich verputzt. Bei einer Trockenbauwand wird die zweite Lage der Beplankung im Bereich der Sockelfliese ausgespart und die Abdichtung mit der Sockelfliese auf die erste Lage der Beplankung geführt. Flächenbündige Sockelfliesen können somit jedoch nicht bei einfach beplankten Wänden verwendet werden.

Zur einfacheren Verarbeitung existieren verschiedene Schienensysteme, die als verlorene Schalung für die Putzfläche dienen. Hierdurch kann eine saubere Abschlusskante zur Sockelfliese hergestellt werden. Unter anderem existieren zur einfachen Befestigung der Sockelleisten auch Schienen mit Klicksystem. Hierbei ist jedoch in der Planung zu berücksichtigen, wie die Abdichtung geführt wird, da diese nicht auf das Klicksystem geführt werden kann. Bei der Abdichtung hinter der Schiene besteht jedoch die Möglichkeit, dass die Abdichtung bei der Montage der Schiene perforiert wird. Diese Möglichkeiten müssen zuvor mit den Systemherstellern und ausführenden Firmen abgestimmt werden.

Weiterhin ist eine elastische Fugenausbildung zwischen Sockel- und Bodenfliese erforderlich. Hierauf wird in Kap. 5 eingegangen.

4.2.2 Durchdringungen

Fachgerechte Planung und Ausführung
Durchdringungen durch Wände, bspw. bei Duscharmaturen, sind in die Abdichtung einzubinden. Die Abdichtung erfolgt hierbei durch Abdichtungsmanschetten, wie in Abb. 4.6 dargestellt, an der Leitung. Zusätzlich ist der Zwischenraum zwischen Fliese und Leitung mit elastischem Fugenfüllstoff zu verfüllen.

Anschlüsse an bspw. Baustopfen stellen keinen fachgerechten Abdichtungsanschluss dar. Weiter stellt eine Abdeckung durch die Rosetten der Armaturen keinen Ersatz für den Abdichtungsanschluss dar.

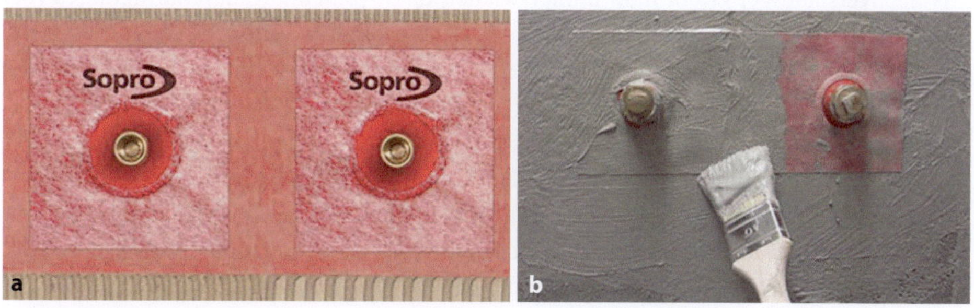

Abb. 4.6 Abdichtungsanschlüsse im Wandbereich von Bädern: **a** Dichtmanschette Wand; **b** Wandmanschette in die Dichtmasse einbetten. (Quelle: **a**, **b** Fa. Sopro)

DIN 18534-1:2017-08 „Abdichtung von Innenräumen" – Teil 1: Anforderungen, Planungs- und Ausführungsgrundsätze
8.5.3 Anschluss an Einbauteile und Durchdringungen

8.5.3.1 Allgemeines
„Einbauteile, die die Abdichtungsschicht unterbrechen bzw. durchdringen, müssen sicher an die Abdichtungsschicht anschließbar sein. Durch Einbauteile selbst darf kein Wasser hinter die Abdichtungsschicht gelangen."

ZDB-Merkblatt Abdichtung im Verbund (AIV):2022-11
4.2 Abdichten von Details
[…]

4.2.2 Abdichten von Durchdringungen und Einbauteilen

Durchdringungen
„Durchdringungen werden mit Dichtflansch und/oder Dichtmanschetten in die Flächenabdichtung eingebunden (vorher Rohrverlängerungen einbauen).
Für einen fachgerechten Anschluss ist eine ausreichende Rohrlänge über OK Abdichtungsuntergrund erforderlich. Vorab ist ggf. eine Rohrverlängerung vorzusehen. Insbesondere bei Mischbatterien sind Dichtflanschkonstruktionen zu bevorzugen. Durchdringungen in Bodenkonstruktionen sollten weitgehend vermieden werden."

Typische Schadensfälle
Als Sachverständiger erlebt man immer wieder, dass Abdichtungsdurchdringungen (bei Armaturen) keine oder unzureichende Abdichtungsanschlüsse aufweisen. Hinzu kommt das beim Abschrauben der Rosette keine elastische Verfugung im Bereich der Armaturen vorhanden ist, wie in Abb. 4.7 dargestellt.

Jede Durchdringung einer Abdichtung stellt einen Schwachpunkt dar. Auch eine Abdeckung, z. B. in Form einer Rosette, ist kein Ersatz für eine erforderliche Abdichtung.

Häufig werden Leitungen vor dem Abdichten nicht ausreichend verlängert, sodass nur die Baustopfen aus der Wandoberfläche herausstehen. Die Abdichtung wird dann an die Baustopfen angeschlossen, was einen Fehler darstellt, da diese zur Installation der Armaturen entfernt werden und die Abdichtung danach nicht mehr dicht an der Leitung liegt oder gar beschädigt wird.

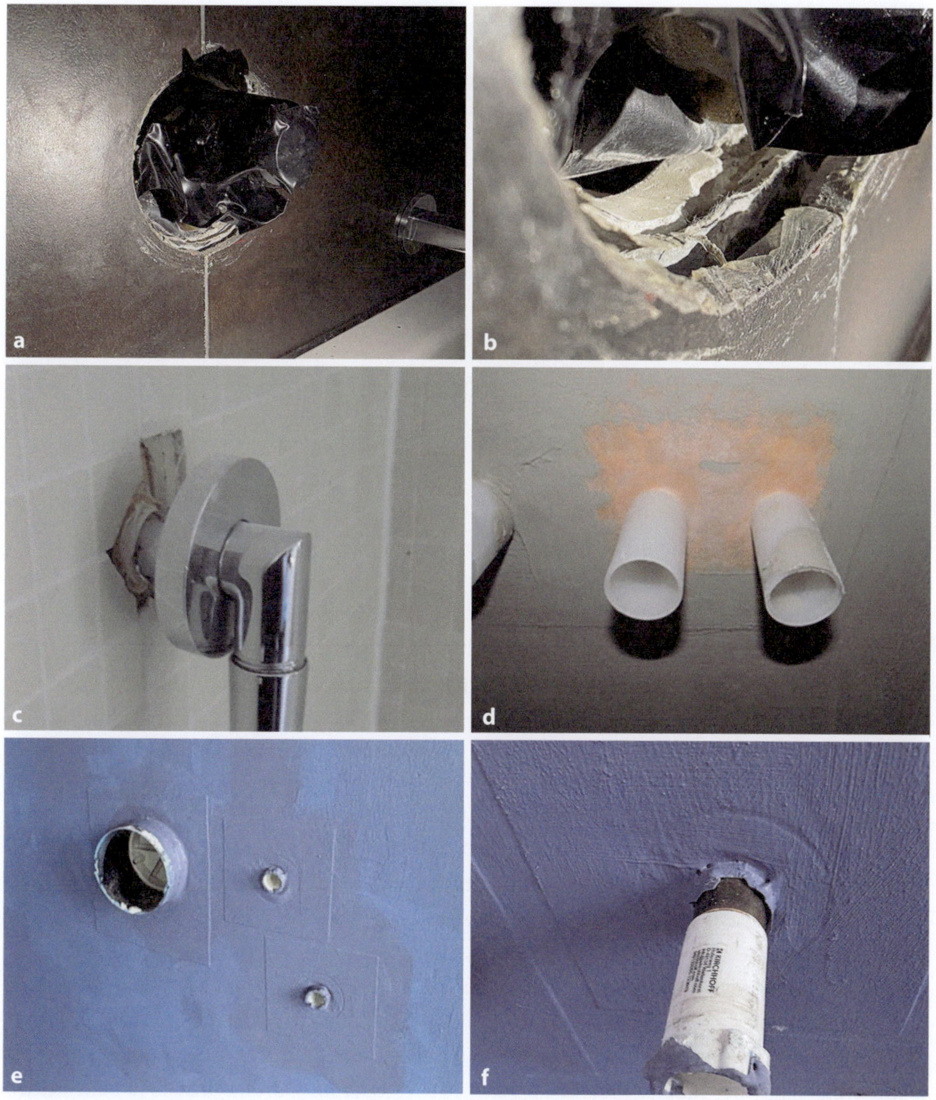

Abb. 4.7 fehlerhaft Abdichtungsanschlüsse an Durchdringungen der Wand: **a** fehlende Dichtungsmanschette; **b** fehlende elastische Verfugung; **c** fehlende elastische Verfugung; **d** Fehlstelle in Dichtmasse; **e** Abdichtungsanschluss an Gehäuse der Mischbatterie links (richtig) und an Baustopfen rechts (falsch); **f** Beschädigte Dichtlippe durch nachträgliche Rohrverlängerung

4.2.3 Bohrlöcher

In häuslichen Bädern ist das Bohren in die Abdichtung zur Befestigung von notwendigen Installationen, wie in Abschn. 8.1 beschrieben, zulässig, diese sollten jedoch mit Rosetten vor einer direkten Spritzwassereinwirkung bestmöglich geschützt und auf Minimum in ihrer Anzahl reduziert werden. Darüber hinaus sollten in jedem Fall dichtende Dübel verwendet werden.

ZDB-Merkblatt Abdichtung im Verbund (AIV):2022-11
4.2 Abdichten von Details
[…]

4.2.2 Abdichten von Durchdringungen und Einbauteilen
Installationen/Durchdringungen
„[…] Eine Perforation in Bereichen der Wassereinwirkungsklasse W1-I durch Befestigungsmittel notwendiger Installationen ist an Wandflächen zulässig, sofern diese gegen das unmittelbare Einwirken von Spritz- und Brauchwasser geschützt werden.“

4.3 Zusätzliche themenverwandte Hinweise

4.3.1 Raufasertapeten

Fachgerechte Planung und Ausführung
Raufasertapeten sind aufgrund ihrer leichten Verarbeitung und geringen Kosten sehr beliebt. Für Räume mit erhöhter (Luft-)Feuchtigkeit sind sie jedoch ungeeignet. Leider werden sie trotzdem noch immer häufig vor allem in häuslichen Bädern an Decken und Wänden verarbeitet.

Raufasertapeten bestehen aus mindestens zwei Schichten Papier und dazwischenliegenden Holzfasern. Hierdurch besitzen sie ein Sorptionsverhalten, vergleichbar dem eines Schwammes, d. h. sie saugen verstärkt Feuchtigkeit, auch aus der Raumluft, auf. Weiter sammelt sich auf der rauen Oberfläche verstärkt Hausstaub. Durch ein ggf. falsches Energiesparverständnis der Nutzer, d. h. schlechter bzw. unzureichender Lüftung („angekippte“ Fenster) und geringes Heizen, erhöht sich die relative Luftfeuchtigkeit, die dann in flüssiger Form oder kapillar von der Tapete aufgenommen wird. Wenn die permanente Feuchtezufuhr größer ist als die Rücktrocknung bildet sich sehr schnell Schimmelpilz, da die Holzfasern und der Hausstaub den idealen Nährboden bieten.

Typische Schadensfälle
In (häuslichen) Bädern wurden die Wände und Decken früher oftmals oberhalb der Fliesen tapeziert. Daraus ergibt sich jedoch, wie zuvor beschrieben, ein verstärktes Risiko der Schimmelpilzbildung, wie in Abb. 4.8 dargestellt.

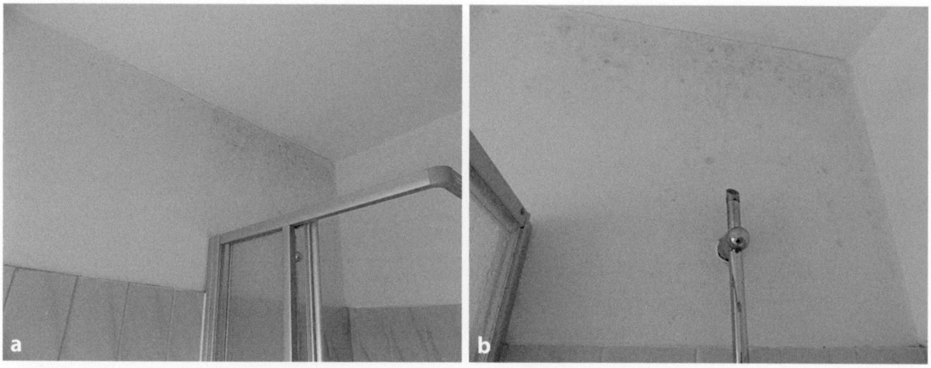

Abb. 4.8 Stockflecken auf Raufasertapeten im Bad: **a** Übersicht; **b** Detail

Bei Neubauten ist die Ausführung von Raufasertapeten spätestens im Zuge der Bauabnahme zu beanstanden. Dies ereignete auch beim Bau eines Einfamilienhauses.

Darauf angesprochen kamen die folgenden Antworten der ausführenden Firmen:

„… Sofern eine höhere Luftfeuchtigkeit als 80 % vorherrschen soll, sind kürzere Zeiträume bis zur Schimmelbildung zu erwarten. Dieser Umstand kann allein durch regelmäßiges Lüften und stetiges Heizen ausgeschlossen werden.

[…]

… Wenn Sie in Ihrem Bad dafür Sorge tragen, dass eine ordnungsgemäße Belüftung und Beheizung der Bauteilflächen gewährleistet ist, ist mit keiner Schimmelpilzbildung zu rechnen.

[…]

Als zusätzlichen Schutz könnten wir Ihnen noch als ergänzende Maßnahme einen Schimmelschutzanstrich mit einer fungizid und bakterizid ausgerüsteten Wandfarbe anbieten […] ohne Anerkennung einer Rechtspflicht.“

5 Fugen

J. Schulz, *Bauschäden in Bädern und Nassräumen*,
https://doi.org/10.1007/978-3-658-49195-6_5

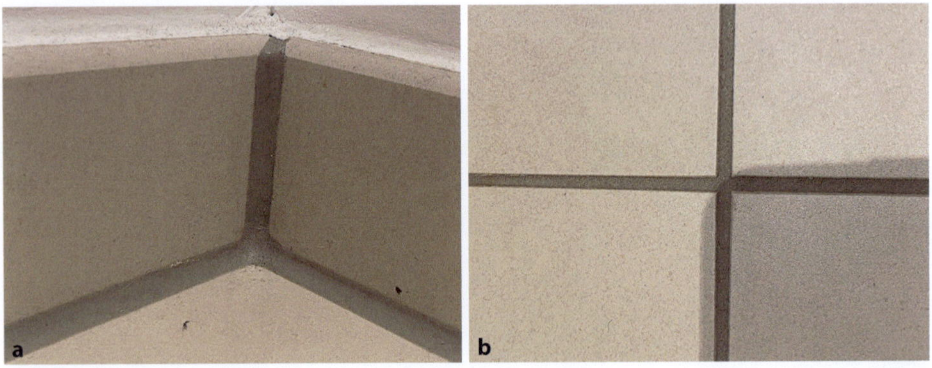

Abb. 5.1 Starre und elastische Verfugung: **a** Elastische Verfugung im Ixel-Bereich: Wand-Wand-Fußboden; **b** Starre Verfugung zwischen den Fußbodenfliesen

Die in diesem Kapitel aufgeführten Fugen können als gestalterisches Mittel zwischen keramischen Fliesen- und Plattenbelägen angeordnet werden. Es wird, wie in Abb. 5.1 dargestellt, unterschieden in:

- elastische Verfugung, siehe Abschn. 5.1
- starre Verfugung. siehe Abschn. 5.2

In der Fläche werden Sie hierbei häufig als starre Verfugung und in Übergangs- und Anschlussbereichen in der Regel elastisch ausgebildet. Sie sind dabei unabhängig von ihrer Ausbildung nicht wasserdicht bzw. nicht dauerhaft wasserdicht, d. h. sie ersetzen keine erforderliche Abdichtung. Daher ist in Abhängigkeit der Wasserbelastung, wie in Kap. 2 beschrieben, eine Abdichtung erforderlich. Die unterschiedlichen Anforderungen an die elastische bzw. starre Verfugung wird in den nachfolgenden Kapiteln vorgestellt.

Die VOB/C (Vergabe- und Vertragsordnung für Bauleistungen) gibt allgemeine technische Hinweise/Vertragsbedingungen für Bauleistungen (ATV). Auch Hinweise für das Aufstellen eines Leistungsverzeichnisses werden aufgeführt. Im Folgenden wird hier ein kurzer Ausschnitt aufgeführt, der verdeutlichen soll, dass auch Fugen geplant werden müssen. Die Planung erfolgt nicht nur in Form eines Fugenplanes zur Anordnung, sondern auch in technischer Hinsicht.

DIN 18352:2019-09 Fliesen- und Plattenarbeiten
0 Hinweise für das Aufstellen der Leistungsbeschreibung
[…]

„**0.2.30** Ausführung, Art, Breite und Farbe der Verfugung.

0.2.31 Art, Lage, Maße und Ausbildung von Bewegungs-, Bauwerks- und Bauteilfugen. Farbe der Verfüllung, Abdeckung.“

5.1 Elastische Verfugung

5.1.1 Fugenausbildung

Fachgerechte Planung und Ausführung

Elastische Verfugungen werden häufig verwendet, um Fugen zwischen Bauteilen mit Dichtstoff „***abzudichten***“ bzw. zu verschließen. Hierbei sind Relativbewegungen zu erwarten, die durch den Fugenfüllstoff aufgenommen werden müssen. Verwendet werden elastische Verfugungen hauptsächlich an Übergängen zwischen:

- Wand- und Bodenflächen
- Bauteilfugen
- Einbauteilen und Fliesenbelag

Eine elastische Verfugung ersetzt keine erforderliche Abdichtung bzw. den Abdichtungsanschluss verschiedener Bauteile. Um eine IXEL-Fuge dauerhaft abzudichten, sind **Dichtungsbänder** unter der elastischen Verfugung erforderlich.

Im *Badezimmer* werden folgende Fugenarten unterschieden:

- *Randfugen*, die den Belag im Übergang zu Wänden bzw. den Belag durchdringende Bauteile begrenzen, sind wie Feldbegrenzungsfugen auszubilden, d. h. von der Oberfläche des Belages bis auf den tragenden Untergrund oder bis auf die Abdeckung der Trittschalldämmung bzw. Abdichtung auszubilden. Im Randfugenbereich (Wand/Boden) treten Bewegungen auf, u. a. eine Setzung des schwimmenden Estrichs bzw. Schwinden von Zementestrichen.
- *Anschlussfugen* können zwischen Belägen und an angrenzenden Bauteilen sowie festen Einbauten erforderlich sein. Sie werden i. d. R. in der Dicke des Belagstoffs, falls erforderlich jedoch bis auf die Ansetz- bzw. Verlegefläche, ausgeführt.

Je nach o. g. Anschluss ist die Verwendung eines „Hinterfüllmaterials“ erforderlich (z. B. PE-Rundschnur). Die Fugenbreite ist u. a. abhängig von der Anschlussart.

Anschlussfugen an Bade- bzw. Duschwannen aus Acryl unterliegen besonders hohen Bewegungen und sind mind. 8 mm breit auszuführen.

Für elastische Fugendichtstoffe gelten zusätzlich zu den DIN-Normen (z. B. DIN EN 15651-3:2017-07) die Ergänzungen des Industrieverband Dichtstoffe e. V. (IVD), die in Form der IVD-Merkblätter veröffentlich werden. Im Folgenden ist der Grundsatz des maßgeblichen Merkblatts beschrieben.

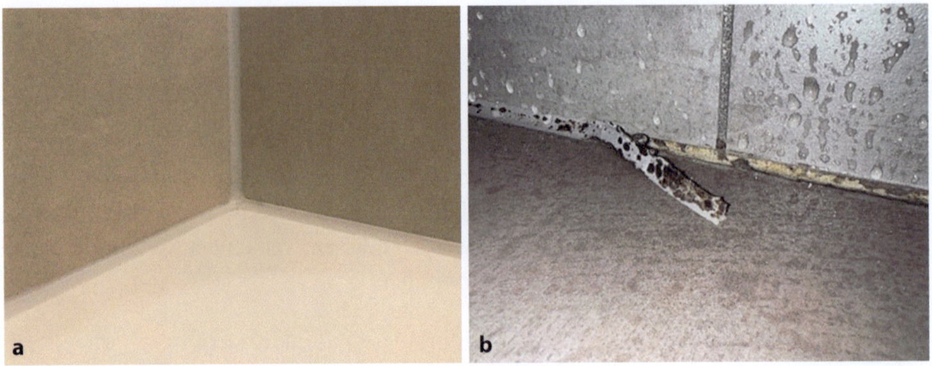

Abb. 5.2 Beispiele für die Ausführung und für Schäden an der elastischen Verfugung: **a** elastische Verfugung im IXEL-Bereich; **b** Ablösung der elastischen Verfugung

IVD-Merkblatt Nr. 3-1: 2014-11 „Konstruktive Ausführung und Abdichtung von Fugen in Sanitär- und Feuchträumen" – Teil 1: Abdichtung mit spritzbaren Dichtstoffen
2 Vorwort

Grundsatz:
„Eine Fuge ist nach DIN 52460 der beabsichtigte oder toleranzbedingte Raum zwischen Bauteilen. Sie muss im Vorfeld sorgfältig geplant, ausgeschrieben oder den bestehenden Regelwerken entnommen werden.
Das Abdichten ist das Verschließen der Fuge. Dies kann mit bewegungsausgleichenden spritzbaren Dichtstoffen, Dichtungsbändern und -folien erfolgen.
Die Gefahr von Rissbildung, durch die Feuchtigkeit/Wasser unkontrolliert in die Bausubstanz eindringen kann, ist damit groß."

Wie diese Fugen aussehen können, ist in Abb. 5.2a dargestellt. Wichtig ist an dieser Stelle, dass die verwendeten Dichtstoffe keine Abdichtung im Sinne der Normenreihe DIN 18531 bis 18535 und der zugehörigen ZDB-Merkblätter darstellen.

Für Dichtstoffe in Sanitärbereichen gilt die DIN EN 15651-3:2017-07, diese werden mit Typ „*S*" bezeichnet.

DIN 18534-3:2017-07 „Abdichtung von Innenräumen" – Teil 3: Abdichtung mit flüssig zu verarbeitenden Abdichtungsstoffen im Verbund mit Fliesen und Platten (AIV-F)
7.6 Detailausbildung

7.6.1 Übergang zwischen Boden/Decke und Wand sowie in Wandecken

„Am Übergang der Abdichtung zwischen Boden/Decke und Wand sowie in vertikalen Wandecken müssen in das flüssig zu verarbeitende Abdichtungsmaterial Stoffe wie z. B. Vliese, Dichtbänder (**ggf. mit Schnittschutz**) hinterlaufsicher eingearbeitet werden.
[…]

7.6.3 Abdichtung von Fugen
Bauteilfugen sind in der Abdichtungsschicht und im keramischen Belag an gleicher Stelle zu übernehmen.
Die Abdichtungsschicht ist im Bereich der Bauteilfuge durch den Einbau von geeigneten dehnfähigen Dichtbändern oder systemzugehörigen Verstärkungen dehnfähig auszubilden, so dass die zu erwartenden Bewegungen aufgenommen werden.
Die Lage und Breite der Fugen sind in der Planung anzugeben.
Die Bauteilfuge ist im Belag mit elastischen Dichtstoffen/Fugenprofil zu verschließen.
Bei Feldbegrenzungsfugen, (Estrich-)Randfugen sowie Anschlussfugen ist, soweit keine anderslautenden Vorschriften (z. B. für Heizestrich) vorhanden sind, eine Fuge mit einer Breite ≥ 5 mm auszubilden.
[…]

8.5.2 Abdichtung von Bereichen unter/hinter Bade- oder Duschwannen
Dichtstofffugen am Wannenrand stellen keine Abdichtung im Sinne dieser Norm dar.“

IVD-Merkblatt Nr. 3-1: 2014-11 „Konstruktive Ausführung und Abdichtung von Fugen in Sanitär- und Feuchträumen“ – Teil 1: Abdichtung mit spritzbaren Dichtstoffen
4. Grundlagen
„Sanitär- und Feuchträume müssen so abgedichtet werden, dass der Baukörper dauerhaft vor Wasserschäden geschützt ist (ZDB-Merkblatt – Verbundabdichtungen). Über Fugen eindringendes Wasser kann erhebliche Schäden verursachen. Aus diesem Grund sind alle Anschlüsse von Baustoffen elastisch abzudichten, z. B. Boden/Wand und Anschlüsse an sanitären Einrichtungsgegenständen.
[…]
Dichtstofffugen sollen sich unauffällig dem Gesamtbild anpassen. Deshalb werden sie häufig nicht so breit ausgeführt, wie es erforderlich wäre, um die Bauteilbewegungen elastisch aufzunehmen. Derartige Unterdimensionierung, ständige Wasserbelastung, chemische Beanspruchung und aggressive Reinigungsverfahren führen dazu, dass feuchtigkeitsbeanspruchte Fugen gepflegt und gewartet werden müssen. Sie gelten deshalb als Wartungsfugen mit eingeschränkter Gewährleistung. Ihr Zustand muss in regelmäßigen Zeitabständen überprüft und der Dichtstoff ggf. erneuert werden, um Folgeschäden zu vermeiden (DIN 52460).
[…]

7 Systemkomponenten und Hilfsmittel

7.1 Hinterfüllmaterial

Ein Hinterfüllmaterial dient zur Begrenzung der Fugentiefe bzw. zur Einstellung der korrekten Tiefe des Dichtstoffs, um die jeweils vorgeschriebene Fugendimensionierung zu erreichen. Ferner soll es eine Dreiflächenhaftung des Dichtstoffs verhindern.“

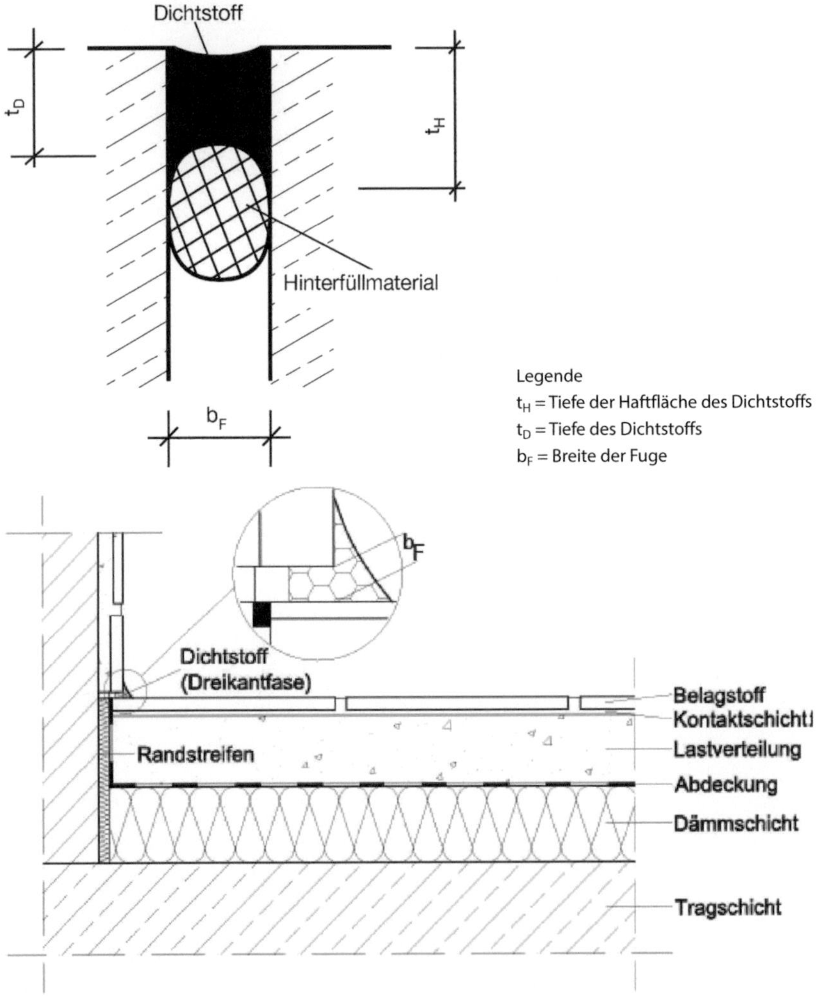

a

b

Abb. 5.3 Beispielhafte Darstellung verschiedener elastischer Verfugungen: **a** Prinzipskizze einer Rechteckfuge **b** Dreiecksfuge bzw. Dreikantfase ($b_F >= 5$ mm). (Quelle: IVD-Merkblatt Nr. 3-1:2014-11, Abbildung 1-7)

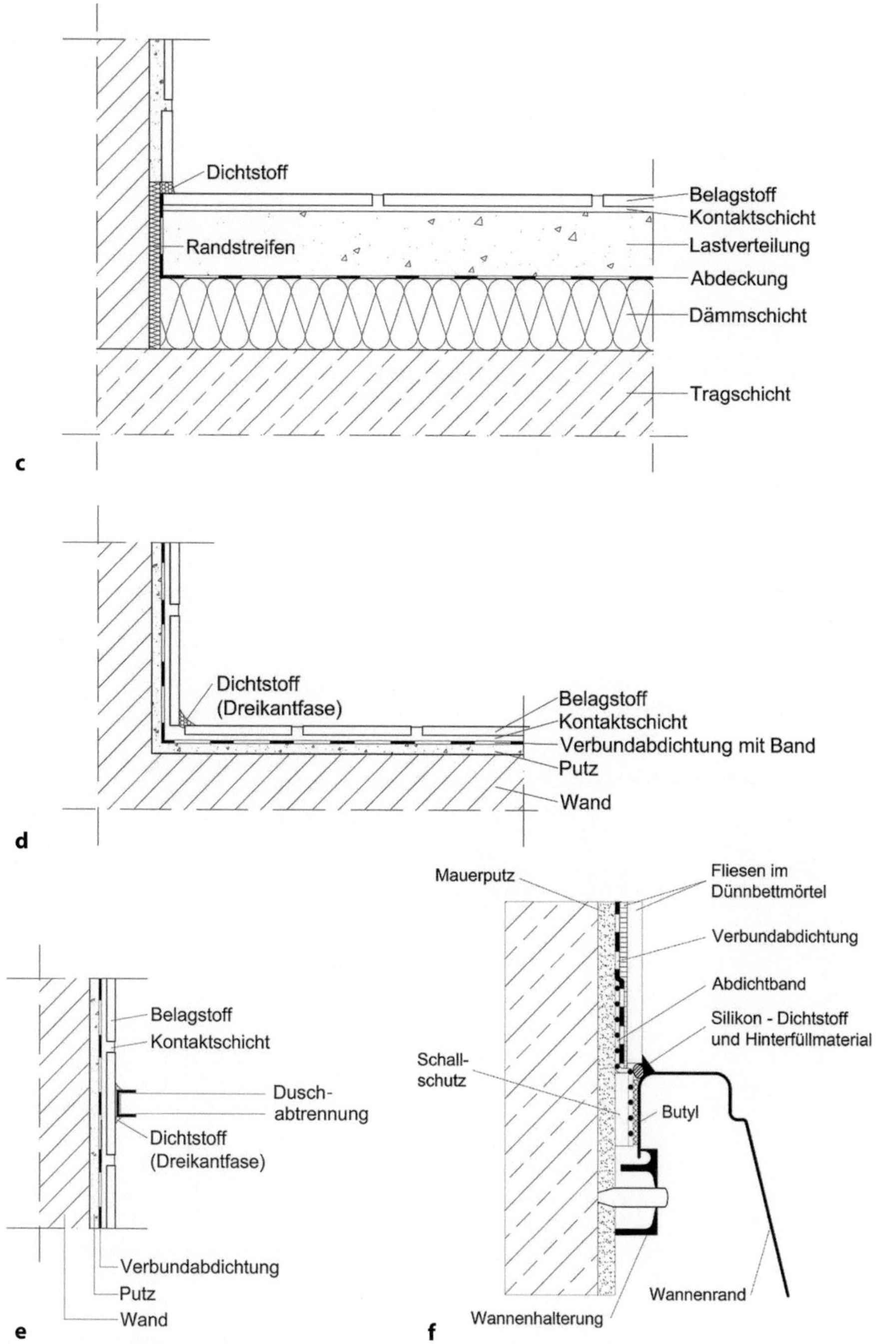

Abb. 5.3 *Fortsetzung* - Beispielhafte Darstellung verschiedener elastischer Verfugungen: **c** Ausführung einer Boden-/Wandfuge; **d** Abdichtung einer Anschlussfuge Wand/Wand. (Quelle: IVD-Merkblatt Nr. 3-1:2014-11, Abbildung 1-7)

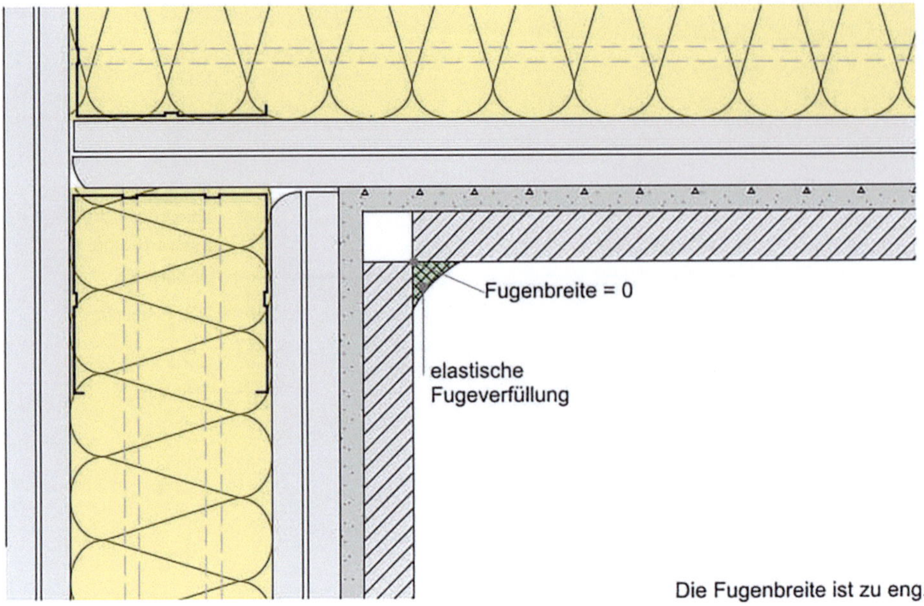

a

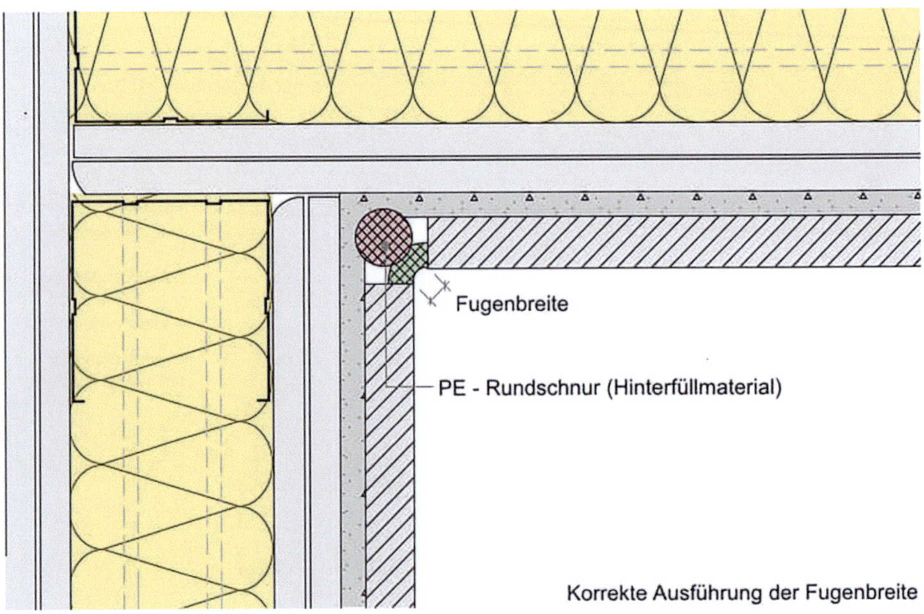

b

Abb. 5.4 Prinzipskizze – Anschlussfugen im Wand-Wand-Übergang: **a** Ist-Situation; **b** Soll-Situation

Die Abb. 5.3 stellt einige Einbausituationen von Dichtstofffugen gem. IVD Merkblatt Nr. 3-1 dar.

Abb. 5.4 stellt die häufig anzutreffende Ist-Situation der Fugenausbildung in einer Trockenbau-Wandecke dar und dem gegenüber die eigentliche Soll-Situation. Zu beachten ist hier, dass mit Relativbewegungen der angrenzenden Wände zu rechnen ist.

Häufig werden Hohlkehl-Sockelfliesen verwendet, um Dreiecksfugen auf dem Fußboden zu vermeiden. Hierdurch werden die Belastungen auf die Fuge drastisch vermindert. Leider werden diese häufig falsch eingebaut, wie in Abb. 5.5 dargestellt, wodurch Schäden an der Fliese entstehen können.

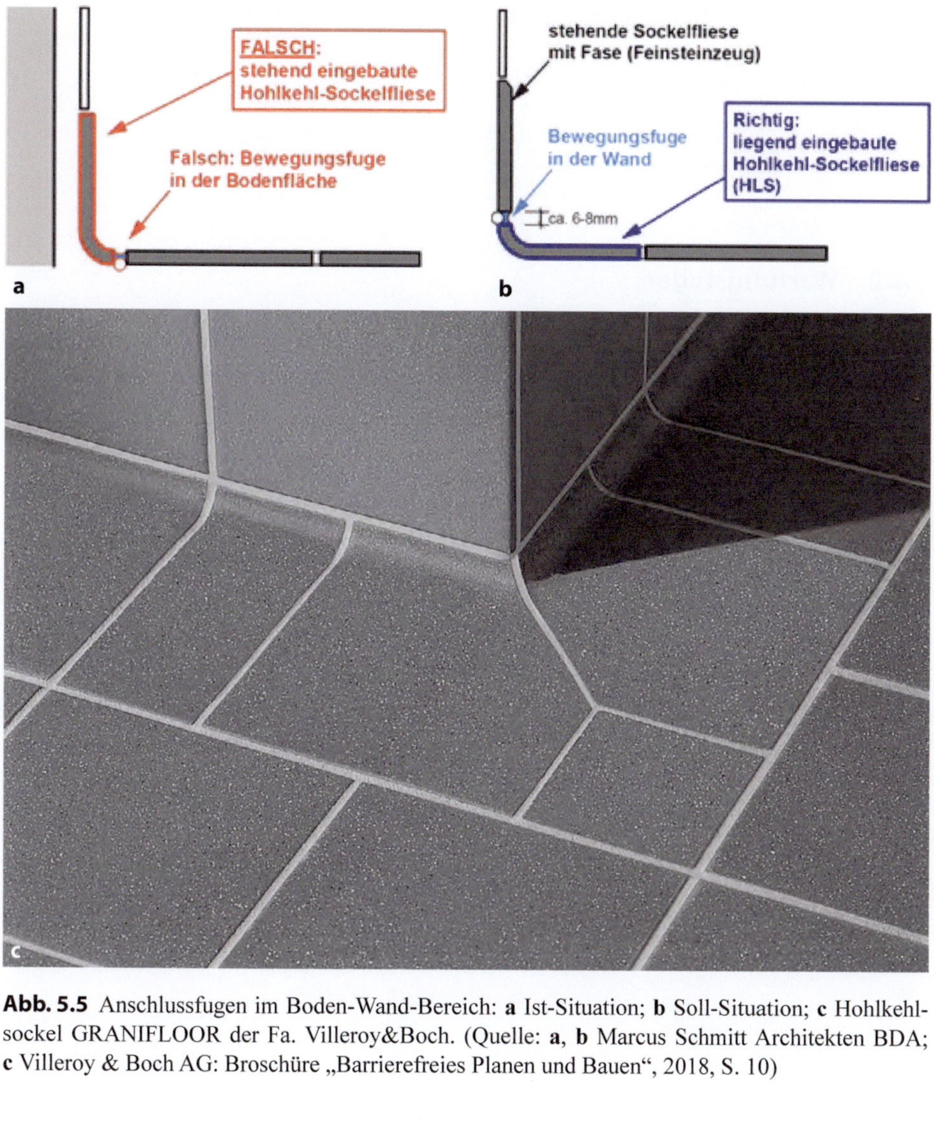

Abb. 5.5 Anschlussfugen im Boden-Wand-Bereich: **a** Ist-Situation; **b** Soll-Situation; **c** Hohlkehlsockel GRANIFLOOR der Fa. Villeroy&Boch. (Quelle: **a**, **b** Marcus Schmitt Architekten BDA; **c** Villeroy & Boch AG: Broschüre „Barrierefreies Planen und Bauen“, 2018, S. 10)

Typische Schadensfälle
Es kommt immer wieder vor, dass Fliesen im Bereich der Anschlussfugen

- im Eckbereich der Wände („Eckfugen“, IXEL-Fugen)
- Wand/Decke
- an Dusch- bzw. Badewannen
- an Sanitärobjekten

zu dicht (ohne Abstand/Fuge) ausgeführt werden.

Auf die Beanstandungen angesprochen, antwortete der Fliesenleger (Zitate):

> „Es ist uns keine Vorschrift bekannt, die eine bestimmte Fugenbreite vorschreibt.“

und

> „Leider konnten wir keine Vorschriften zur Anarbeitung der Dichtung an Trenn- bzw. Kantenschutzschienen (im Türbereich) finden.“

5.1.2 Wartungsfugen

Der Dichtstoff wird mit der Zeit spröde, reist oder löst sich ab, was eine Wartung und ggf. nach einigen Jahren einen Austausch erforderlich macht. Eine „dauer“-elastische Verfugung gibt es nicht, da „dauerhaft“ eine Funktionsdauer von über 30 Jahren impliziert.

DIN 18534-1:2017-07 „Abdichtung von Innenräumen“ – Teil 1: Anforderungen, Planungs- und Ausführungsgrundsätze
10. Instandhaltung
[…]
„Fugen jeder Art erfordern eine regelmäßige Kontrolle. Sie sind auf Beschädigungen und Flankenabrisse zu prüfen und ggf. instand zu setzen.
Dichtstofffugen sind zu pflegen, zu warten und ggf. zu erneuern. Müssen Fugendichtstoffe erneuert werden, ist bei nicht vorhandenen Schutzstreifen darauf zu achten, dass die Abdichtung nicht beschädigt wird.“

Manche Kollegen verweisen im Zusammenhang mit dem Begriff „*Wartungsfuge*“ auf die DIN 52460:2015-12. Diese Norm legt jedoch Begriffe aus dem Bereich der Dichtstoffe für Fugen- und Glasabdichtungen fest, darin heißt es u. a.:

DIN 52460:2015-12 „Fugen- und Glasabdichtungen"
3.1.39 Wartungsfuge
„Starken Einflüssen (chemischen, biologischen, physikalischen, mechanischen) ausgesetzte Fuge, deren Dichtstoff in regelmäßigen Zeitabständen überprüft und gegebenenfalls erneuert werden muss, um Folgeschäden zu vermeiden."

Hiervon ist im „normalen" Hochbau nicht auszugehen. Elastische Verfugungen versagen im häuslichen Badezimmer i. d. R. nicht aufgrund einer fehlenden „*Wartung*" bzw. zu hoher chemischer Beanspruchung. Viel mehr reißen diese aufgrund einer fehlenden Planung, in Bezug auf die Ausbildung des Fugenquerschnitts oder durch andere Planungs- und Ausführungsfehler ab. Häufig passiert dies infolge einer Dreiflächenhaftung. Im Umkehrschluss bedeutet dies, dass auch hierfür eine Gewährleistung übernommen werden muss.

In der Regel werden elastische Verfugungen wegen optischer Beeinträchtigungen ausgetauscht. Häufig kommt es nach einiger Zeit zu Verfärbungen oder Pilzwachstum auf der Fuge, wie in Abschn. 5.1.4 beschrieben. Der Austausch der Fuge erfolgt gem.

IVD-Merkblatt Nr. 3-1: 2014-11 „Konstruktive Ausführung und Abdichtung von Fugen in Sanitär- und Feuchträumen" – Teil 1: Abdichtung mit spritzbaren Dichtstoffen
9 Wartung und Pflege
[…]

9.3 Sanierung der Fugenabdichtung
„Der Ausbau der elastischen Fugen erfolgt in der Regel mit einem mechanischen Verfahren wie z. B. mit einem Cuttermesser oder mittels Fugenschneider. Chemische Verfahren mit sogenannten Silikonentfernern sind ungeeignet.
Der Ausbau des Fugendichtstoffs sollte weitestgehend rückstandsfrei erfolgen. Je nach Untergrund und örtlichen Gegebenheiten sind Restrückstände nicht zu vermeiden.
Im direkten Nassbereich sind nach Ausbau des Fugendichtstoffes die angrenzenden Bereiche mit einem geeigneten Desinfektionsmittel zu desinfizieren und mit einem Alkoholreiniger nachzuarbeiten, um eventuelle haftmindernde Schichten zu entfernen.
Anschließen kann der neue Fugendichtstoff eingebracht werden.
Entsprechende Aushärtungszeiten des Dichtstoffs sind vor der Nutzung des Sanitärobjektes zu berücksichtigen."

5.1.3 Schnittschutz

Da eine elastische Verfugung als Wartungsfuge zu behandeln ist, ist mit einem planmäßigen Austausch der Fuge innerhalb der Nutzungsdauer zu rechnen. Dies erfolgt i. d. R. mit einem Messer, wie in Abschn. 5.1.2 beschrieben. Hierdurch besteht die Gefahr einer Beschädigung der Abdichtung, wenn die/der Ausführende hier ggf. beim Schneiden abrutscht oder zu tief schneidet.

Leider steht in der DIN 18534-3: 2017-07, wie in Abschn. 5.1.1 aufgeführt, nur, dass „ggf." ein Schnittschutz einzuarbeiten ist. Hierdurch entsteht nach der Definition des Dudens von ggf. ein Ermessensspielraum zwischen „*wenn der betreffende Fall eintreten sollte*", „*eventuell*" und „*ist nicht erforderlich*". Dadurch besteht die Gefahr, dass die Formulierung als „*ist nicht erforderlich*" ausgelegt wird. Dem ist entschieden zu widersprechen.

DIN 18534-1:2017-07 „Abdichtung von Innenräumen" – Teil 1: Anforderungen, Planungs- und Ausführungsgrundsätze
4.1.8 Schutz
„Die Abdichtungsschicht muss gegen unzulässige mechanische, chemische und thermische Einwirkungen im Bau- und Gebrauchszustand geschützt werden."

Eine Abdichtung muss demnach gegen mechanische Beschädigung geschützt werden. Dieser Schutz trifft auch für die Dichtungsbänder im Badezimmer zu. Da elastische Verfugungen öfter ausgetauscht werden müssen, kann es zu einer Beschädigung der darunterliegenden Dichtungsbänder kommen. Fehlt ein Schnittschutz, entsteht ein Restrisiko (verbleibendes Risiko, das nicht ausgeschaltet werden kann), dass die Dichtungsbänder beschädigt werden. In Anbetracht der geringen Mehrkosten für den Einbau eines Schnittschutzes, sollte dieses immer hinter elastischen Verfugungen angeordnet werden. Dies kann ggf. mit der DIN 18534-3 begründet werden, da die Verhinderung einer Beschädigung nur mit einem Schnittschutz sicherzustellen ist.

DIN 18534-3:2017-07 „Abdichtung von Innenräumen" – Teil 3: Abdichtung mit flüssig zu verarbeitenden Abdichtungsstoffen im Verbund mit Fliesen und Platten (AIV-F)
9.2 Instandsetzung
„Beim Austausch von Fugendichtstoffen ist sicherzustellen, dass die darunterliegende Abdichtung einschließlich der Dichtbänder oder Verstärkungen nicht beschädigt wird."

Wie das Fugendichtband anzuordnen ist, wird in Abb. 5.6 dargestellt. Der Einbau erfolgt beim Fliesenlegen.

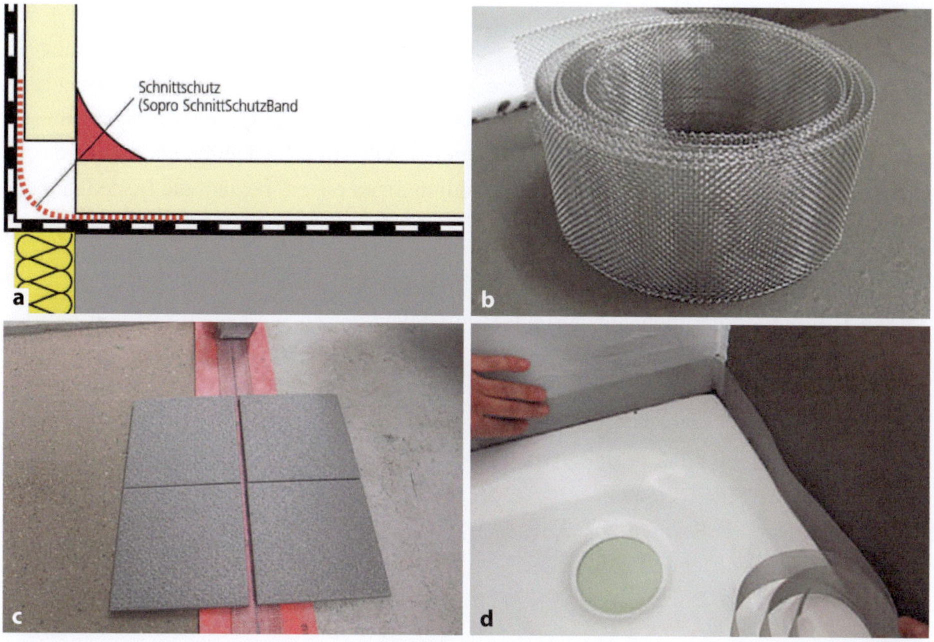

Abb. 5.6 Hinweise zum Umgang mit einer Schnittschutzeinlage: **a** Lage des Schnittschutzbands in der Schnittdarstellung; **b** Schnittschutzband als Rolle; **c** Einbau eines Schnittschutzbands in einer Bodenfuge; **d** Einbau eines Schnittschutzbands hinter einer Duschtasse. (Quelle: SOPRO Planer XI, S. 107)

5.1.4 Schimmelpilz

Eine fachgerecht ausgeführte Fuge sollte in einem häuslichen Bad i. d. R. keine bzw. kaum Alterungs-, Abnutzungs- oder Abrisserscheinungen aufweisen (wie in Abb. 5.7). Normalerweise werden hier fachgerechte Fugen nur ausgetauscht, wenn diese optisch durch einen Schimmelbewuchs nicht mehr ansprechend aussehen. Mit der Zeit verliert der Dichtstoff seine fungiziden Eigenschaften und lässt das Wachstum von Schimmel, in Form von schwarzen Punkten auf der Fuge, zu.

Das IVD-Merkblatt Nr. 14 gibt zu den Entstehungsbedingungen und zur Beseitigung von Schimmel auf Dichtstofffugen einige Hinweise. Die für die Praxis relevantesten Auszüge sind im Folgenden aufgeführt.

IVD-Merkblatt Nr. 14: 2014-11 „Dichtstoffe und Schimmelpilzbefall; Ursachen – Vorbeugung – Sanierung“
3 Schimmelpilze

3.1 Vorkommen, Entstehung und Wachstum von Schimmelpilzen
„Schimmelpilze und insbesondere Schimmelpilzsporen sind in der Umwelt allgegenwärtig. Sie befinden sich z. B. in Form von Sporen in der Luft sowie im Staub und im

Erdboden (auch in Blumenerde). Sporen sind meist runde Zellen mit einem Durchmesser von durchschnittlich 0,01 mm. Diese Zellen können auch in trockener Luft lange lebensfähig bleiben und werden durch den Wind wie Staubpartikel weit verbreitet. Pilzsporen sind schwerer als Luft und sinken bei Windstille ab. Treffen die Sporen dabei auf Oberflächen, die ihnen geeignete Bedingungen bieten, beginnt die Besiedlung. […]

5 Ursachen für Schimmelpilzbefall auf Dichtstoffen

Die Schimmelpilzbildung insbesondere auf Dichtstoffen wird nicht nur von bauphysikalischen Mängeln in der Konstruktion, sondern auch von folgenden Faktoren begünstigt:

1. viel Feuchtigkeit;
   ungünstige Fugenausbildung auf der Fugenoberfläche,
2. Nährstoffe für Schimmelpilze;
   unzureichende Reinigung/Hygiene,
3. hohe Raumluftfeuchtigkeit;
   unzureichende Lüftung.

5.1 Ungünstige Fugenausbildung

Fugenkonstruktionen, die eine Wasseransammlung auf der Dichtstoff-Oberfläche zulassen, beispielsweise durch eine deutliche Hohlkehlenbildung, fördern den Schimmelpilzbefall. Der Fugenausbildung kommt somit eine wichtige Bedeutung zu.

5.2 Unzureichende Reinigung und Hygiene

An der Dichtstoff-Oberfläche können sich Staub und Schmutz aus der Umwelt ablagern. In Verbindung mit hoher Raumluftfeuchte stellt diese Verschmutzung auf organischer Basis ein ideales Nahrungsangebot für Schimmelpilze dar.

5.3 Unzureichende Lüftung

Bereiche mit höherer Anfälligkeit für Schimmelpilzbefall:

- Bad/Dusche/WC
- Kochstellen
- kleine Räume mit langer Aufenthaltsdauer der Bewohner
- feuchte Wände

[…]

9 Wie lassen sich Schimmelflecken entfernen?

[…]

Im Anfangsstadium des Befalls (Primärbefall) kann der Schimmelpilz meist erfolgreich von der Oberfläche des Dichtstoffs entfernt werden. Hierzu steht eine Reihe von Produkten zur Verfügung, wovon die chlorhaltigen am effektivsten sind. Ist der

Befall sehr weit fortgeschritten, also auch das Innere des Dichtstoffs verfärbt (Sekundärbefall), so kann eine dauerhafte Lösung nur durch Entfernung des befallenen Dichtstoffes und erneutes Verfugen erzielt werden."

Abb. 5.7 Schimmel auf Verfugung

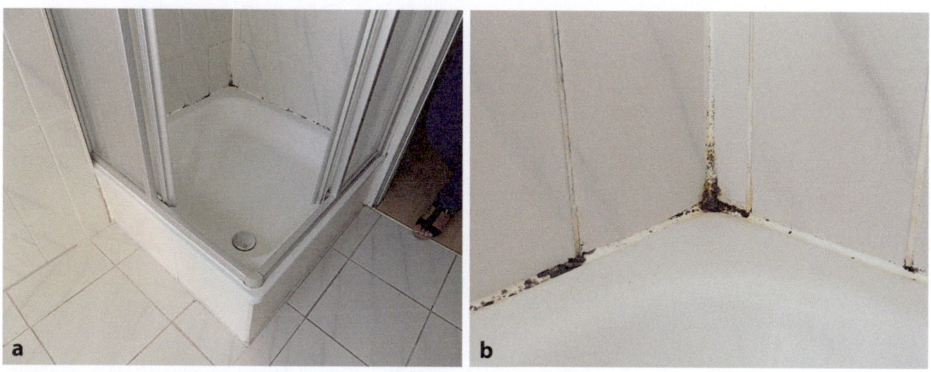

Abb. 5.8 Schimmelpilzbildung im Fugenbereich einer häuslichen Dusche: **a** Übersichtsfoto der Duschtasse; **b** Detailaufnahme

Typische Schadensfälle

Die Schimmelpilzbildung tritt häufig an Fugen zu oder zwischen horizontalen Flächen auf, wie in Abb. 5.8 dargestellt, da sich hier Feuchtigkeit meist länger anstaut als bspw. an vertikalen Fugen. Dies wird in Duschen zum Teil noch durch die Lagerung von Hygieneprodukten, wie Duschgelen begünstigt, da die Konvektion zum Abtrocknen stark eingeschränkt wird.

5.2 Starre Verfugung

Fachgerechte Planung und Ausführung

Das ZDB-Merkblatt:2022-11: „Zementäre Fugen in Bekleidungen und Belägen aus Fliesen und Platten" weist darauf hin, dass für die Beurteilung der Verlegeleistung Fugenbreiten erst dann zu messen sind, wenn optische Unregelmäßigkeiten (wie in Abb. 5.9) aus nutzungsüblicher Betrachtung erkennbar sind.

Nach dem ZDB-Merkblatt gilt für die handwerkliche Verlegetoleranz eine Abweichung von ± 1 mm als üblich.

Abb. 5.9 starre Verfugung am Boden – weiß, anstatt wie vom Erwerber gewünscht – anthrazit, wie im Wandbelag

Abb. 5.10 geplante Kreuzfuge. (Quelle: Fa. Henkel Central Eastern Europe Gesellschaft mbH)

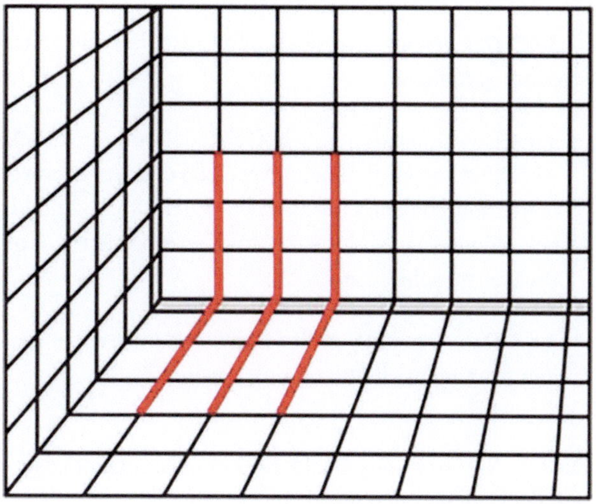

Das ZDB-Merkblatt gibt Hinweise für Planer, ausführende Handwerker und Verbraucher, welche Unregelmäßigkeiten bei der Ausführung der Fugen von Fliesen- und Plattenarbeiten in mittlerer Art und Güte zu erwarten sind.

Der Autor weist in diesem Zusammenhang auch auf seine Veröffentlichungen zu diesem Thema hin, insbesondere „*Mangel – oder hinzunehmende Unregelmäßigkeiten*" in „Architektur der Bauschäden".

Für jedes *Fugenbild, Fugenausbildung, Maßtoleranzen* auch für Badezimmer, ist eine Architekten-Ausführungsplanung mit Details im Sinne der HOAI/DIN 1356 erforderlich (siehe Kap. 10), d. h. bei hohen Ansprüchen ist ein ***Fliesenplan*** mit entsprechenden Angaben zu erstellen.

Winkelabweichungen bzw. Ebenheitsabweichungen sind nach der DIN 18202 zulässig und in der *Ausführungsplanung* zu berücksichtigen bzw. vor Ausführung zu prüfen.

Ein Fliesenplan sollte auch die Verlegerichtung, bzw. Übergang Wand/Boden als Fugenschnitt berücksichtigen, wie in Abb. 5.10 dargestellt.

DIN 18352:2019-09 Fliesen- und Plattenarbeiten
3.4 Fugen

„**3.4.1** Die Fugen sind gleichmäßig breit anzulegen. Material-/Ausführungstoleranzen sind in der Fuge auszugleichen.

3.4.2 Die technisch notwendige Fugenbreite beträgt 2 mm bis 8 mm.
Je nach Art, Format, und Materialtoleranz sowie Verwendungszweck der Belagsstoffe können größere Fugenbreiten erforderlich sein.
Mosaike in vorgefertigten Tafeleinheiten unterliegen nicht diesen Vorgaben.

3.4.3 Das Verfugen erfolgt durch Einschlämmen einer grauen, hydraulisch abbindenden Fugenmasse.

3.4.4 Bewegungsfugen, wie Gebäudetrennfugen, Feldbegrenzungsfugen, Rand- und Anschlussfugen, sind beim Ansetzen und Verlegen von Fliesen und Platten im Dünnbettverfahren nach DIN 18157-1, DIN 18157-2 und DIN 18157-3 und bei Fassadenbekleidungen nach DIN 18515-1 anzuordnen und mit Fugendichtungsmassen oder Profilen zu schließen.

3.4.5 Bewegungsfugen des Bauwerks müssen an gleicher Stelle mit gleicher Bewegungsmöglichkeit übernommen werden."

Die alte ATV war unter Punkt 3.4.2 ein bisschen präziser und hat genauere Angaben bezüglich der Fugenbreiten gegeben.

DIN 18352:2010-04 Fliesen- und Plattenarbeiten (zurückgezogen)
3.4 Fugen

„**3.4.2** Bekleidung und Beläge sind mit folgenden Fugenbreiten anzulegen:

– trockengepresste keramische Fliesen und Platten	
– bis zu einer Seitenlänge von 10 cm:	– 1 mm bis 3 mm
– mit einer Seitenlänge über 10 cm:	2 mm bis 8 mm
– stranggepresste keramische Fliesen und Platten mit Kantenlängen bis 30 cm:	– 4 mm bis 10 mm
– stranggepresste keramische Fliesen und Platten mit Kantenlängen über 30 cm:	Mind. 10 mm
– Bodenklinkerplatten gemäß DIN 18158:	8 mm bis 15 mm
– Solnhofener Platten, Natursteinfliesen:	2 mm bis 3 mm
– Naturstein- oder Glasmosaik sowie Natursteinriemchen:	1 mm bis 3 mm"

Weiter gibt auch die ATV zu Naturwerksteinen einige wichtige Hinweise zur Ausbildung von Fugen. Hierbei sind die Fugenbreiten wesentlich genauer definiert.

DIN 18332:2023-09 Naturwerksteinarbeiten
3.3 Ausbildung von Fugen

„**3.3.1** Die Fugenbreiten richten sich nach Format und Art der Platten und Werkstücke, nach Zweck, Beanspruchung und der Art der Verfugung.

3.3.2 Die Fugen sind gleichmäßig breit anzulegen. Die Grenzabmaße der Platten und Werkstücke nach Abschnitt 2.1.2 sind in den Fugen auszugleichen.

3.3.3 Die Breite der mineralischen Mörtelfuge muss bei Plattenformaten ≤ 600 mm Kantenlänge im Mittel 3 mm, bei größeren Kantenlängen im Mittel 5 mm betragen. Bei massiven Werkstücken, Quadern und Verblendmauerwerk müssen die Fugen ≥ 10 mm breit sein.

3.3.4 Die Festigkeit des Fugenmörtels ist in Abhängigkeit von der Gesteinsfestigkeit und -porosität zu wählen.

3.3.5 Für das Verfugen ist ein grauer hydraulisch abbindender Fugenmörtel zu verwenden.

3.3.6 Das Verfugen von Belägen und angemörtelten Bekleidungen darf erst nach Austrocknen des Versetz- bzw. Verlegemörtels vorgenommen werden.

3.3.7 Mörtelfugen bei Wand- und Bodenbelägen sind durch Einschlämmen zu schließen, ausgenommen sind Naturwerksteine mit rauen bzw. porösen Oberflächen.

3.3.8 Bei Werkstücken und Mauerwerk darf das Verfugen gleichzeitig mit dem Versetzen durchgeführt werden. Die Fugen sind glatt und mit der Vorderkante bündig zu verstreichen.

3.4 Bewegungsfugen

3.4.1 Bewegungsfugen des Bauwerks müssen an gleicher Stelle mit gleicher Bewegungsmöglichkeit übernommen werden.

3.4.2 Bauwerkstrenn-, Bewegungs- und Anschlussfugen im Gebäude sind mit einer Breite ≥ 5 mm anzulegen, im Außenbereich mit einer Breite ≥ 8 mm.“

Die Breiten von mineralischen Fugen von Naturwerksteinen zusammengefasst:

	Fugenbreite i. M.:
– Plattenformate ≤ 600 mm Kantenlänge	3 mm
– Plattenformate ≥ 600 mm Kantenlänge	5 mm
– Bei massiven Werkstücken, Quadern und Verblendmauerwerk	≥ 10 mm

Typische Schadensfälle

Bei einer Bauabnahme wird oftmals über das Fugenbild, insbesondere die vorhandenen Fugenbreiten gestritten, d. h. für den einen sind die Fugen „zu breit" für die anderen „zu schmal"

▶ **Klartext**
„Enttäuschung ist das Ergebnis falscher Erwartungen".

Streitigkeiten über z. B. das *Fugenbild* gibt es, wenn eine Leistung nicht genau beschrieben bzw. definiert ist und das Ergebnis die Erwartungshaltung nicht erfüllt.

Daher stellt sich unweigerlich die Frage:

▶ **Klartext**
Welche Leistungen *kann* man erwarten bzw. wie *muss* das Ergebnis aussehen?

Bei der Diskussion über das Fugenbild wird oftmals vergessen, dass die Fugenausbildung (z. B. Fugenbreiten, Fugenfüllung usw.) von der Objektplanung (Architekten/in) zu planen ist. Das Ergebnis einer fehlenden Planung ist in Abb. 5.11 dargestellt.

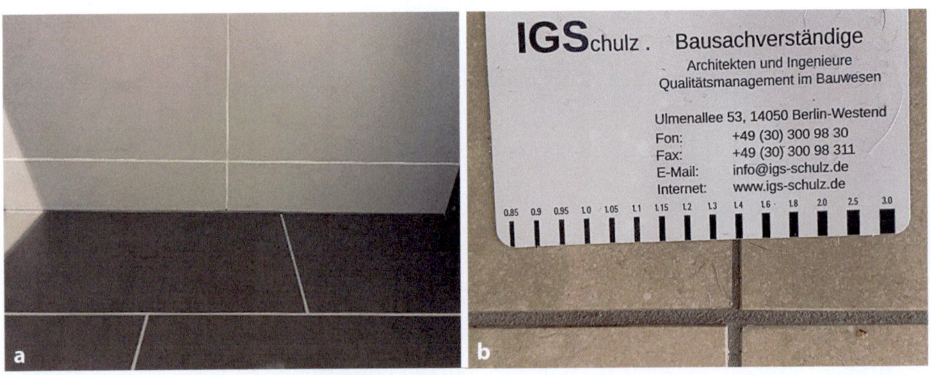

Abb. 5.11 Ausführungsfehler bei der Anordnung eines Fliesenbelags: **a** fehlende „Kreuzfuge" – Wand/Boden; **b** ungleichmäßige Fugenbreite

6 Duschen

J. Schulz, *Bauschäden in Bädern und Nassräumen*,
https://doi.org/10.1007/978-3-658-49195-6_6

Die DIN 18534, welche die Abdichtung von Innenräumen regelt, definiert verschiedene Wassereinwirkungsklassen, die bereits in Kap. 2 erläutert wurden. In privaten Bädern ist die Wassereinwirkung in der Regel geringer (maximal W2-I). Demgegenüber sind öffentliche Bäder, wie sie in Schwimmbädern, Fitnessstudios oder Hotels zu finden sind, einer intensiveren und häufigeren Wassereinwirkung ausgesetzt.

Unabhängig vom Einsatzort, ob privat oder öffentlich, besteht die Möglichkeit Duschen in Form von Duschwannen oder als bodengleich geflieste Duschen auszuführen. Die Ausführungsform bedingt verschiedene Anforderungen an die Herstellung der Abdichtung und im Besonderen die Abdichtungsanschlüsse. Eine nicht fachgemäß ausgeführte Abdichtung kann zu erheblichen Bauschäden führen, einschließlich Feuchtigkeitsschäden an angrenzenden Bauteilen und der Entwicklung von Schimmel. Daher ist es essenziell, die spezifischen Anforderungen an die Planung und Ausführung von Duschwannen und bodengleich gefliesten Duschen zu kennen und umzusetzen, um langfristige Schäden zu vermeiden und die Langlebigkeit der Bausubstanz zu gewährleisten.

6.1 Allgemeine planerische Hinweise

Nach den Bauordnungen der Bundesländer sind Bauwerke und Bauteile so anzuordnen,

> „dass durch Wasser, Feuchtigkeit […] sowie andere chemische, physikalische oder biologische Einflüsse Gefahren oder unzumutbare Belästigung nicht entstehen."
>
> *(§13 Absatz 1 MBO in der Fassung vom November zuletzt geändert durch Beschluss der Bauministerkonferenz vom 23./24.11.2023).*

Feuchtigkeitsbeanspruchte bauliche Anlagen, wie z. B. Bäder, insbesondere mit bodengleich gefliesten Duschbereichen, sind deswegen immer gegen Durchfeuchtungen zu schützen. Diese gehören zu der Wassereinwirkungsklasse W2-I.

Verbundabdichtungen haben sich für Bäder bewährt. Diese müssen im Allgemeinen „wannenförmig" (auch im Türbereich bzw. bodentiefen Fenster) ausgeführt werden.

Als Planungshinweis ist hierbei u. a. das ZDB-Merkblatt „Verbundabdichtungen" zu berücksichtigen. Hier werden Verarbeitungshinweise gegeben und Anschlusspunkte wie Wand/Fußboden oder Bodenabläufe prinzipiell dargestellt.

Bei niveaugleichen Duschen ist ein Gefälle(!) zum Fußbodeneinlauf erforderlich (siehe Abschn. 3.3.2 und 6.3).

Für jede Abdichtung, auch für Badezimmer, ist eine Architekten-Ausführungsplanung mit Details im Sinne der HOAI/DIN 1356 erforderlich (siehe Kap. 10).

An dieser Stelle soll auch auf die Broschüre „Barrierefreies Bad" vom Bundesministerium für Umwelt, Naturschutz, Bau und Reaktorsicherheit hingewiesen werden (www.aktion-barrierefreies-bad.de). Daran anlehnend müssen vor allem auch die bodengleichen Duschbereiche folgende Punkte aufweisen:

- „wannenförmige" Abdichtung zwischen aufgehender Wand und Boden (d. h. auch im Tür- bzw. Laibungsbereich)

- ein deutliches Gefälle im Duschbereich zur Fußbodenentwässerung
- Fußbodenentwässerung mit dauerhaftem Anschluss an die Fußbodenabdichtung

Sinnvoll ist es zudem, dass die Oberkante des Fliesenbelags (im Türbereich) ca. 1 cm tiefer als der angrenzende Raum liegt (siehe Abschn. 3.1.2.1).

So kann ein „Überschwappen" von Wasserlachen auf den Nebenraum vermindert werden. Besonders bei gewerblich genutzten und täglich intensiv zu reinigenden Badezimmern (Hotels) ist eine derartige Konstruktion zu empfehlen.

Da Fliesenfußböden eine Mindestschichtdicke des Estrichs erfordern, kann dieser nur eingeschränkt dünn ausgeführt werden. Dies ist bei der notwendigen Gefälleplanung zwingend vor der Bauausführung zu berücksichtigen. Entsprechend der notwendigen Fußbodenaufbauhöhe, welche sich aus der Mindestestrichdicke und dem notwendigen Gefälle ergibt, müssen der Rohbau oder die angrenzenden Fußbodenaufbauten angepasst werden. Es können u. a. nachfolgende Maßnahmen vorab geplant werden:

- eine dünnere Stahlbetondecke im Bad (gemäß Statik i. d. R. möglich) oder
- eine Absenkung (d. h. Versatz) der Rohdecke.

Um die Baukosten zu reduzieren und einen reibungslosen Bauablauf aller Gewerke zur Herstellung eines Badezimmers zu gewährleisten, sind die Planung und die darauf aufbauende Koordinierung durch den Architekten/die Architektin zwingend notwendig. Nur mit dem Bewusstsein über die notwendigen Fußbodenaufbauten können teure Umbaumaßnahmen und Missverständnisse innerhalb des Bauprozesses vermieden werden.

Die Ausführung einer elastischen Fuge zwischen Bade- bzw. Duschwanne und Wand stellt keine Abdichtungsmaßnahme dar. Mit Fugenprofilen oder elastischen Fugenfüllstoffen geschlossene Fugen sind nicht dauerhaft wasserdicht.

Natürlich übernimmt eine frisch gespritzte Acryl- oder Silikonverfugung für eine gewisse Zeit eine abdichtende Wirkung, jedoch kommt es schon nach wenigen Jahren zum Versagen dieser Eigenschaft.

Von außen ist das Eindringen des Wassers durch die Verfugung dann nicht wahrnehmbar. Bei der täglichen Nutzung der Dusche kann in dem geschlossenen Raum unter der Wanne keine Rücktrocknung oder ein Ablaufen des sich ansammelnden Wassers stattfinden. Dringt nun stetig Wasser durch die Fuge in die Wannenkonstruktion ein, kommt es zwangsläufig zu Feuchteschäden, welche in den meisten Fällen zu einer vollständigen Sanierung des Boden- und Wandbereichs des Badzimmers führen.

Ein Vordenken in der Architekten-Ausführungsplanung ist also zwingend erforderlich. In den anzufertigenden Details sind alle Angaben für die Ausführung erforderlich, auch unter Berücksichtigung der TGA-Planung (siehe Abschn. 10.1.3).

Jedem Bauleiter/Jeder Bauleiterin oder jeder ausführenden Firma wird dringend empfohlen, vor Ausführung, die Badplanung, insbesondere die Detailplanung der Abdichtung, zu prüfen. Fehlen erforderliche „eindeutige und erschöpfende" Angaben, sind von der ausführenden Firma beim Bauherrn sofort schriftlich Bedenken anzumelden.

Die Wichtigkeit dieser baukonstruktiv notwendigen Planung und die Haftbarkeit des Planers bezüglich der Badabdichtung werden in Gerichtsurteilen verdeutlicht (siehe Kap. 11).

Grundsätzlich sollte die Dusche (hoch beanspruchter Bereich) möglichst weit entfernt von der Eingangstür geplant werden. Diese Tür muss außerhalb des Spritzwasserbereichs der Dusche liegen.

Darüber hinaus ist es empfehlenswert, die Spritz- und Brauchwasserbeanspruchung generell auch bereits in der Planung auf den eigentlichen Duschbereich zu reduzieren. Mögliche Maßnahmen sind hierbei:

- Planung einer Duschabtrennung (Glas oder Acryl) inkl. Duschtür
- Versatz der Duschfläche ca. 5–10 mm tiefer als das Badezimmerniveau bzw. angrenzende Flure/Räume
- Einbau einer kapillarbrechenden Schicht im Klebebett zur Vermeidung von kapillar eindringendem Wasser aus der Duschnutzung
- Deutliches Gefälle zur Entwässerungsrinne hin

Zur Vermeidung von Haftungsrisiken muss der Planer seinem Auftraggeber die Vor- und Nachteile der zur Diskussion stehenden Ausführungsvarianten erläutern.

Besonders aufgrund der erst nach Jahren eintretenden Schäden, welche hohe Beseitigungskosten mit sich bringen, bedarf es einer fachgerechten Planung und Ausführung der Abdichtungsarbeiten in einem Badezimmer.

6.2 Duschwannen

Fachgerechte Planung und Ausführung

Eine Duschwanne, wie in Abb. 6.1 dargestellt, besteht aus einem wannenförmigen, emaillierten Stahlblech, das speziell für den Einsatz im Duschbereich konzipiert ist. Ein wesentlicher Vorteil von Duschwannen liegt darin, dass sie bereits werkseitig dicht sind und somit – abgesehen von den Anschlussbereichen an Wand und Fußboden – keine zusätzliche Abdichtung erfordern. Dies vereinfacht den Einbau und reduziert das Risiko von Fehlstellen bei der Abdichtung (auf die Anschlussbereiche).

Duschwannen werden mit Wannenträgern eingebaut. Dabei kommen verschiedene Typen von Wannenträgern zum Einsatz, wie zum Beispiel Hartschaumträger (meist aus Polystyrol), die eine gute Wärmedämmung und Stabilität bieten, sowie Metallrahmenträger, die höhenverstellbar sind und sich besonders für unebene Böden oder Renovierungsarbeiten eignen. Alternativ werden auch Systemträger verwendet, bei denen die Duschwanne flächenbündig oder barrierefrei eingebaut werden kann. In der Ausführungspraxis haben sich darüber hinaus unterschiedliche Einbauvarianten etabliert, die je nach baulichen Gegebenheiten und Anforderungen zur Anwendung kommen:

- Bodengleicher Einbau
- Einbau mit Ausbildung eines Podestes (siehe Abb. 6.2)

Für den Einbau einer Wanne – sowohl einer Bade- als auch einer Duschwanne – sind die in Abb. 6.3 dargestellten möglichen Montageabfolgen zu berücksichtigen:

Abb. 6.1 Typisches Erscheinungsbild einer modernen Duschwanne

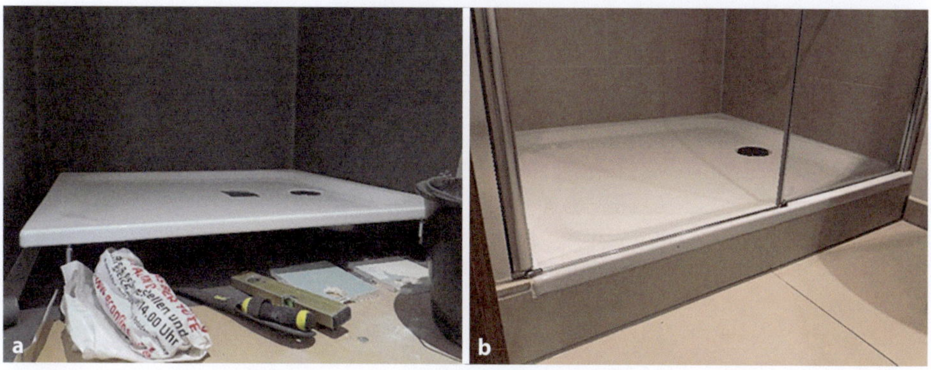

Abb. 6.2 Verwendung von Duschtassen: **a** Einbau Duschtasse, nachdem Wände und Fußboden abgedichtet wurden; **b** Ansicht nach Fertigstellung, d. h. erst Wanneneinbau, dann Fliesenbelag

1. **Fliesen – Wanne**
   Zuerst werden die Fliesen verlegt, anschließend die Wanne eingebaut.
2. **Wanne – Fliesen**
   Zuerst wird die Wanne montiert, danach erfolgt die Fliesenverlegung.

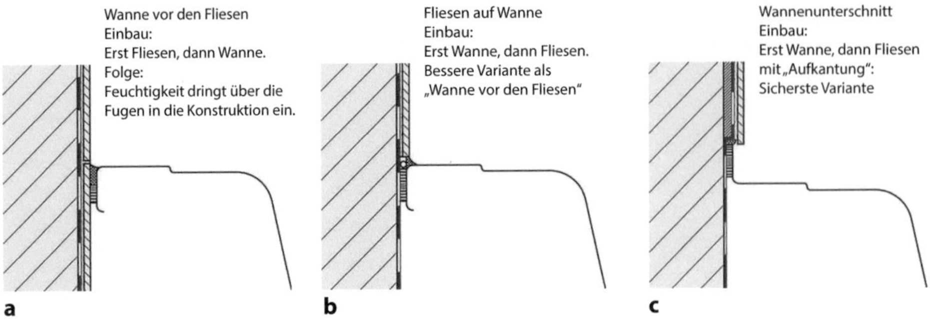

Abb. 6.3 Möglichkeiten des Wanneneinbaus: **a** Variante 1; **b** Variante 2: **c** Variante 3

3. **Wanne – Fliesen mit Aufkantung**
   Wie Variante 2, nur, dass bei der Fliesenverlegung eine „Aufkantung" ausgebildet wird.

DIN 18534-1:2017-07 „Abdichtung von Innenräumen – Teil 1: Anforderungen, Planungs- und Ausführungsgrundsätze"
8.5 Detailausbildung
[…]

8.5.2 Abdichtung von Bereichen unter/hinter Bade- oder Duschwannen
„Bereiche unter/hinter Bade- oder Duschwannen sind vor Wassereinwirkung zu schützen. Die Abdichtung dieser Bereiche ist folgendermaßen auszuführen:

- Anschließen des Wannenrandes an die Abdichtungsschicht z. B. mit Wannenranddichtbändern bzw. Zargen oder
- Fortführen der Abdichtungsschicht unter und hinter der Wanne ggf. mit Unterflur-Entwässerung. Dichtstofffugen am Wannenrand stellen keine Abdichtung im Sinne dieser Norm dar.

Ist auf Flächen unter/hinter Bade- und Duschwannen eine Abdichtung geplant, dürfen dort nur die für die Wannen selbst erforderlichen Rohre und Leitungen geplant werden. Durchdringungen für diese Rohre und Leitungen sind so zu planen, dass die Abdichtungsschicht sicher anzuschließen ist.
Bei feuchteempfindlichen Bauteilen (z. B. im Holzbau, Trockenbau, Stahlbau) muss der Schutz gegen Feuchte bei der Planung besonders beachtet werden."

Die DIN 18534 fordert eine Abdichtung in den Bereichen unter und hinter Bade- oder Duschwannen. Alternativ kann jedoch auf eine solche Abdichtung verzichtet werden, wenn der Wannenkörper umlaufend mit einem Wannenranddichtband fachgerecht an die Wand- und Bodenabdichtung angeschlossen wird. Voraussetzung hierfür ist, dass ausschließlich die für den Betrieb der Wanne erforderlichen Rohrleitungen vorgesehen werden und diese so verlegt sind, dass die Abdichtungsebene dauerhaft und sicher angeschlossen werden kann.

Aus technischer Sicht birgt die erste Einbauvariante (siehe Abb. 6.3a) ein deutlich erhöhtes Schadensrisiko, da ein dichter Anschluss an die Abdichtungsebene konstruktionsbedingt nicht sichergestellt werden kann (die elastische Verfugung ist keine Abdichtung). Die zweite Variante ist als sichere Lösung zu betrachten, sofern das Wannenranddichtband umlaufend und normgerecht eingebunden wird. Die dritte Variante stellt aufgrund des zusätzlichen Schutzes der Anschlussfuge gegenüber herablaufendem Wasser die aus technischer Sicht sicherste Ausführung dar und wird von mir ausdrücklich empfohlen.

Ein weiterer wichtiger Aspekt, der beim Wanneneinbau berücksichtigt werden muss, ist der erforderliche Schallschutz. In diesem Zusammenhang wird auf den Abschn. 10.2.1 verwiesen.

Es ist von entscheidender Bedeutung, zu beachten, dass elastische Verfugungen allein keine ausreichende Abdichtung darstellen und die erforderliche Abdichtung gemäß Norm nicht ersetzen können. Bei der Verwendung von Bahnenabdichtungen ist es essenziell, ausschließlich Leitungen oder Rohre zu verlegen, die für den Betrieb der Wanne unbedingt erforderlich sind. Dies gewährleistet, dass die Abdichtungsschicht sicher angeschlossen und ihre Funktionalität nicht beeinträchtigt wird.

Bodengleiche Duschwannen

Bodengleiche Duschwannen weisen eine hohe Schadensanfälligkeit auf, da sie in eine Vertiefung im Fußbodenaufbau eingesetzt werden, in der sich eindringendes Wasser, beispielsweise über Fugen, ansammeln kann. Ein Wassereintritt ist hier nahezu unvermeidbar, da die Anschlussfugen zwischen Duschwanne und Bodenbelag, oft aus Acryl, keine dauerhaft wasserdichte Wirkung haben. Die Praxis zeigt, dass nur wenige Hersteller von Duschwannen die erforderliche Fußbodenabdichtung, insbesondere in den Anschlusspunkten, korrekt darstellen. Eine Analyse der im Internet verfügbaren Videos zum Thema Badabdichtung, speziell bei bodengleichen Duschwannen, ergibt, dass viele davon nicht den anerkannten Regeln der Technik oder den geltenden DIN-Normen entsprechen.

Bodengleiche Duschwannen können an ungünstigen Einbauorten besonders problematisch sein, wie in Abb. 6.4 dargestellt.

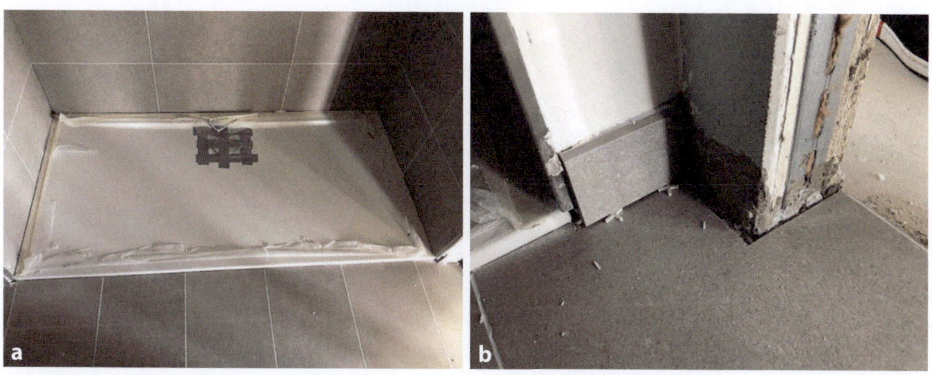

Abb. 6.4 Beispiel für ungünstigen Einbauort (Einbau nahe Badtür): **a** Übersichtsbild der Duschwanne; **b** Detailaufnahme der Türlaibung direkt neben der Duschwanne in (**a**)

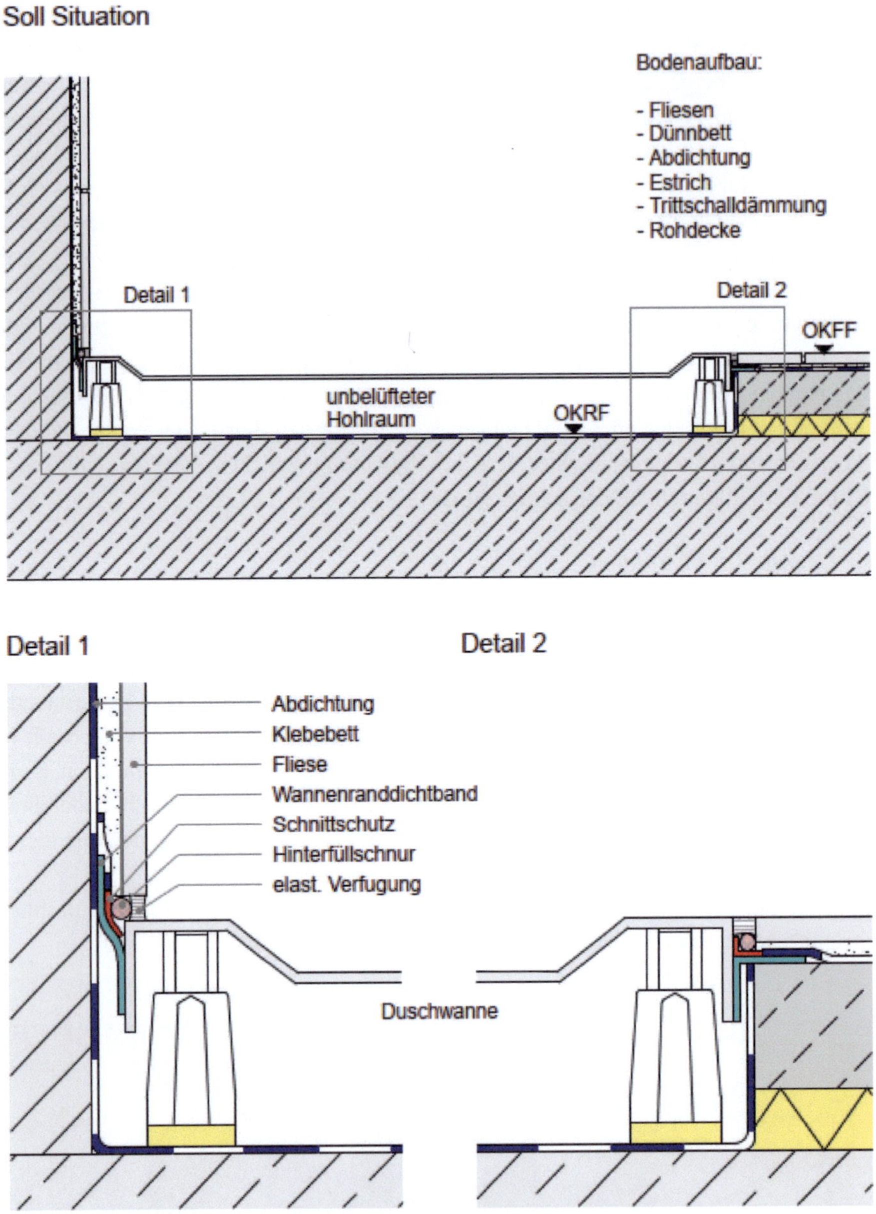

Abb. 6.5 Prinzipskizze – bodengleiche Duschwanne. (Quelle: eigene Darstellung)

Die Prinzipien einer fachgerechten Konstruktion zeigt Abb. 6.5. Die Montage von Duschwannen kann auf zwei Arten erfolgen: Entweder wird eine Unterkonstruktion aus Metallrahmen mit verstellbaren Füßen verwendet oder ein Wannenträger aus expandiertem Polystyrol (EPS). Ein zentrales Problem bei bodengleichen Duschwannen ist die Fuge zwischen Duschwanne und angrenzender Wand, beispielsweise bei Fliesenbelag. Diese Fuge ist nicht dicht, auch nicht mit einer elastischen Verfugung. Es müssen daher Lösungen gefunden werden, um diese Fuge dauerhaft zu schließen. Zusätzlich ist der Schallschutz im Duschbereich besonders zu beachten, wie in Abschn. 10.2.1 beschrieben.

Produkthersteller von Duschwannen sind u. a. (nach Alphabet):

BETTE (Abb. 6.6 und 6.7)	www.bette.de
DURAVIT (Abb. 6.9)	www.duravit.de
Geberit AG (Abb. 6.10)	www.geberit.com/de/
HOESCH	www.hoesch.de
KALDEWEI (Abb. 6.11)	www.kaldewei.de
MEPA (Abb. 6.8)	www.mepa.de
OTTOFOND	www.ottofond.de

Hersteller von Duschwannen haben eigene Konzepte entwickelt, siehe nachfolgende Beispiele:

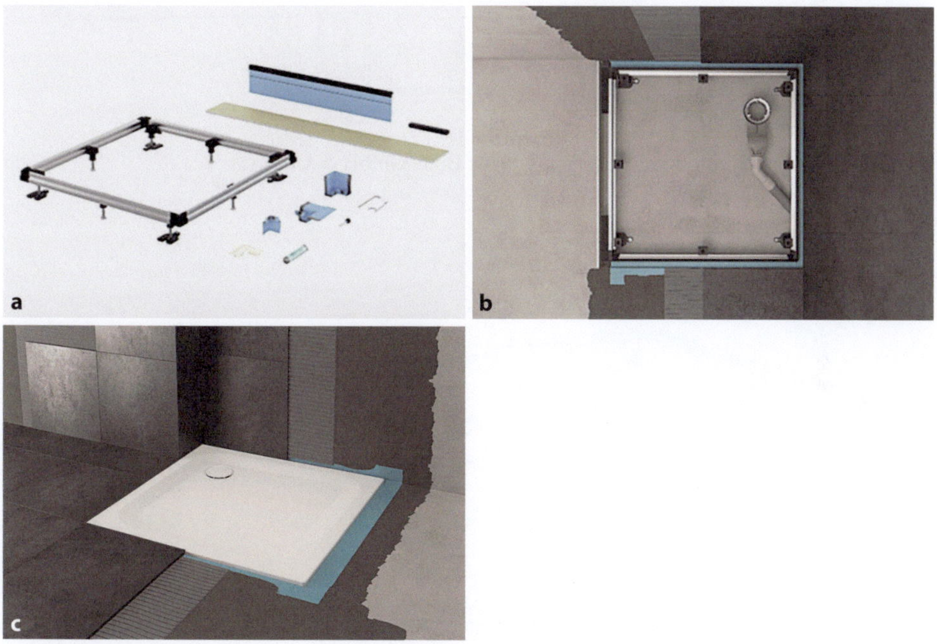

Abb. 6.6 Einbausystem der Fa. Bette: **a** Bestandteile Einbausystem; **b** Draufsicht Montagerahmen; **c** Bodenebener Einbau. (Quelle: Bette GmbH & Co. KG)

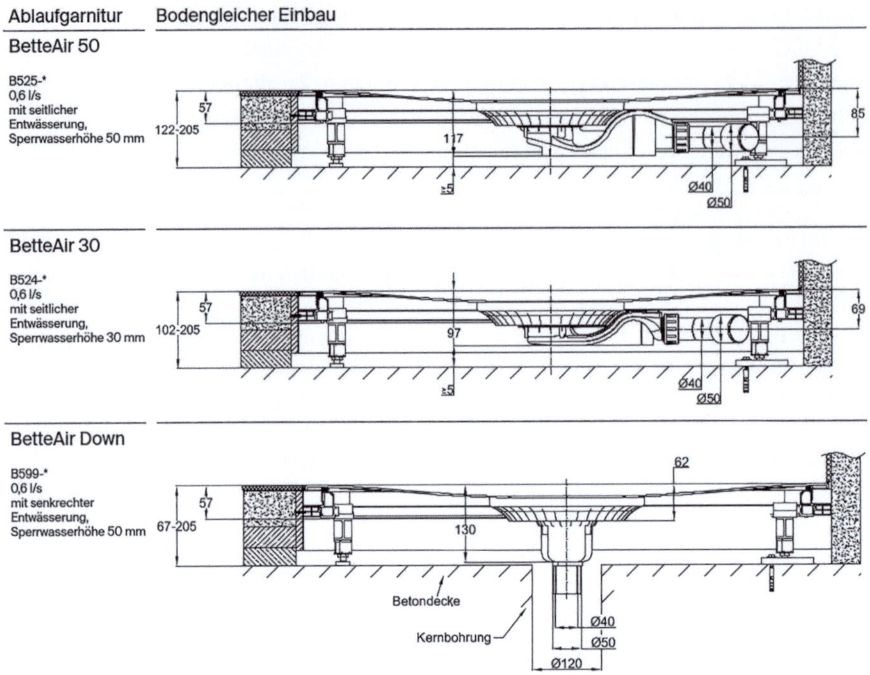

Abb. 6.7 Prinzipskizzen Bette Systeme. (Quelle: Bette GmbH & Co. KG)

Abb. 6.8 Einbausystem der Fa. Mepa: **a** Montagerahmen für Duschwannen; **b** Wannenrandabstützung (Quelle: Fa. MEPA – Pauli und Menden GmbH)

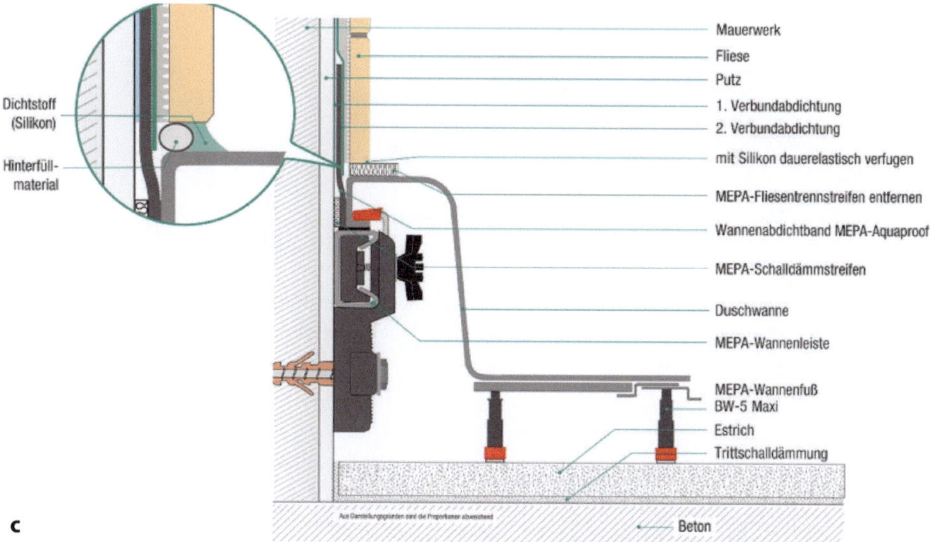

Abb. 6.8 *Fortsetzung* Einbausystem der Fa. Mepa: **c** Aufbau einer schallgedämmten Randunterstützung von Acryl-Duschwannen (Quelle: Fa. MEPA – Pauli und Menden GmbH)

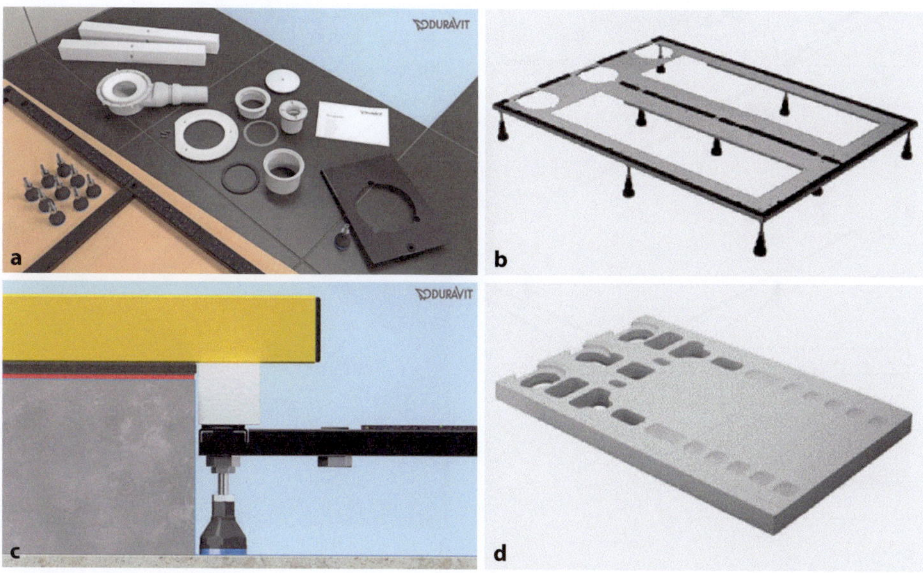

Abb. 6.9 Einbausystem der Fa. Duravit: **a** Für den Einbau erforderliches Zubehör; **b** Montagerahmen für Duschwannen; **c** Fußgestell mittels Schablone an Höhe anpassen; **d** Duschwannenträger aus EPS. (Quellen: Duravit AG, haustec [Alfons W. Gentner Verlag GmbH & Co. KG] und Reuter Onlineshop)

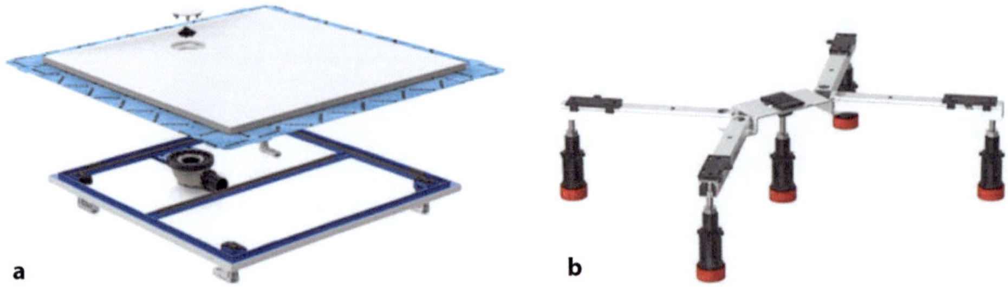

Abb. 6.10 Einbausystem der Fa. Geberit AG: **a** Montagerahmen für Duschwannen der Fa. Geberit AG; **b** Fußgestell für Duschwannen aus Sanitäracryl. (Quellen: Geberit AG und edlesbad.de)

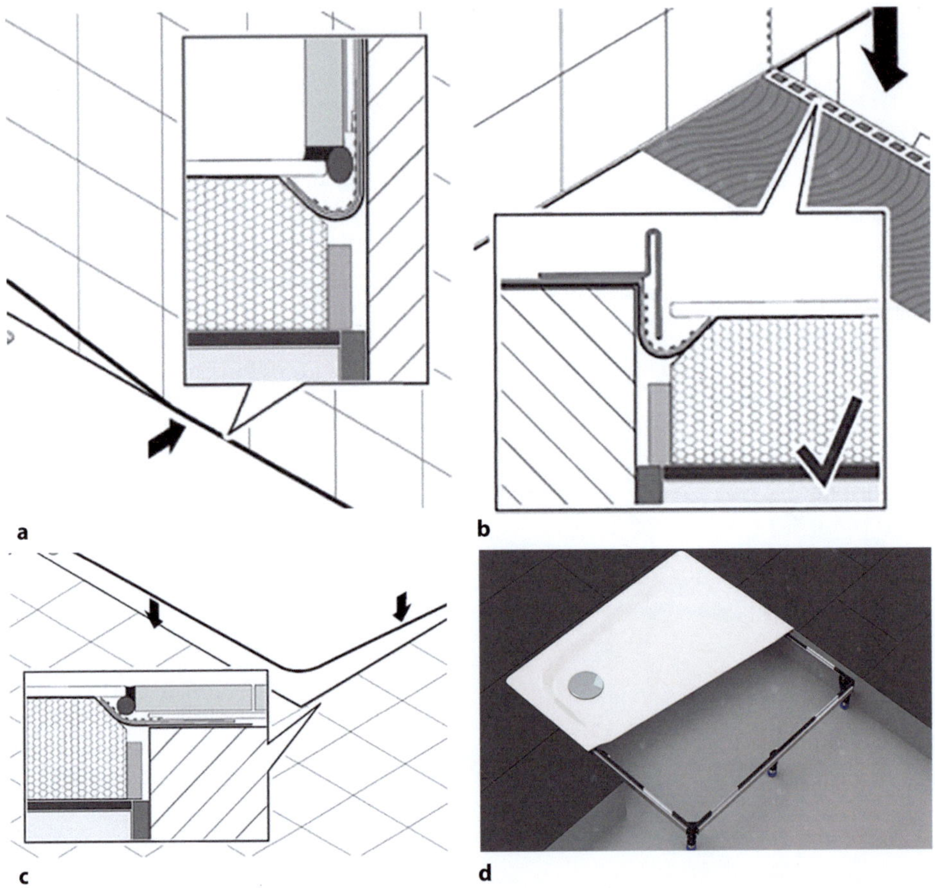

Abb. 6.11 Einbausystem der Fa. Kaldewei: **a** Übergang Duschwannenträger (EPS) zu aufgehender Wand; **b** Übergang zwischen Duschwannenträger (EPS) und Duschablage; **c** Übergang zwischen Duschwannenträger (EPS) und Fußboden; **d** Montagerahmen für Duschwannen der Fa. KALDEWEI. (Quelle: Franz Kaldewei GmbH & Co. KG)

Abb. 6.12 Beprobung an undichter Dusche: **a** Feuchte Flecken auf einer Gipskartonwand, angrenzendes Zimmer, neben Dusche; **b** Durchführung der Wasserprobe; Ergebnis der Wasserprobe. undichte Entwässerungsleitung, unterhalb Duschwanne

Typische Schadensfälle

Nachfolgend werden einige Fallbeispiele von Schäden in Bezug auf den Duschwanneneinbau dargestellt (siehe Abb. 6.12 ff.).

Feuchtigkeitsschäden an einer Duschwanne mit seitlicher Ablage

Infolge von Feuchtigkeitsschäden in den angrenzenden Räumlichkeiten wurde der Bereich unter der Duschwanne geöffnet, wobei sich Feuchtigkeit auf dem Rohfußboden sammelte. Zur Ermittlung der genauen Ursache wurde eine Bauteilöffnung an der seitlichen Ablage der Dusche durchgeführt, wie in Abb. 6.13 dargestellt. Hierbei stellte sich heraus, dass in diesem Bereich keine Abdichtung vorhanden war.

Wasser konnte infolgedessen über die Fugen zwischen Duschwanne und seitlicher Ablage bis auf den Rohfußboden eindringen, da eine ausreichende Abdichtung fehlte. Da das Wasser an dieser Stelle keine Möglichkeit hatte, abzufließen, sammelte es sich an und führte zu weiteren Schäden. Darüber hinaus wurde bei der Untersuchung festgestellt, dass die Fliesen an der seitlichen Ablage nicht gemäß den anerkannten Regeln der Technik verlegt worden waren. Anstatt eines geeigneten Fliesenklebers wurden die Fliesen lediglich mit Silikon aufgeklebt, was zu einer unzureichenden Haftung der Fliesen führte und damit das Eindringen von Wasser begünstigte.

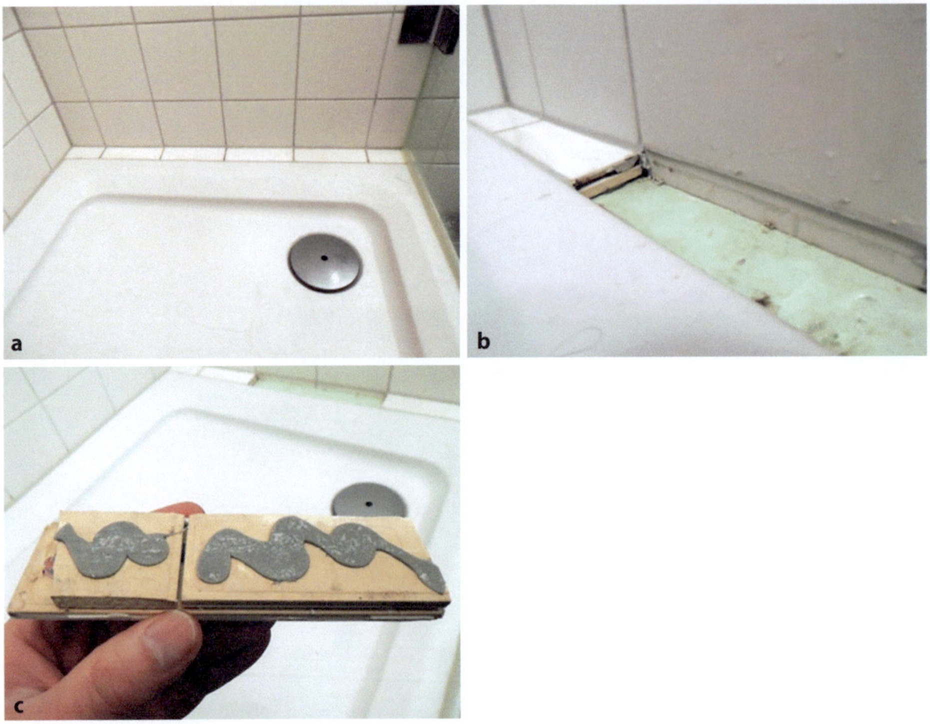

Abb. 6.13 Bauteilöffnung an Dusche mit seitlicher Ablage: **a** Duschtasse mit seitlicher Ablage (Fliesenstreifen); **b** Duschtasse steht vor den Fliesen: Abdichtung der Fuge fehlt; **c** Fliesenverlegung mit elastischem Kleber

Die Kombination aus fehlender Abdichtung und fehlerhafter Fliesenverlegung verursachte erhebliche Feuchtigkeitsschäden. Die Feuchtigkeit konnte sich ungehindert unter der Duschwanne und in den angrenzenden Bauteilen ausbreiten, was zu weiteren Schäden an der Bausubstanz führte.

Feuchtigkeitsschäden durch falsche Einbaureihenfolge und fehlende Abdichtung
Im Rahmen der Untersuchung einer Duschwanne wurde festgestellt, dass sich im Bereich unter der Wanne Feuchtigkeitsschäden befanden (siehe Abb. 6.14). Bei Öffnung des Fußbodenaufbaus wurde ersichtlich, dass sich Wasser auf dem Rohfußboden gesammelt hatte.

Mit hoher Wahrscheinlichkeit lag die Ursache in einer falschen Reihenfolge der einzelnen Arbeitsschritte bei der Herstellung der Dusche, da zuerst die Fliesen verlegt worden waren, bevor die Duschwanne eingebaut wurde. In der Folge konnte ein dichter Anschluss zwischen Wanne und Fliesen, durch ein Wannenranddichtband, nicht hergestellt werden. Zudem wiesen die Fugen eine falsche Ausbildung auf, sodass das Duschwasser ungehindert in die Konstruktion eindrang.

Das eindringende Wasser sammelte sich auf dem Rohfußboden, da keine Abdichtung vorhanden war und das Wasser nicht abfließen konnte.

Abb. 6.14 Bauteilöffnung an Dusche mit undichter Anschlussfuge: **a** Wände erst gefliest, dann Einbau der Duschwanne; **b** Nicht fachgerecht ausgeführte Fugenausbildung; **c** Feuchter Untergrund

Auch auf den folgenden Bildern ist die beschriebene Problematik die Ursache für Feuchteschäden (siehe Abb. 6.15).

Typische Schadensfälle

Bei einem Neubau eines Hotels wurden für die Badezimmer bodentiefe Duschwannen, wie in Abb. 6.16 dargestellt, vorgesehen, aber baukonstruktiv nicht im Sinne einer Ausführungsplanung geplant.

Zufällig, bei einer stichprobenartigen Begehung der Baustelle, wurde festgestellt, dass die Bäder, wenn überhaupt, falsch abgedichtet wurden. Aufgrund dessen, wurde eine „Wasserprobe" empfohlen, um die These zu stützen und etwaige Undichtigkeiten noch vor Inbetriebnahme des Hotels feststellen zu können.

Das Ergebnis war eindeutig. Wasser lief vom getesteten Badzimmer aus an der Decke des darunterliegenden Geschosses ab.

Zu den Planenden dieses Objektes zählten

- Architekten,
- Innenarchitekten,
- Bauüberwacher,
- sowie TGA-Planer.

Abb. 6.15 **a, b, c** Schadensbilder an Duschen aufgrund einer falschen Herstellungsreihenfolge

Keiner dieser Fachplaner fühlte sich verantwortlich, keiner hatte die Abdichtung der Nassbereiche für das Hotel geplant bzw. untereinander koordiniert. Statt Verantwortlichkeit zu übernehmen, die vertraglichen Vereinbarungen genau zu kennen und eine baukonstruktive Lösung zu finden, um dem Bauherrn ein fehlerfrei geschuldetes Bauwerk zu übergeben, hieß es u. a.:

„Genauso wurde das andere (…) Hotel ausgeführt."

Diese Aussage begegnet mir sehr häufig, auch in abgewandelter Form („wir machen das schon immer so"), und ist dabei in den meisten Fällen alles andere als ein Indiz für eine mangelfreie Werkleistung.

Mit dem Architektenvertrag wurde zwischen dem Bauherrn und Architekten folgendes vereinbart:

> „Durcharbeitung der Ergebnisse der Entwurfs- und Genehmigungsplanung unter Verwendung der Beiträge anderer an der Planung fachlich Beteiligter bis zur ausführungsreifen Lösung.
>
> Zeichnerische Darstellung des Objekts mit allen für die Ausführung notwendigen Einzelangaben, z. B. endgültige, vollständige Ausführungs-, Detail- und Konstruktionszeichnungen im Maßstab 1:50 bis 1:1.

Abb. 6.16 Bodengleiche Dusche in Hotelneubau: **a** Bodengleiche Dusche im fertigen Zustand; **b** Vertiefung zur Aufnahme der Duschwanne; **c** Bodenbelag mit Fußbodenabdichtung, jedoch: ohne seitliche Aufkantung Fußbodenabdichtung; **d** fehlende seitliche Aufkantung Fußbodenabdichtung; **e** Detailaufnahme der fehlenden Aufkantung; **f** fehlende Abdichtung im Türbereich

Erarbeitung der Grundlagen für die anderen an der Planung fachlich Beteiligten und Integrierung der Beiträge bis zur ausführungsreifen Lösung.

Fortschreiben der Ausführungsplanung während der Objektausführung“

Somit gab es eine eindeutige vertragliche Festsetzung bezogen auf die Verantwortlichkeit der baukonstruktiven Planungsaufgaben (siehe Kap. 10).

Bei dem dargestellten Beispiel liegen Planungs-, Bauüberwachungs- und Ausführungsfehler vor. Dass grundsätzlich eine fehlerhaft ausgeführte Leistung vorhanden war, zeigte sich allein an der durchgeführten Wasserprobe.

6.3 Bodengleich geflieste Duschen

Bodengleiche Duschen bieten Vorteile hinsichtlich der Barrierefreiheit, stellen jedoch erhöhte Anforderungen an Planung und Ausführung. Besonders in Altbauten können begrenzte Bodenaufbauhöhen eine fachgerechte Umsetzung erschweren.

Vor allem eine fachgerechte Abdichtung ist essenziell, um Feuchtigkeitsschäden zu vermeiden. Zudem muss ein ausreichendes Gefälle eingeplant werden, damit das Wasser abfließen kann und nicht über eine längere Zeit unbemerkt stehen kann. In diesem Abschnitt werden die spezifischen Herausforderungen bei der Planung und Umsetzung bodengleicher Duschen beleuchtet.

Fachgerechte Planung und Ausführung

Die ATV (Allgemeine Technische Vertragsbedingungen für Bauleistungen) für Fliesen- und Plattenarbeiten enthält die technischen Dokumente, nach denen die Abdichtung ausgeführt werden soll.

DIN 18352:2019-09 „Fliesen- und Plattenarbeiten"
3.1.5 Abdichtungen sind auszuführen nach:
„DIN 18531 (alle Teile) Abdichtung von Dächern sowie von Balkonen, Loggien und Laubengängen
DIN 18534 (alle Teile) Abdichtung von Innenräumen
DIN 18535 (alle Teile) Abdichtung von Behältern und Becken
[…]

3.2.3 Ansetzen und Verlegen im Dünnbett
Für das Ansetzen und Verlegen im Dünnbett gelten:
DIN 18157-1 Ausführung von Bekleidungen und Belägen im Dünnbettverfahren – Teil 1: Zementhaltige Mörtel
DIN 18157-2 Ausführung von Bekleidungen und Belägen im Dünnbettverfahren – Teil 2: Dispersionsklebstoffe
DIN 18157-3 Ausführung von Bekleidungen und Belägen im Dünnbettverfahren – Teil 3: Reaktionsharzklebstoffe"

Das Schadensrisiko von niveaugleichen Duschräumen, welche vollständig mit einem Fliesenbelag belegt sind, lässt sich minimieren. Mögliche Maßnahmen wären:

- den Dünnbettkleber im Buttering-Floating-Verfahren auftragen, oder
- die Abdichtung „wannenförmig" unter dem Fliesenbelag ausführen.

Keine oder eine technisch falsche Planung und eine nicht fachgerechte Bauausführung führen oftmals zu eklatanten Schäden, welche zur Schadensbeseitigung in einem kompletten Rückbau der fehlerhaften Konstruktion münden.

Verlegung der Fliesen
Niveaugleiche, bodengleiche Duschen mit Fliesen im „Dünnbett" sollten zwecks Vermeidung von Hohlräumen im sogenannten Buttering-Floating-Verfahren (gemäß DIN 18157) verlegt werden.

Dabei wird nicht nur der Fußboden, sondern jede einzelne Fliese mittels einem Fliesenkleber versehen, sodass die Fliesen weitgehend hohlraumfrei verlegt werden. Dies mindert das Eindringen von Duschwasser/„Sickerwasser", gem. Abschn. 3.2.1.2 und somit das unschöne Rücktrocknen von kalkhaltigem Wasser.

DIN 18157-1:2017-04 „Ausführung von Bekleidungen und Belägen im Dünnbettverfahren" – Teil 1: Zementhaltige Mörtel
7.4.2 Beidseitiges Auftragen
„Der Mörtel wird sowohl auf die Ansetz- bzw. Verlegefläche als auch auf die Rückseite der Fliesen oder Platten aufgetragen.
Im Außenbereich, in Schwimmbecken und den direkt damit zusammenhängenden stark nass-belasteten Flächen sowie bei starken mechanischen Einwirkungen ausgesetzten Belägen und anderen Bereichen, die eine weitgehend vollflächige Bettung des keramischen Bekleidungsstoffes erfordern, ist das beidseitige Auftragen anzuwenden."

DIN 18157-2:2017-04 „Ausführung von Bekleidungen und Belägen im Dünnbettverfahren" – Teil 2: Dispersionsklebstoffe
3 Begriffe
„Für die Anwendung dieses Dokuments gelten die Begriffe nach der Normenreihe DIN EN 12004 und die folgenden Begriffe.

3.1 einseitiges Auftragen
Auftragen des Mörtels oder Klebstoffes auf den Untergrund oder die Rückseite der Fliese
[…]

3.1.1 Floating-Verfahren
einseitiges Auftragen des Mörtels oder Klebstoffes auf den Untergrund

3.1.2 Buttering-Verfahren
einseitiges Auftragen des Mörtels oder Klebstoffes auf die Rückseite der Fliese

3.2 beidseitiges Auftragen
Buttering-Floating-Verfahren (kombiniertes Verfahren)
Auftragen des Mörtels oder Klebstoffes auf den Untergrund und auf die Rückseite der Fliese
[...]

7.3 Auftragen des Dispersionsklebstoffes
Ansetzen bzw. Verlegen der Belags- und Bekleidungsstoffe
Der Dispersionsklebstoff wird einseitig (7.3.1) und/oder beidseitig (7.3.2) auf die Ansetz- bzw. Verlegefläche und die Rückseite der Fliesen oder Platten aufgebracht.

7.3.1 Einseitiges Auftragen

a) Floating-Verfahren
Der Dispersionsklebstoff wird nur auf die Ansetz- bzw. Verlegefläche aufgetragen, wozu üblicherweise eine Glättekelle verwendet wird. Anschließend wird der Klebstoff mit einem Kammspachtel abgekämmt. Danach werden die Fliesen oder Platten angesetzt oder verlegt, bevor Hautbildung auf der Oberfläche des Dispersionsklebstoffs eintritt.

b) Buttering-Verfahren
Der Dispersionsklebstoff wird auf das Verlegematerial in der erforderlichen Dicke aufgebracht. Danach werden die Fliesen oder Platten angesetzt oder verlegt, bevor Hautbildung auf der Oberfläche des Dispersionsklebstoffs eintritt.

7.3.2 Beidseitiges Auftragen
Der Dispersionsklebstoff wird sowohl auf die Ansetz- bzw. Verlegefläche als auch auf die Rückseite der Fliesen oder Platten aufgetragen.
Bei Fliesen mit geringer Wasseraufnahme und glatter Haftungsfläche kann eine Kratzspachtelung (Kontaktschicht) erforderlich sein. Beim Auftrag einer Kratzspachtelung auf der Fliesenrückseite ist hierbei keine Zahnung erforderlich, wenn der Klebstoffauftrag mit entsprechender Zahnung auf dem Ansetz- oder Verlegeuntergrund erfolgt.
Das Auftragen auf den Untergrund wird mit der Zahnleiste ausgeführt. Hingegen kann das Auftragen auf das zu verlegende Material entweder als Kratzspachtelung oder mit der Zahnkelle erfolgen.

Die Gesamtdicke der beiden Klebstoffschichten darf die maximale Schichtdicke nicht überschreiten. Im Anschluss an das Auftragen werden die Fliesen oder Platten angesetzt oder verlegt, bevor Hautbildung auf der Oberfläche des Klebstoffes eintritt."

Das „Buttering-Floating"-Verfahren ist erforderlich

- bei großformatigen Fliesen-, Plattenbelag,
- zur Vermeidung von Hohlräumen (weitgehend),
- ab der Wassereinwirkungsklasse W0-I (geringe Wassereinwirkung),
- einer Fußbodenentwässerung ohne sekundärer Entwässerungsmöglichkeit und
- bei fehlender Duschabtrennung.

Daraus ergibt sich, dass Beläge in zeitweise überfluteten Bereichen wie z. B. öffentliche Nassraum-Bodenflächen in Saunaanlagen und Duschen, die nicht im „Buttering-Floating"-Verfahren hergestellt wurden, nicht empfehlenswert sind.

Die „Kompetenzbroschüre Sanitärraumplanung" der Fa. Geberit AG (Stand 05/2019) enthält für das Abdichten von Abläufen bodenebener Duschen die folgenden Aussagen (auf Seite 90):

Fa. Geberit AG:2022-06, „Kompetenzbroschüre Sanitärraumplanung"
„Die erforderliche Entwässerung der abzudichtenden Fläche ist entsprechend DIN EN 12056 und DIN 1986-100 zu planen. Bei der Planung ist zu beachten, dass abhängig von Lage, Zulaufmenge und Leistungsvermögen des Ablaufes sowie des Gefälles ein Aufstau entstehen kann. Die sich daraus ergebende Aufbauhöhe des Fußbodens ist bei der Planung des Rohbaus zu berücksichtigen. Grundsätzlich ist das Anstauen von Wasser vor Bodenabläufen oder Entwässerungsrinnen zu vermeiden.
Die Abläufe sind an den tiefsten Stellen der zu entwässernden (Teil-)Flächen vorzusehen. Dafür sind bei der Planung des Bauwerks die zu erwartenden Verformungen und Durchbiegungen zu berücksichtigen.
Bei bodenebenen Duschen müssen Abläufe, die die Abdichtungsschicht durchdringen, je nach Abdichtungsbauweise sowohl die Belagsebene (z. B. Fliesen) als auch die Abdichtungsebene (Flächenabdichtung) dauerhaft entwässern. Auf die Entwässerung der Abdichtungsschicht kann verzichtet werden, sofern diese nicht wasserführend ist. Abläufe als Einbauteile müssen der Normenreihe DIN EN 1253 entsprechen. Bei Abläufen mit Los- und Festflansch müssen die Losflansche zum Anschluss der Abdichtungsschicht demontierbar sein. Nachträglich angeordnete Flanschkonstruktionen für An- und Abschlüsse müssen wasserundurchlässig sein – z. B. durch Verschweißen oder Überkleben der Ankerbolzen – und dauerhaft verankert werden.
Rinnen und Bodenabläufe sind lagesicher in die Unterkonstruktion/den Estrich am tiefsten Punkt einzubauen. Zum Eindichten von Rinnen und Bodenabläufen wer-

den ebenfalls Stoffe wie Vliese, Dichtbänder und Dichtmanschetten in das flüssig zu verarbeitende Abdichtungsmaterial eingearbeitet. Flansche von Bodenabläufen/Rinnen sind vertieft einzubauen, damit die Oberfläche vom Untergrund eben ist und ein Abfluss ohne Aufstau gewährleistet ist. Ablaufkonstruktionen mit werkseitig punktuell angeschweißten Fliesenanschlusswinkeln, bei denen die AIV-F darunter durchzuführen ist, sind als Sonderkonstruktion zu planen und auszuführen.“

Für die Verklebung von Dichtbändern und Dichtmanschetten auf Flanschen an Entwässerungsrinnen, Bodenabläufen und Einbauteilen ist ein auf Werkstoff und Oberfläche des Klebeflansches abgestimmter Dichtkleber zu verwenden.

Gefälleausbildung in gefliesten Duschbereichen
Die genannte Fachbroschüre empfiehlt verschiedene Positionierungsmöglichkeiten der Entwässerungsbauteile in gefliesten Duschbereichen und zu der sich daraus ergebenen Gefälleausbildung (Quelle: Geberit AG: „Kompetenzbroschüre Sanitärraumplanung“, Stand: 05/2019, Seite 101).

Fa. Geberit AG:2022-06, „Kompetenzbroschüre Sanitärraumplanung“
3.3.5 Gefälleausbildung in gefliesten Duschbereichen
„Wandabläufe für Duschen werden in eine an den Duschplatz angrenzende Wand eingebaut und mit einem keilförmigen Gefälle ausgebildet. Das Gefälle läuft von den gegenüberliegenden Ecken des Duschplatzes bis zu den Einlaufkanten des Ablaufs oder es läuft zweiseitig zur Mitte der Ablaufkante.
Der Bodenablauf einer Punktentwässerung kann an jeder Stelle im Bodenbelag des Duschplatzes platziert werden und erfordert je nach Montageposition ein 4-seitiges Gefälle mit Gefälleschnitten von den Ecken des Duschplatzes bis zu den Ecken des Ablaufrostes.
[…]

Gefällestärke
Es gibt im Wohnungsbau keine normativen Vorgaben zur Stärke vom Gefälle in Duschen. In der Regel wird ein Gefälle von 1–2 % verwendet. Dabei ist 1 % eine untere Grenze. Bei geringerem Gefälle müssen weitere Parameter berücksichtigt werden, die das Abflussverhalten im Duschbereich beeinflussen (→ Abschn. 3.3.7 […]). Auf Basis eines Gefälles muss abgeschätzt werden, ob eine ausreichend schnelle Entwässerung des Duschbereichs sichergestellt ist. In der Norm DIN 18040 für barrierefreies Bauen wird 2 % als Obergrenze angegeben. Diese Obergrenze ist aber weniger auf Entwässerungsaspekte zurückzuführen, sondern vielmehr darauf, dass

die Duschfläche sonst nicht mehr als Bewegungsfläche ausgewiesen werden darf. Bei Überschreiten dieses Wertes ist die Kontrollierbarkeit von Hilfsmitteln (z. B. Rollatoren) nicht mehr sichergestellt.

3.3.7 Abflussverhalten im Duschbereich

Das Abflussverhalten im Duschbereich darf nicht mit der Abflussleistung des Ablaufs verwechselt werden. Ein gutes Abflussverhalten im Duschbereich stellt sicher, dass das Duschwasser zügig zum Ablauf gelangt. Die folgenden Parameter beeinflussen im Wesentlichen das Abflussverhalten.

- Gefälle im Duschbereich
- Fugenanteil im Duschbereich
- Oberfläche der Fliesen
- Gefälleausbildung

Ein ideales Abflussverhalten wird erzielt, wenn das Gefälle im Duschbereich möglichst hoch, der Fugenanteil möglichst gering und/oder die Oberfläche der Fliesen möglichst glatt ist.“

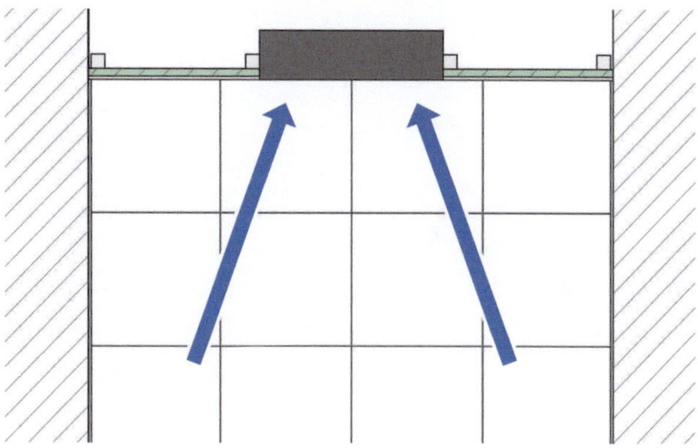

Abb. 6.17 Wandablauf mit keilförmigem Gefälle. (Quelle: Geberit AG: „Kompetenzbroschüre Sanitärraumplanung“, Stand: 05/2019, Seite 101, Abbildung 56)

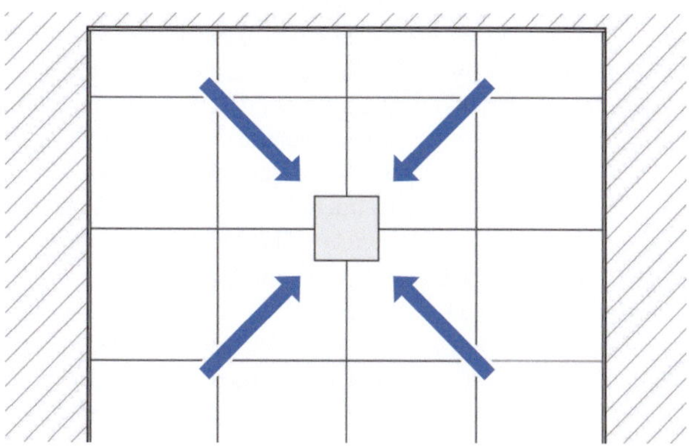

Abb. 6.18 Bodenablauf mit 4-seitigem Gefälle. (Quelle: Geberit AG: „Kompetenzbroschüre Sanitärraumplanung“, Stand: 05/2019, Seite 101, Abbildung 57)

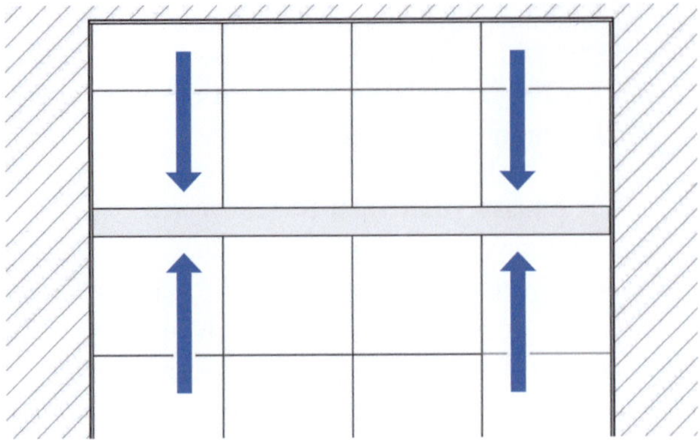

Abb. 6.19 Gleichförmig abfallendes Gefälle durch Kombination von Wandablauf mit Kollektorprofil. (Quelle: Geberit AG: „Kompetenzbroschüre Sanitärraumplanung", Stand: 05/2019, Seite 101, Abbildung 58)

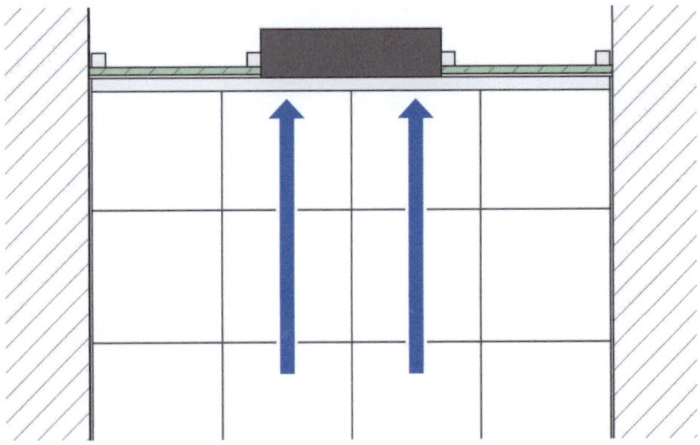

Abb. 6.20 gleichförmig abfallendes Gefälle. (Quelle: Geberit AG: „Kompetenzbroschüre Sanitärraumplanung", Stand: 05/2019, Seite 101, Abbildung 59)

Fliesen im Gefälle

Wie in Abschn. 3.3.2 bereits erwähnt, enthalten die technischen Regelwerke keine konkreten Aussagen zum technisch erforderlichen Gefälle in häuslichen Duschbereichen.

Im Folgenden sind ausgewählte Passagen dargestellt.

DIN 18534-1:2017-07 Abdichtung von Innenräumen	4.1.11 Gefälle zur Wasserableitung Die wasserführenden Ebenen (Abdichtungsschicht und/oder Oberfläche der Nutzschicht) sollten ein ausreichendes Gefälle zur Ableitung von Wasser in einen Ablauf aufweisen.
DIN 18352:2019-09 Fliesen- und Plattenarbeiten	0 Hinweise für das Aufstellen der Leistungsbeschreibung 0.2.20 Anzahl, Art und Lage von Flächen mit Gefälle, und deren Bezugspunkte. 3.1.1 Als Bedenken nach §4 Abs. 3 VOB/B können insbesondere in Betracht kommen: fehlende, ungenügende oder von der Angabe in den Ausführungsunterlagen abweichende Gefälle
DIN 18040-2: 2011-09 Barrierefreies Bauen – Planungsgrundlagen – Teil 2: Wohnungen	5.5.5 Duschplätze […] Die Fläche des Duschplatzes kann in die Bewegungsflächen des Sanitärraumes einbezogen werden, wenn – der Übergang zum Duschplatz bodengleich gestaltet ist; – die zur Entwässerung erforderliche Neigung max. 2 % beträgt.

ZDB-Merkblatt:2019 Abdichtungen im Verbund (AIV)	Ein planmäßiges Oberflächengefälle muss vom Türbereich weg hin zum Ablauf gerichtet sein. Hierzu sind in den Türen/Zugängen Schwellenabschlüsse mit Niveauunterschied von ≥ 1 cm, z. B. in Form von Schrägflächen, Schwellen oder Winkeln, zu planen.

Die o. g. DIN-Normen und Merkblätter geben keine %-Angaben zur Gefälleausbildung. Ausschließlich die DIN 18040 (Barrierefreies Bauen) weist auf die Obergrenze von 2 % hin.

Das „Abflussverhalten" des Duschwassers ergibt sich aus

- Gefälle im Duschbereich
- Fugenanteil im Duschbereich
- Oberfläche der Fliesen (Rutschgefahr)

Ein ideales Abflussverhalten wird erzielt, wenn

- das Gefälle im Duschbereich möglichst hoch,
- der Fugenanteil möglichst gering und/oder
- die Oberfläche der Fliesen möglichst glatt ist.

Ein gutes Abflussverhalten im Duschbereich stellt sicher, dass das Duschwasser zügig zum Ablauf gelangt. Das Abflussverhalten im Duschbereich ist nicht zu verwechseln mit der Abflussleistung des Ablaufs (siehe Abschn. 3.3.2).

DIN 18534-1:2017-07 Abdichtung von Innenräumen – Teil 1: Anforderungen, Planungs- und Ausführungsgrundsätze

„[Abb. 6.21 und Abb. 6.22] – Duschelement/Estrich mit Gefällespachtelung, Schnitte"

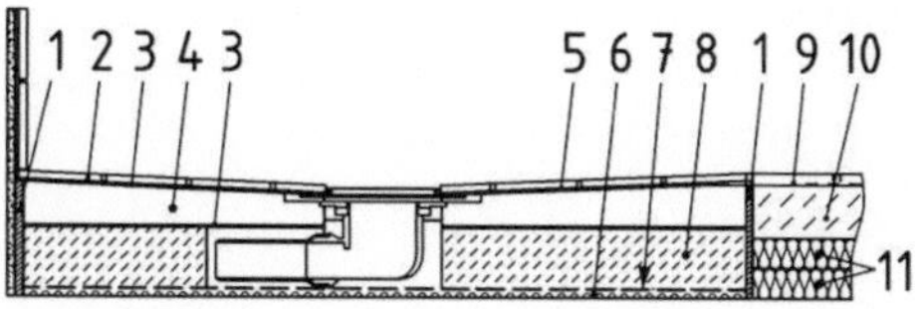

Legende:
1 Randdämmstreifen
2 Fliesen
3 Dünnbettmörtel
4 Duschelement
5 Verbundabdichtung
6 Schallentkopplungsmatte
7 Trennlage
8 Estrichsockel zum Höhenausgleich
9 Dichtband
10 Estrich
11 Dämmung

Abb. 6.21 Duschelement/Estrich mit Gefällespachtelung, Schnitt a). (Quelle: DIN 18534-1:2017-07 Bild 3)

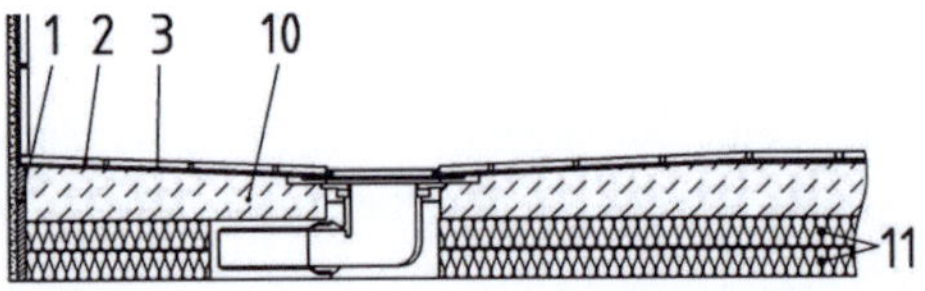

Legende:
1 Randdämmstreifen
2 Fliesen
3 Dünnbettmörtel
4 Duschelement
5 Verbundabdichtung
6 Schallentkopplungsmatte
7 Trennlage
8 Estrichsockel zum Höhenausgleich
9 Dichtband
10 Estrich
11 Dämmung

Abb. 6.22 Duschelement/Estrich mit Gefällespachtelung, Schnitt b). (Quelle: DIN 18534-1:2017-07 Bild 3)

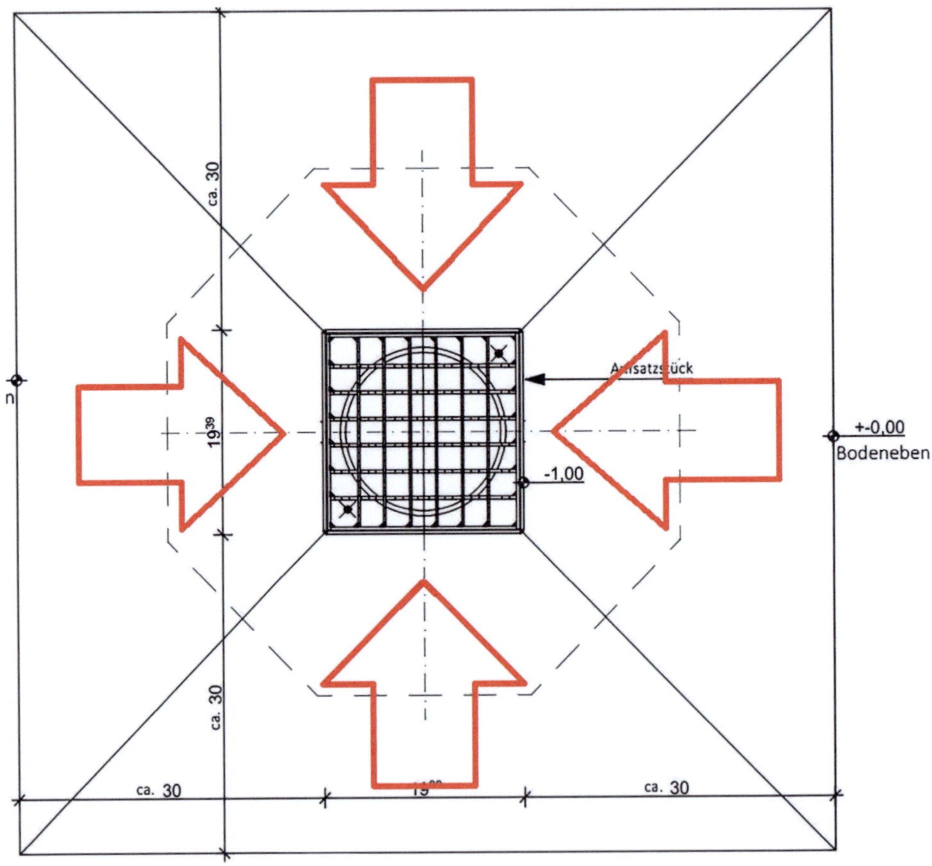

Abb. 6.23 Prinzipskizze – Sturzgefälle d. h. Gefälle auf kurzer Länge/Strecke: problematisch. (Diese Ausführung ist nicht zu empfehlen.)

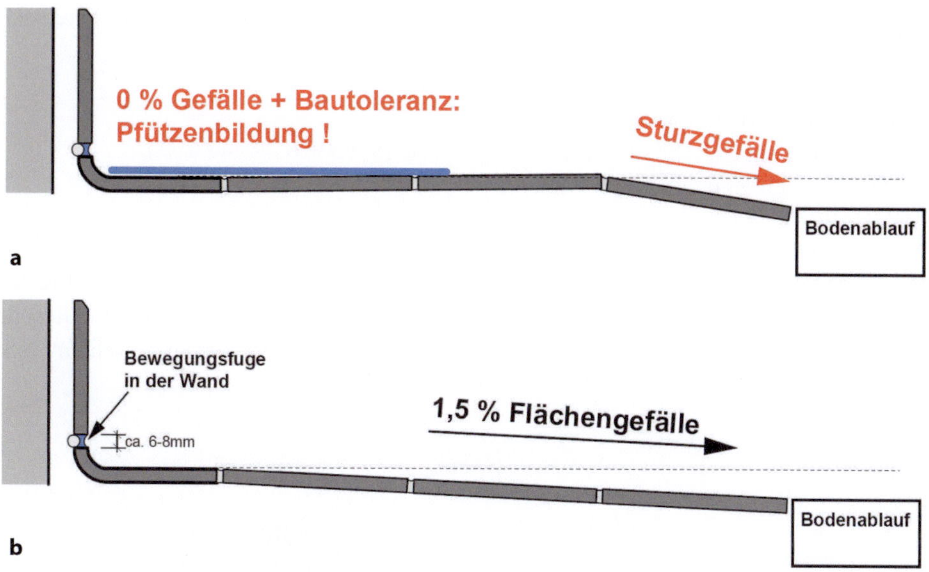

Abb. 6.24 Verschiedene Gefälleausbildungen: **a** Sturzgefälle: problematisch; **b** Flächengefälle: besser. (Quelle: Marcus Schmitt Architekten BDA)

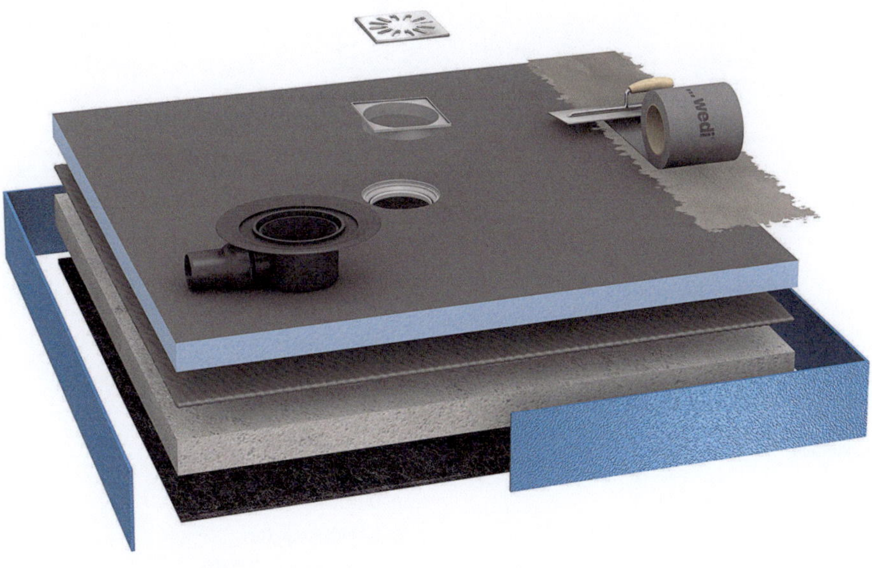

Abb. 6.25 Produkt der Firma WEDI. (Quelle: wedi GmbH)

Neben dem Abflussverhalten der Entwässerungsbaukörper beeinflussen noch weitere Faktoren die Gefällebildung im Duschbereich:

- Bewegungsfreiheit für Personen (siehe Abb. 6.37)
- Positionierung des Ablaufes (siehe Abb. 6.17, 6.18, 6.19, 6.20 und 6.23)
- Art der Gefällemodellierung (Abb. 6.24)

Natursteinplatten
Bei großformatigen Platten ist das Risiko, dass Sickerwasser über die starre Verfugung in den Untergrund, d. h. auf die erforderliche Abdichtung gelangt, nicht auszuschließen, jedoch geringer als bei kleinformatigen Platten, die im „Buttering-Floating-Verfahren" ver-

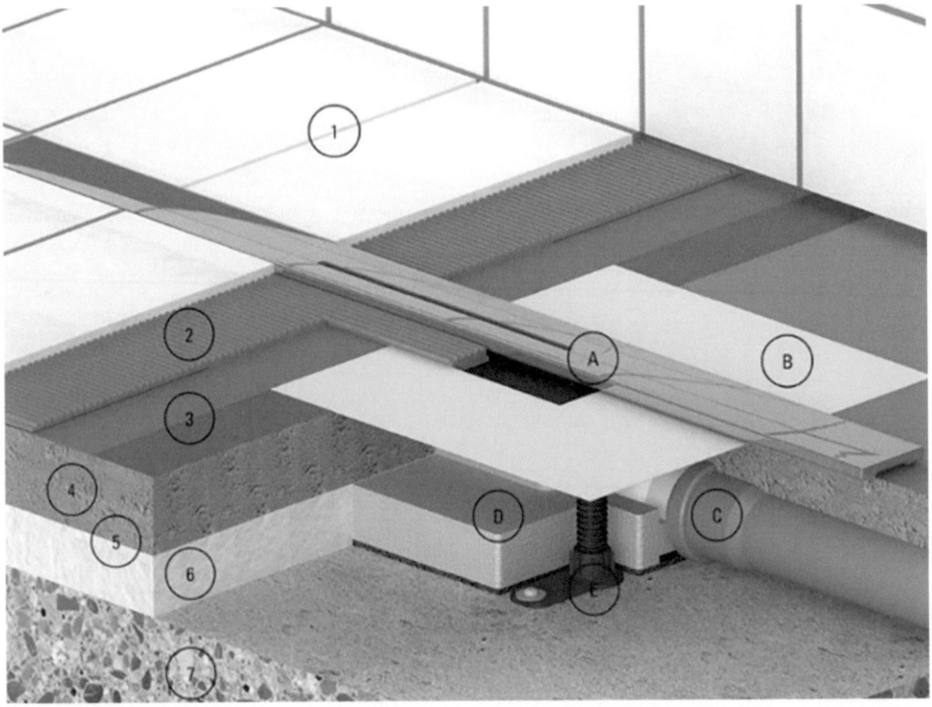

Bodenaufbau

1. Keramischer Bodenbelag
2. Fliesenkleber im Dünnbett
3. Verbundabdichtung
4. Estrich
5. Trennlage
6. Trittschall-/Wärmedämmung
7. Betondecke

Systemaufbau

A. Duschrinne CeraFloor Select
B. Dichtmanschette
C. Ablaufgehäuse DallFlex
D. Schallschutzelement
E. Montagefüße

Abb. 6.26 Produkt der Firma DALLMER. (Quelle: Dallmer GmbH & Co. KG) legt wurden. Trotzdem müssen auch diese Räume (wie in den Kapiteln zuvor beschrieben) abgedichtet werden. Hauptgrund hierfür ist, dass die starre Verfugung nicht wasserdicht ist (siehe Kap. 5).

Fliesenträgerplatten – Produkthersteller
Im Folgenden werden technische Lösungen verschiedener Produkthersteller dargestellt. Auf eine tiefergehende Auseinandersetzung wird dabei verzichtet und stattdessen auf die entsprechenden Internetauftritte der Firmen verwiesen (siehe Abbildungsbeschreibungen).

Produkthersteller von bodengleich gefliesten Duschen sind u. a. (nach Alphabet):

DALLMER (Abb. 6.26)	www.dallmer.de
PORESTA (Abb. 6.28)	www.poresta.com
SCHLÜTER (Abb. 6.27)	eu.schluter.com/de-DE/
WEDI (Abb. 6.25)	www.wedi.net

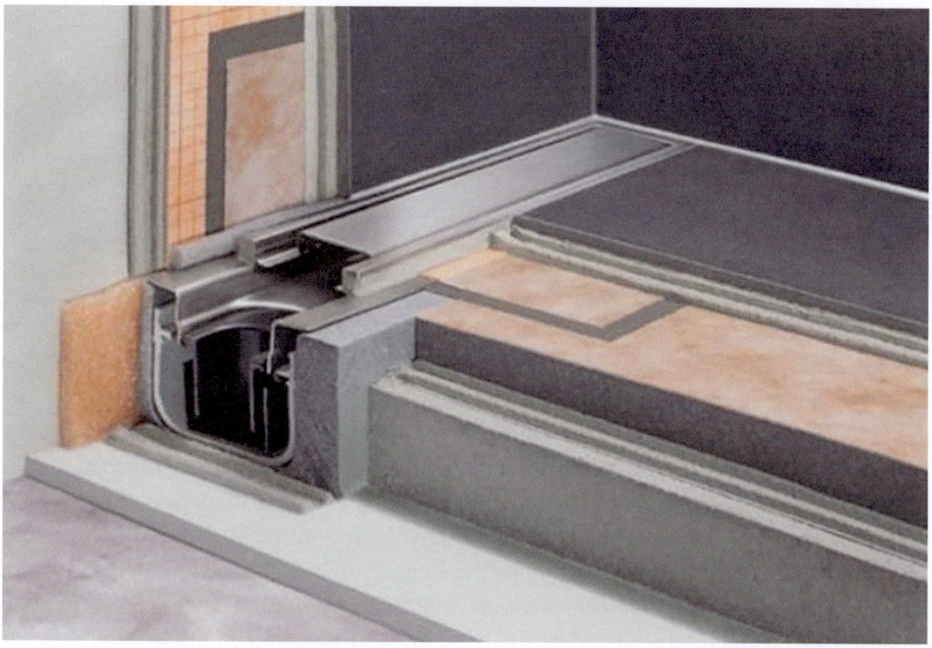

Abb. 6.27 Produkt der Firma SCHLÜTER. (Quelle: Schlüter Systems KG)

Abb. 6.28 Produkt der Firma PORESTA. (Quelle: poresta systems GmbH)

Typische Schadensfälle

Niveau- bzw. bodengleiche Duschbereiche liegen derzeit im Trend. So schön und praktisch sie besonders aufgrund ihrer Barrierefreiheit auch erscheinen, so hoch ist die Schadensanfälligkeit im Hinblick auf Feuchtigkeitsschäden.

Die Firma Gutjahr hat im Rahmen ihrer diversen Veröffentlichungen mehrere Versuche zum Wasseraufkommen in Hohlräumen unterhalb des Fliesenbelags im Dünnbett durchgeführt. Dass Wasser in den Fliesenkleber eindringt, ist in Abb. 6.29 dargestellt.

Ein häufig auftretendes Problem bei der Fliesenverlegung im Dünnbettverfahren sind Hohlräume im Kleberbett. Diese können die Langlebigkeit des Belags beeinträchtigen, da Feuchtigkeit, die über die (nicht wasserdichte) starre Verfugung unter die Belagsebene eindringt, zu Schäden führen kann, wie in Abschn. 3.2.1 beschrieben. Im folgenden Schadensbeispiel wird aufgezeigt, wodurch sich optisch erkennen lässt, dass die vorliegenden Fliesen nicht im Buttering-Floating-Verfahren verlegt wurden. Weiterhin sind besonders kleinformatige Fliesen, wie in Abb. 6.30 dargestellt, durch ihren hohen Fugenanteil stark von Sickerwasser betroffen.

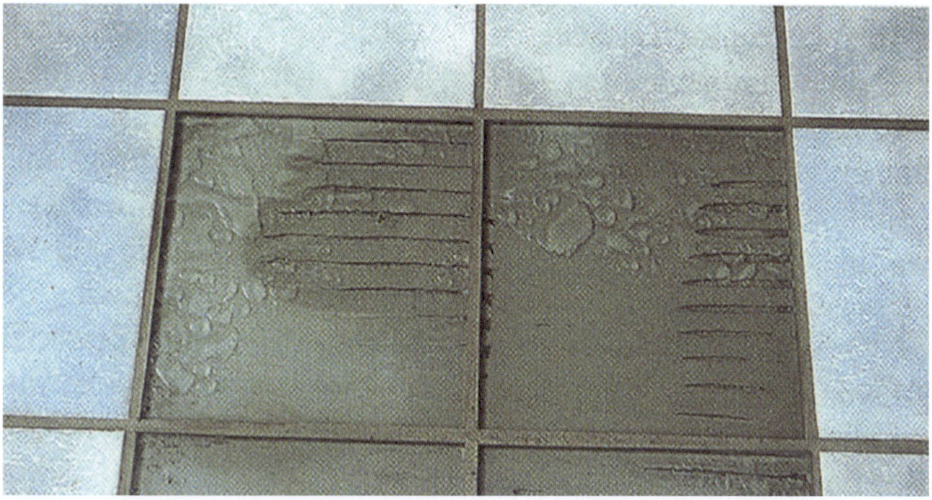

Abb. 6.29 Unter der Glasscheibe (Fliesenersatz) sammelt sich Wasser in den Hohlräumen des Fliesenklebers. (Quelle: Gutjahr Systemtechnik GmbH)

Abb. 6.30 Bodengleiche Dusche, Mosaikfliesen: Hoher Fugenanteil: Erhöhtes Sickerwasserrisiko

Abb. 6.31 **a, b, c, d, e** Beispiele für Bauteilöffnungen bei schadhaften bodengleichen Duschen

Bei einer fertig gefliesten, bodengleichen Dusche sind die Hohlräume des Dünnbettklebers deutlich erkennbar. An mehreren Stellen wurde der Fliesenbelag geöffnet, um aus dem sich ergebenen Erscheinungsbild Rückschlüsse auf das Herstellungsverfahren ziehen zu können (siehe Abb. 6.31).

Bei dem folgenden Schadensfall sind auf der Fliesenoberfläche weiße Kalkausblühungen sichtbar. Diese haben sich aus Rückstauereignissen ergeben und hinterlassen unschöne Abzeichnungen und ein weiß verfärbtes Fugenbild (siehe Abb. 6.32).

Abb. 6.32 **a, b, c** Beispiele für schadhafte Duschen mit weißen Ausblühungen

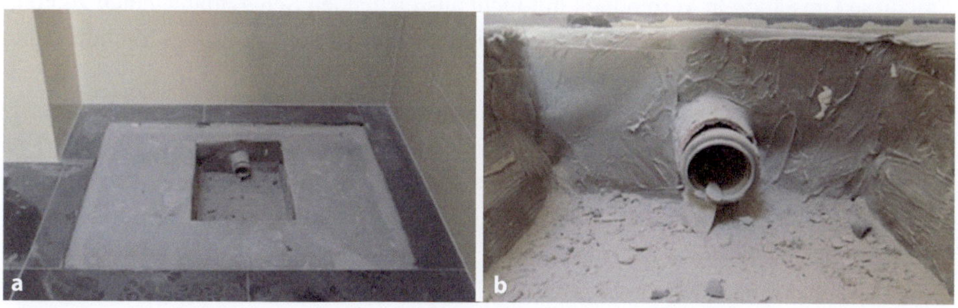

Abb. 6.33 Dusche mit Bodenabsenkung: **a** Übersichtsfoto; **b** Detailaufnahme

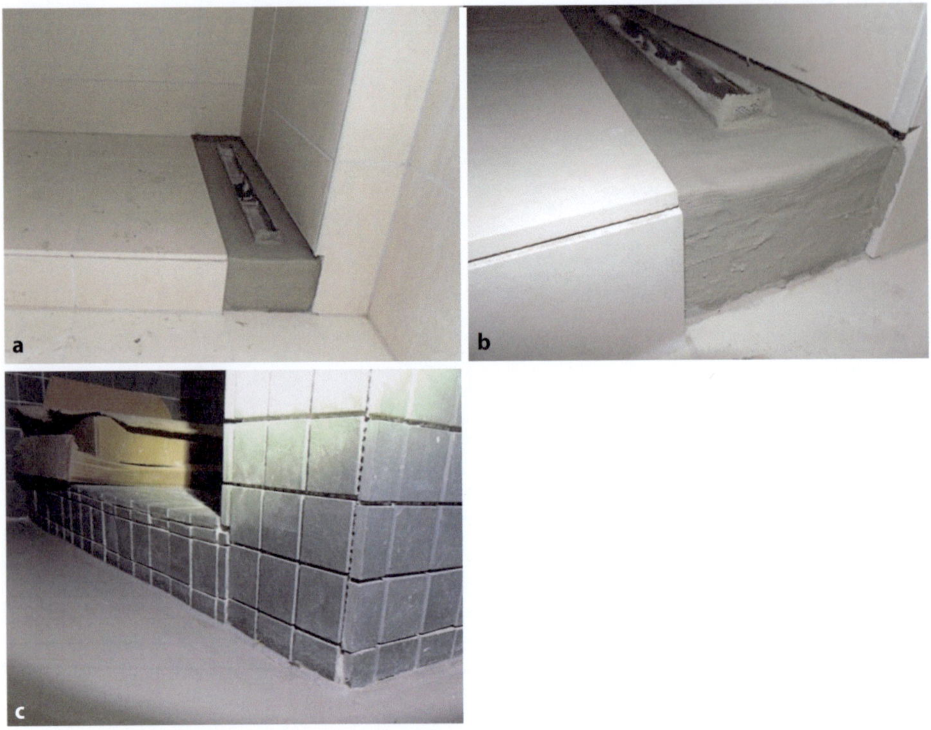

Abb. 6.34 **a, b, c** Beispiele für Duschen auf Höhenversatz

Im nachfolgenden Fall (Abb. 6.33) wurde der Abwasseranschluss in einer Bodenabsenkung hergestellt. Jede Geometrieänderung führt zu erhöhten Herausforderungen bei der Ausführung der Flüssigabdichtung. Aller Voraussicht nach führten im vorliegenden Fall diese Umstände in Verbindung mit nicht ausreichenden Schutzmaßnahmen zu Fehlstellen in der Abdichtungsebene, insbesondere unterhalb der Leitungsdurchdringung (Abb. 6.33b).

Ist die Dusche gegenüber dem restlichen Badezimmerboden auf einem Höhenversatz angeordnet, besteht die Gefahr, dass das anfallende Wasser statt in die dafür vorgesehene Entwässerungsrinne in den Raum läuft. Gerade in derartigen Fällen ist eine fachgerechte Abdichtung von entscheidender Bedeutung. Besonders wichtig ist hierbei eine wannenförmig umlaufende Abdichtungsaufkantung, die gemäß den Vorgaben der DIN 18534 ausgeführt werden muss. Diese Abdichtung sollte mindestens 5 cm über die Oberkante des Fertigfußbodens hinausgeführt werden.

Im folgenden Schadensbeispiel (siehe Abb. 6.34) läuft das Duschwasser nicht nur in die Entwässerungsrinne, sondern auch neben der Entwässerungsrinne die Stufe herab in den Raum.

Gleiches gilt auch für nachfolgendes Schadensbeispiel (Abb. 6.35).

Abb. 6.35 Dusche auf Höhenversatz: **a** Badezimmer, mit bodengleicher Dusche; **b** Badezimmer, mit bodengleicher Dusche; **c** Abdichtungsaufkantung; **d** fehlende Abdichtungsaufkantung; **e** das Duschwasser verteilt sich in den Raum

Oftmals wird (hier: für den Badezimmerfußboden mit bodengleichen Duschen) in der Ausführungsplanung kein Gefälle geplant und wenn doch, ohne Berücksichtigung der „zulässigen" Bautoleranzen gemäß DIN 18202:2019-07, Tabelle 3 (siehe Abschn. 3.3.2). Unter anderem kommt es daher in Badezimmern mit bodengleichen Duschen, WC-, Umkleide- und Duschräumen immer wieder zur Pfützenbildung auf dem Fliesenbelag. Bauherr/Erwerber beanstanden dann das unzureichende Gefälle zu den Fußbodeneinläufen, welches nach ihrer Meinung die Ursache für die Pfützenbildung darstelle.

Die Aussage

> „Insgesamt ist die Gefälleausbildung in diesem Raum nicht fachgerecht und ungenügend."

ist fachlich unzureichend begründet und muss kritisch bewertet werden.

Ein Planungs- bzw. Ausführungsfehler liegt nur dann vor, wenn Abweichungen zum SOLL-Zustand nachgewiesen werden können. Der SOLL-Zustand muss beispielsweise in der Architekten-Ausführungsplanung bzw. der „Beschaffenheitsvereinbarung" definiert werden. Fehlen Vorgaben (z. B. zum Gefälle) gänzlich, gelten die a. R. d. T. (anerkannten Regeln der Technik).

Pfützen sind nur vermeidbar, wenn das Gefälle größer als 4,0 % (je nach Fußbodenoberfläche) ist oder die Architekten-Ausführungsplanung ausdrücklich fordert, dass Maßtoleranzen $\leq$ 2 mm/m eingehalten werden müssen. Da die Gefälleausbildung i. d. R. zwischen 1 und 2 % liegt und aufgrund der „zulässigen" Maßtoleranzen auf 0,5–1,0 % abfallen kann, ist mit Pfützenbildung zu rechnen.

Zusammenfassend lässt sich sagen, dass ein Gefälle geplant werden muss. Entscheidend bei dieser Planung sind die Grundrissform, die Lage der Fußbodenentwässerung sowie die Längen zur Aufnahme des Gefälles.

6.4 Duschabtrennungen und Duschtüren

Fachgerechte Planung und Ausführung

Duschabtrennungen sind aus technischer Sicht essenziell und sollten daher grundsätzlich immer geplant und ausgeführt werden, da sie Auswirkungen auf die Wassereinwirkungsklassen haben (siehe Abschn. 2.2.2).

- Mit Duschabtrennung weist der angrenzende Fußboden die Wassereinwirkungsklasse W1-I mäßig auf (siehe Abb. 6.36a).
- Ohne Duschabtrennung weist der angrenzende Fußboden die Wassereinwirkungsklasse W2-I hoch auf (siehe Abb. 6.36b).

Es gibt unterschiedliche Einbausituationen von Duschabtrennungen, u. a.

- Duschtür – mit Seitenwand
- Duschtür – für Nische
- Duschtür – als Kabine, z. B. 3-seitig
- Duschtür – an Badewanne

Erforderliche Bewegungsfreiheiten

Insbesondere bei der Herstellung von Duschen bei Dachschrägen sind Bewegungsfreiheiten zu berücksichtigen.

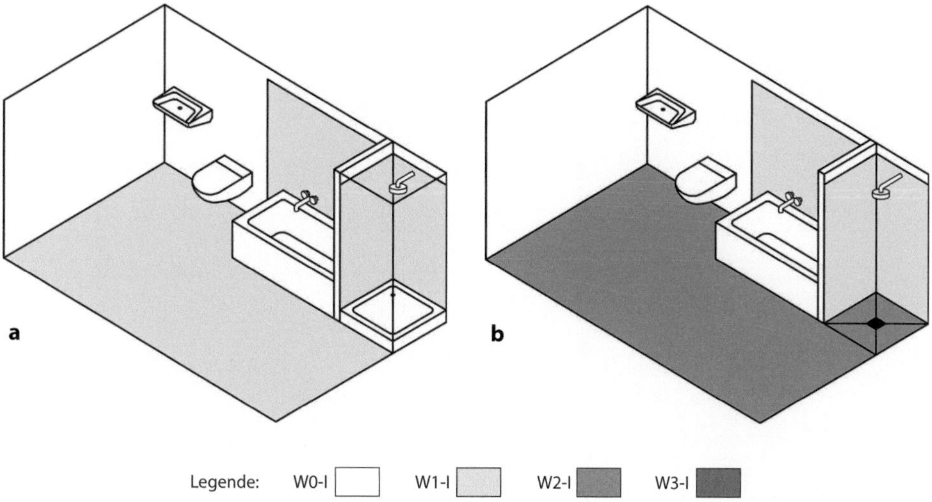

Abb. 6.36 Prinzipskizzen *c* und *d* – siehe auch Abb. 2.3 in Abschn. 2.2.2 – hier: Änderung der Wassereinwirkungsklasse bei Wegfall der Duschtür: **a** Prinzipskizze *c*: Häusliches Bad mit Badewanne ohne Brause und mit Duschtasse mit Duschabtrennung; **b** Prinzipskizze *d*: Häusliches Bad mit Badewanne ohne Brause und mit bodengleicher Dusche ohne Duschabtrennung. (Quelle: Beispiele für die Zuordnung von Flächen zu den Einwirkungsklassen aus „DIN 18534-1:2017-07, Anhang A, Bild A.1 – Beispiele für häusliche Bäder mit Badewanne und/oder Dusche")

Hierzu gibt die „Kompetenzbroschüre Sanitärraumplanung" die folgende Auskunft (Geberit AG: „Kompetenzbroschüre Sanitärraumplanung", Stand: 05/2019, Seite 23 in Verbindung mit Abb. 6.37):

Fa. Geberit AG:2022-06, „Kompetenzbroschüre Sanitärraumplanung"
„Wer duscht, bewegt sich. Je größer die Dusche, umso größer die Bewegungsfreiheit für Ellenbogen, zum Knien, beim Bücken oder Drehen. Dabei verändert sich das ‚Außenmaß'. Beispielsweise braucht ein ca. 1,80 m großer Mensch zum Haare waschen etwa 1,05 m an Ellenbogenfreiheit.
Über dem Kopf sollten mindestens 20 cm Platz sein. Bei einer Dachneigung von 25° sollte der niedrigste Punkt der Dusche 200 cm hoch sein. Bei einer Dachschräge von 45° genügen bereits 170 cm von Oberkante Duschfläche. Eine bodenebene Duschfläche ist daher zu empfehlen."

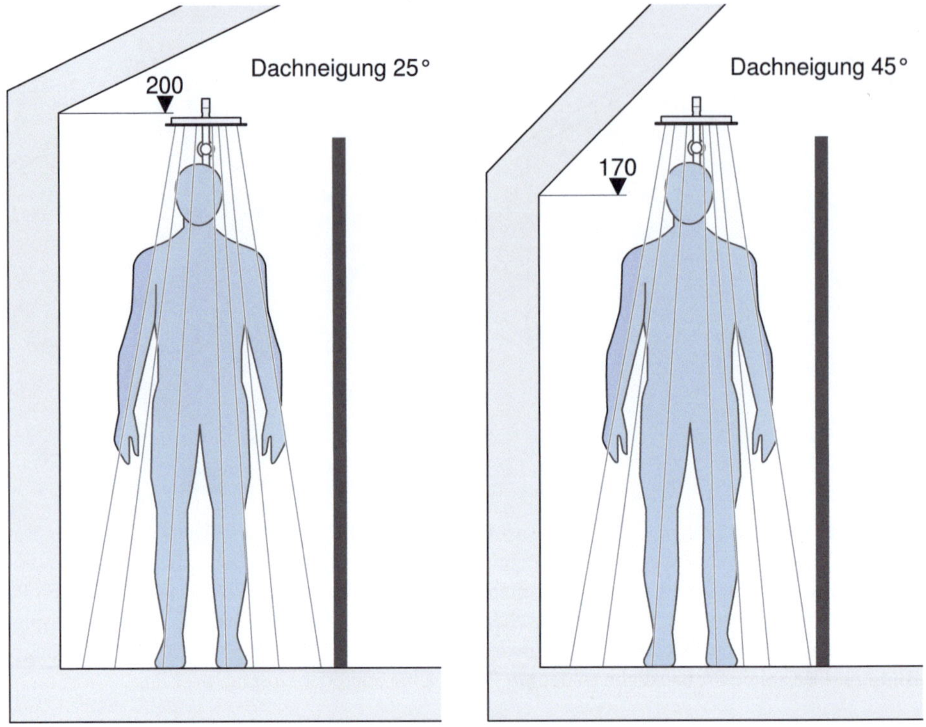

Abb. 6.37 **a, b** Dusche unter der Dachschräge. (Quelle: Geberit AG: „Kompetenzbroschüre Sanitärraumplanung“, Stand: 05/2019, Seite 23, Abbildung 8)

Durchgangsbreite der Duschtür

Die Schulterbreite eines durchschnittlichen Erwachsenen liegt zwischen 50 und 60 cm zzgl. ca. 10 % Zuschlag für Bewegung (Neufert: Bauentwurfslehre, 32. Auflage, Seite 25, Punkt 2). Damit die Duschkabine bequem begehbar ist, sollte demnach eine Zugangsbreite von mindestens 70 cm vorhanden sein (nicht wie in Abb. 6.38).

Bodenschwelle im Duschtürbereich

Für die Dichtigkeit einer Dusche ist die Beschaffenheit bzw. das Vorhandensein der unteren Bodenschwelle/Profilschwelle mit verantwortlich (Abb. 6.39), d. h. je höher die untere Bodenwelle, desto dichter der Duschbereich:

Abb. 6.38 Nicht ausreichende Duschtürbreite: **a** Durchgangsbreite = 54 cm; **b** Duschtüröffnung nur „quer“ begehbar

Duschkopfhöhe und Duschkopfabstand

Egal, ob eine Regendusche oder eine sog. Handbrause (mit Schlauch), für die Einbauhöhe ist folgende „Faustformel“ zu berücksichtigen:

Duschkopfabstand (Einbauhöhe) = Körpergröße (z. B. 1,90 m) zzgl. ca. 30 cm.

DIN 18534-1:2017-07 „Abdichtung von Innenräumen“ – Teil 1: Anforderungen, Planungs- und Ausführungsgrundsätze
8.5 Detailausbildung

8.5.1 An- und Abschluss an aufgehende Bauteile

„An aufgehenden Bauteilen (Wandflächen usw.), auf die Wasser einwirkt, ist die Abdichtungsschicht mindestens 20 cm über die Wasserentnahmestelle bzw. über die Höhe des zu erwartenden Spritzwasserbereiches hochzuführen.“

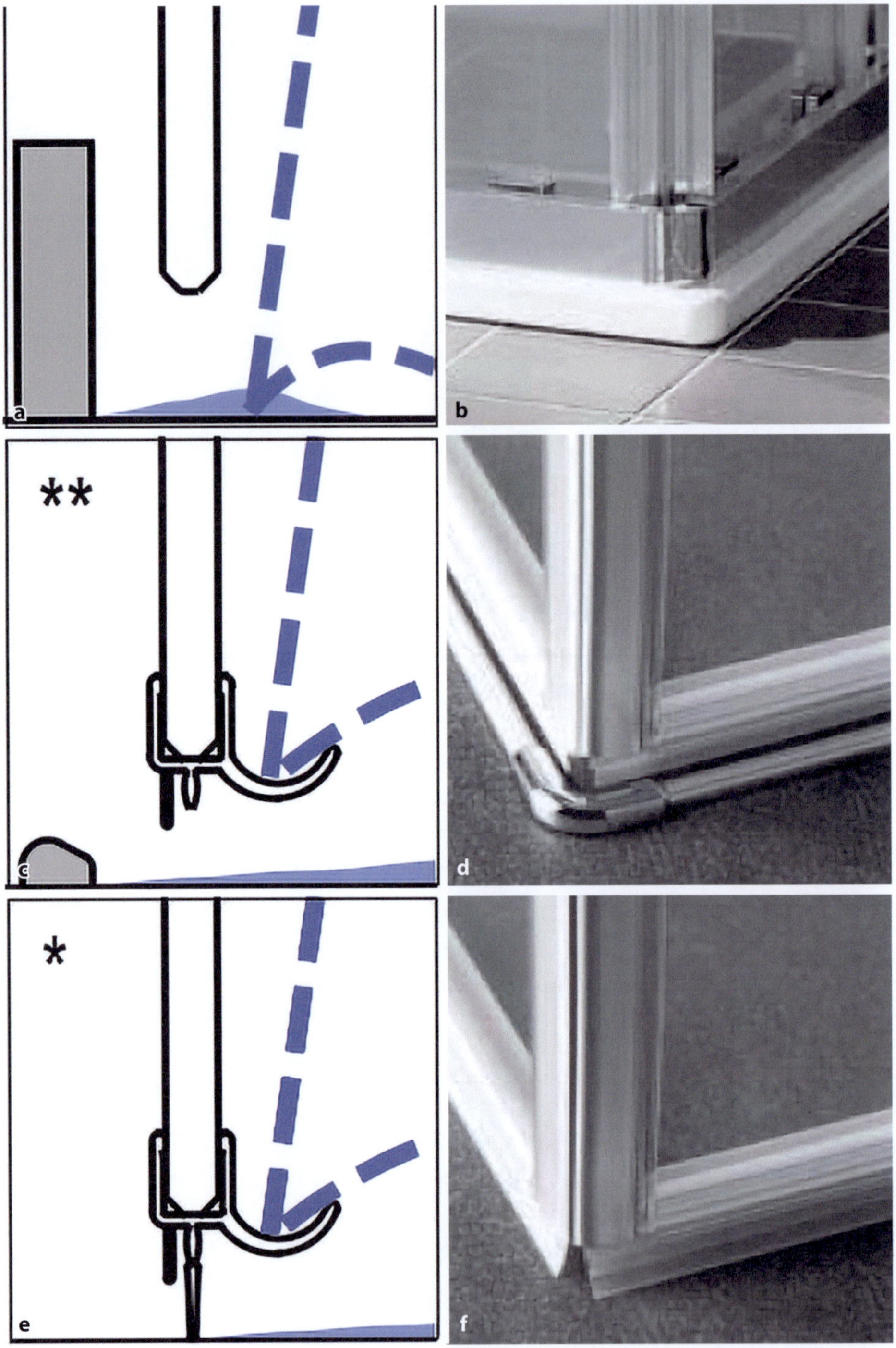

Abb. 6.39 Formen des Spritzwasserschutzes: **a**, **c**, **e** Prinzipdarstellung; **b**, **d**, **f** Einbausituation. (Quelle: KERMI GmbH: „Duschplatz und Duschkabine, Preise und Technik I/2021“, S. 85)

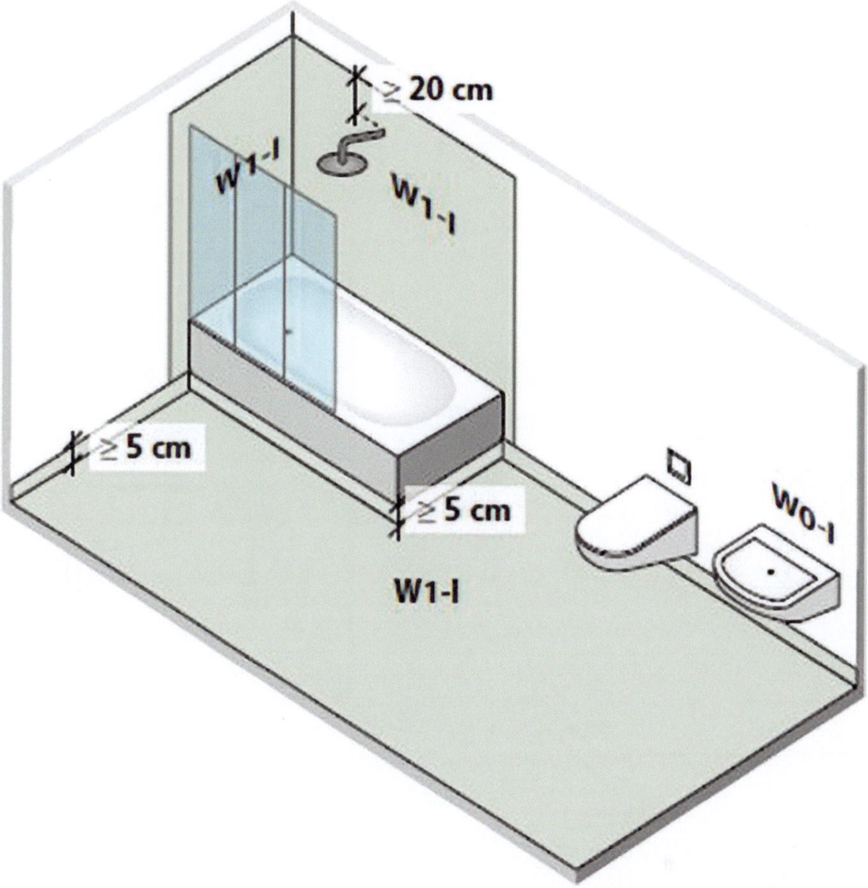

Abb. 6.40 Höhe der erforderlichen Wandabdichtung: > 20 cm über Entnahmestelle. (Quelle: Sopro Planer XI, S. 96)

Dem ist eindeutig zu entnehmen, dass die Abdichtung mindestens 20 cm über die höchste Wasserentnahmestelle (hier: Duschkopf) zu führen ist (vgl. Abb. 6.40).

Weitere Planungs- und Ausführungshinweise

Damit die Eigenschaften von Duschabtrennungen nach den Einbauanweisungen des Produktherstellers sichergestellt ist, gibt es Prüfverfahren, die in nachfolgender DIN-Norm enthalten sind (siehe auch Abb. 6.41):

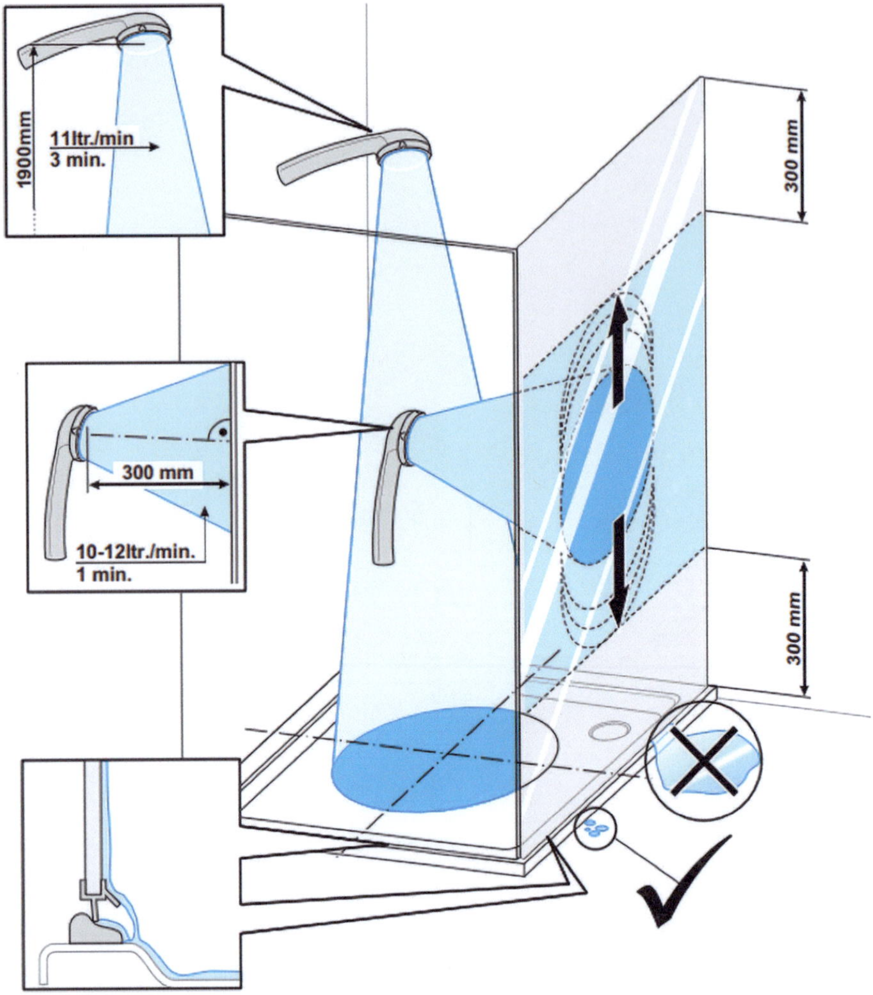

Abb. 6.41 Funktionsprüfung nach DIN EN 14428. (Quelle: Hüppe GmbH)

DIN EN 14428:2019-07 Duschabtrennungen – Funktionsanforderungen und Prüfverfahren

„Die ‚Spritzwasserschutzprüfung' besteht aus 2 Prüfungen:

1. Prüfung: Waagerecht auf die Türen/Wandelemente aus 300 mm Entfernung, 300 mm unterhalb der oberen Kante und 300 mm oberhalb der unteren Kante. Dauer max. 1 min.
2. Prüfung: Senkrecht auf den Boden aus einer Höhe von 1900 mm, 300 mm von der Türöffnung, max. 2-4 min. Durchflussmenge aus dem Duschkopf: 10–12 l/min. bei 38 °C."

Auswertung des Ergebnisses:

- Bei beiden Prüfungen dürfen nur geringe Mengen an Wasser austreten.
- Auch einzelne, an den Türpfosten auslaufende Tropfen sind zulässig.
- Die Bildung größerer Pfützen ist nicht zulässig.
- Beim Öffnen der Türen darf das ablaufende Wasser auf den Boden tropfen

In der folgenden Abb. 6.42 werden verschiedene Einbauformen für Duschtrennwände und Duschtüren dargestellt. Diese Auswahl ist nicht vollständig und kann je nach Bestandssituation oder Wunschgrundriss bei den Herstellern angefragt werden.

Abb. 6.42 Mögliche Bauformen von Duschen: **a** Pendeltür 1-flügelig und Seitenwand; **b** Pendeltür 1-flügelig, Einbau in Nische. (Quelle: KERMI GmbH: „Duschplatz und Duschkabine, Preise und Technik I/2021", **a** S. 150; **b** S. 134)

Abb. 6.42 *Fortsetzung* - Mögliche Bauformen von Duschen: **c** U-Form Duschkabine (Pendel-Falttüren mit Festfeldern); **d** Pendeltür 1-flügelig und Festfeld und Seitenwand verkürzt auf Badewanne; **e** Pendeltür 1-flügelig mit Festfeld und Seitenwand verkürzt neben Badewanne. (Quelle: KERMI GmbH: „Duschplatz und Duschkabine, Preise und Technik I/2021", **c** S. 771; **d** S. 164; **e** S. 250)

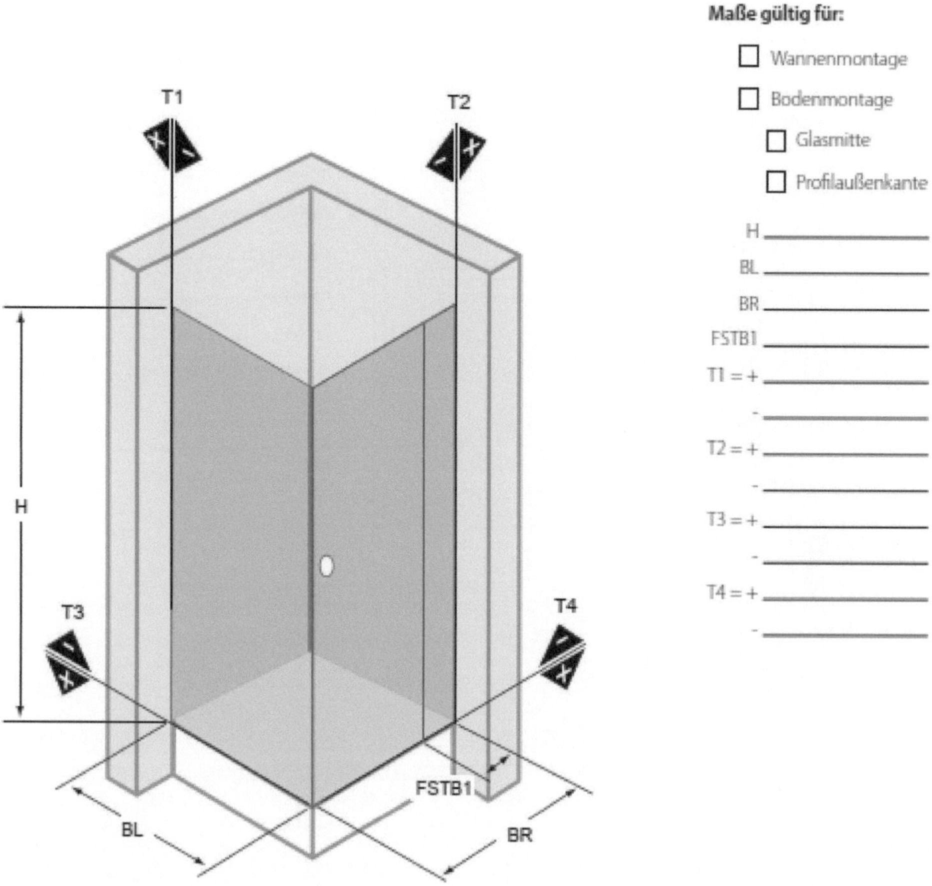

Abb. 6.43 Beschreibbares Aufmaßblatt für Lösung Nr. 140 – Tür mit Frontseitenwand und Seitenwand. (Quelle: Breuer GmbH & Co. KG: „Aufmaßmappe", Seite 66)

Die Abb. 6.43 und 6.44 zeigen Beispiele für Aufmaße für Duschabtrennungen und -türen, welche essenziell für eine passgenaue Installation der Bauteile im Bad sind.

Produkthersteller von Duschabtrennungen sind u. a. (nach Alphabet):

BERGMANN & FRANZ	www.bergmann-franz.de
duka AG	www.duka.it
Duravit	www.duravit.de
GSH GmbH & Co. KG	www.gsh-greven.de
HÜPPE	www.hueppe.com
KERMI	www.kermi.de

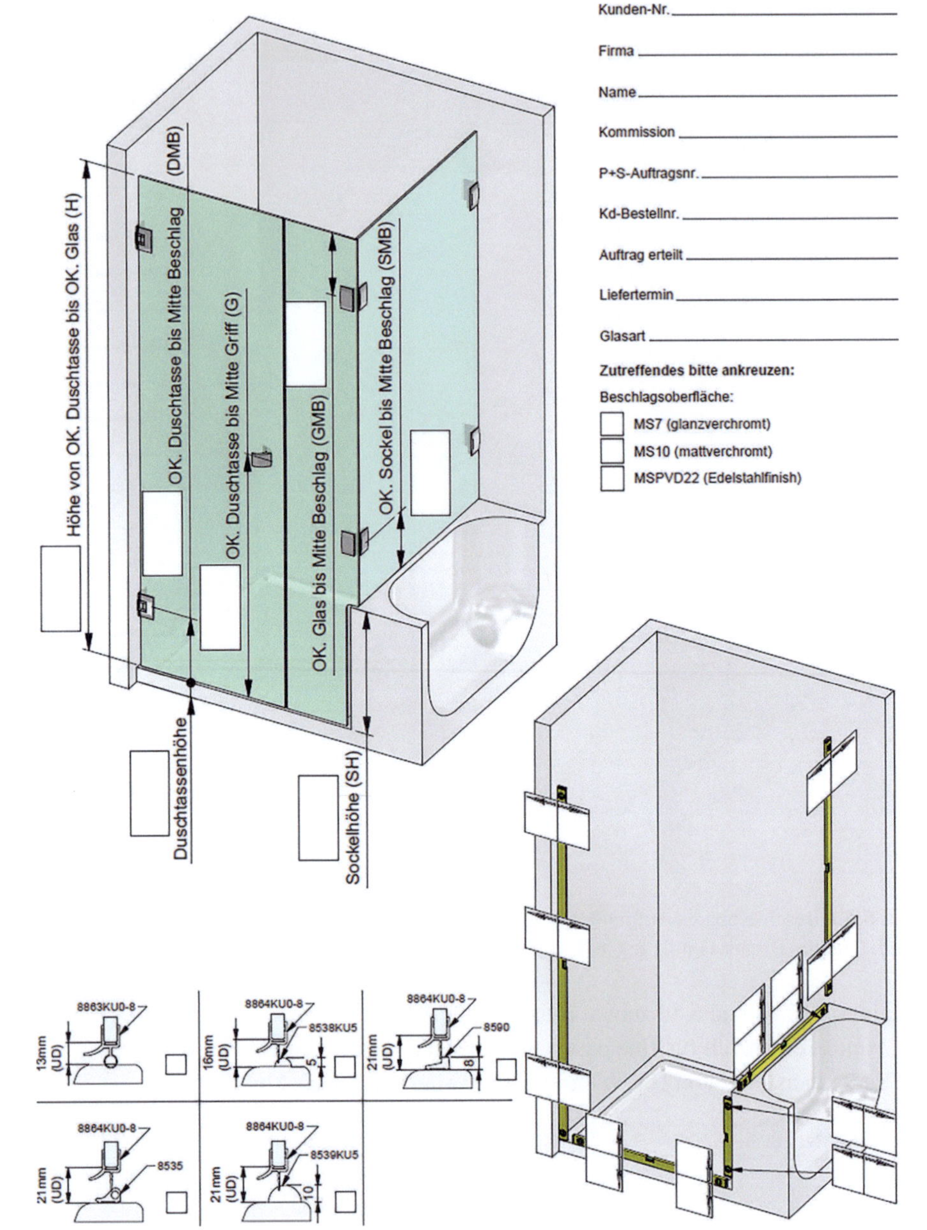

Abb. 6.44 Prinzipskizze Aufmaß für Badewannenanschluss. (Quelle: Pauli und Sohn GmbH: „Aufmass zu Set-Nr. 1-612")

Abb. 6.45 Fehlerhaft hergestellte Duschabtrennung: **a** niveaugleiche Dusche, Übersicht; **b** Duschabtrennung mit Pfützenbildung; **c** Duschabtrennung stimmt nicht mit dem Duschbereich überein. Folge: fehlender Spritzschutz

Typische Schadensfälle

Nach Aussage eines Wohnungsnutzers trat beim Duschen Wasser über die Bodenschwelle der bodengleichen Dusche hervor. Dies wurde mittels einer Wasserprobe bestätigt. Es stellte sich dabei heraus, dass die Duschtrennwand eine Maßabweichung zur Bodenschwelle aufwies, wie in Abb. 6.45 dargestellt.

- Rechte Wand: rechts: 18 mm, links: 15 mm
- Vordere Wand: links: 15 mm Rücksprung, rechts: 2 mm Vorsprung

Vor der Fußbodenentwässerung bildete sich eine Pfütze von ca. 25 × 25 cm

Die Duschtrennwand weist keinen gleichmäßigen Abstand zur Bodenschwelle auf, welcher gemäß Einbauempfehlungen des Herstellers definiert wird.

Der Fliesenbelag innerhalb der Dusche wies ein Gefälle von ca. 1 % auf. Bei einem Gefälle von ≤ 1 % wird es immer zu Pfützenbildung oder auch zu einem Kontergefälle kommen. Dies liegt darin begründet, dass durch die zulässigen Toleranzen im Hochbau ein solch geringes Gefälle im Rahmen der zulässigen Oberflächenabweichungen nicht gleichmäßig ausgeführt werden kann.

Abb. 6.46 Beispiele für fehlende Übereinstimmung zwischen Fliesenarbeiten und Duschabtrennung: **a** Fall 1: Grenze Duschabtrennung stimmt nicht mit gefliestem Duschbereich überein; **b** Detailaufnahme Fall 1; **c** Fall 2: Grenze Duschabtrennung stimmt auch hier nicht mit gefliestem Duschbereich überein; **d** Detailaufnahme Fall 2

Duschverkleidungen bzw. Duschtüren sind i. d. R. nicht absolut wasserdicht, sodass Duschwasser austritt und sich im Raum verteilt. Eine mögliche Folge ist eine erhöhte Rutschgefahr und eine erhöhte Wahrscheinlichkeit für das Auftreten von Wasserschäden bei fehlender oder nicht fachgerecht ausgeführter Fußbodenabdichtung. Es wird empfohlen, den gesamten Fußbodenbereich gemäß W2-I abzudichten (siehe Abschn. 2.2.2).

Die DIN EN 14428:2015-09 Duschabtrennungen – Funktionsanforderungen und Prüfverfahren weist u. a. darauf hin, dass bei einer geringen Bodenschwelle (wie vorhanden) Spritzwasser nicht völlig zu vermeiden ist. Dazu bedarf es jedoch einer parallelen Ausführung der Duschtrennwand und der Bodenschwelle. Dies war am betrachteten Objekt nicht der Fall.

Das ausführende Gewerk, z. B. Montage der Duschtrennwand, übernimmt gemäß VOB die Vorleistungen des nachfolgenden Gewerkes. Daher sind u. a. angrenzende Wände/Fliesenbelag zu prüfen und ggf. vor Ausführung Bedenken anzumelden bzw. die zulässigen Bautoleranzen beim Aufmaß der Duschtrennwand zu berücksichtigen.

Fehlt im Duschbereich eine „Duschabtrennung" z. B. Glastür (fehlender Spritzwasserschutz) muss der angrenzende Fußboden (hohe Beanspruchung W2-I) komplett mit feuchteunempfindlichen Baustoffen ausgeführt werden. Die Duschtrennwand ist zu demontieren und erneut, gemäß Aufmaß, zu montieren.

Dabei ist die Schiefwinkligkeit der angrenzenden Wand sowohl vertikal als auch horizontal zu berücksichtigen. Die Abmessungen der Glaswände ist entsprechend zu korrigieren und/oder die seitlichen Halteleisten anzupassen.

Für den Spritzschutz ist immer eine Duschabtrennung erforderlich, d. h. mindestens ein Duschvorhang (jedoch hygienisch ungeeignet), besser eine Glastürwand. Dabei ist zu berücksichtigen, dass je nach Belastung eine Schwelle erforderlich ist.

Ein fehlerhafter Einbau von Duschabtrennungen kann auf vielfältige Weise zu Problemen führen. In der folgenden Abb. 6.46 werden weitere typische Schadensfälle gezeigt, die auf eine fehlende Kommunikation zwischen Planung und Ausführung zurückzuführen sind.

Neben Abweichungen zwischen Bodenbelag des Duschbereichs und der Duschabtrennung kann auch ein unzureichender Schutz der Duschabtrennung vor herauslaufendem Wasser zu erheblichen Problemen führen. Besonders häufig treten Undichtigkeiten auf, wenn Schwallleisten bzw. Bodenschwellen fehlen oder nicht fachgerecht ausgeführt wurden. In der Folge kann unkontrolliert Wasser in den umliegenden Bereich austreten, wie in Abb. 6.47 dargestellt und dort langfristig Schäden verursachen.

Dieses „Problem" wird häufig bei der Bauabnahme vom Verkäufer nicht (an)erkannt, da in den meisten Fällen zu diesem Zeitpunkt die Dusche noch nicht in Benutzung war. Trotzdem müssen derartige bauliche Situationen beanstandet werden.

Abb. 6.47 Bodengleiche Dusche: undichte Duschtür: **a** Bodengleiche Dusche ohne Schwelle mit undichter Duschtür – Übersichtsbild; **b** Undichtigkeit aufgrund fehlender Schwelle – Wasser kann aus dem Duschbereich in den Raum austreten; **c**, **d** weitere Beispiele zu Bild **b**

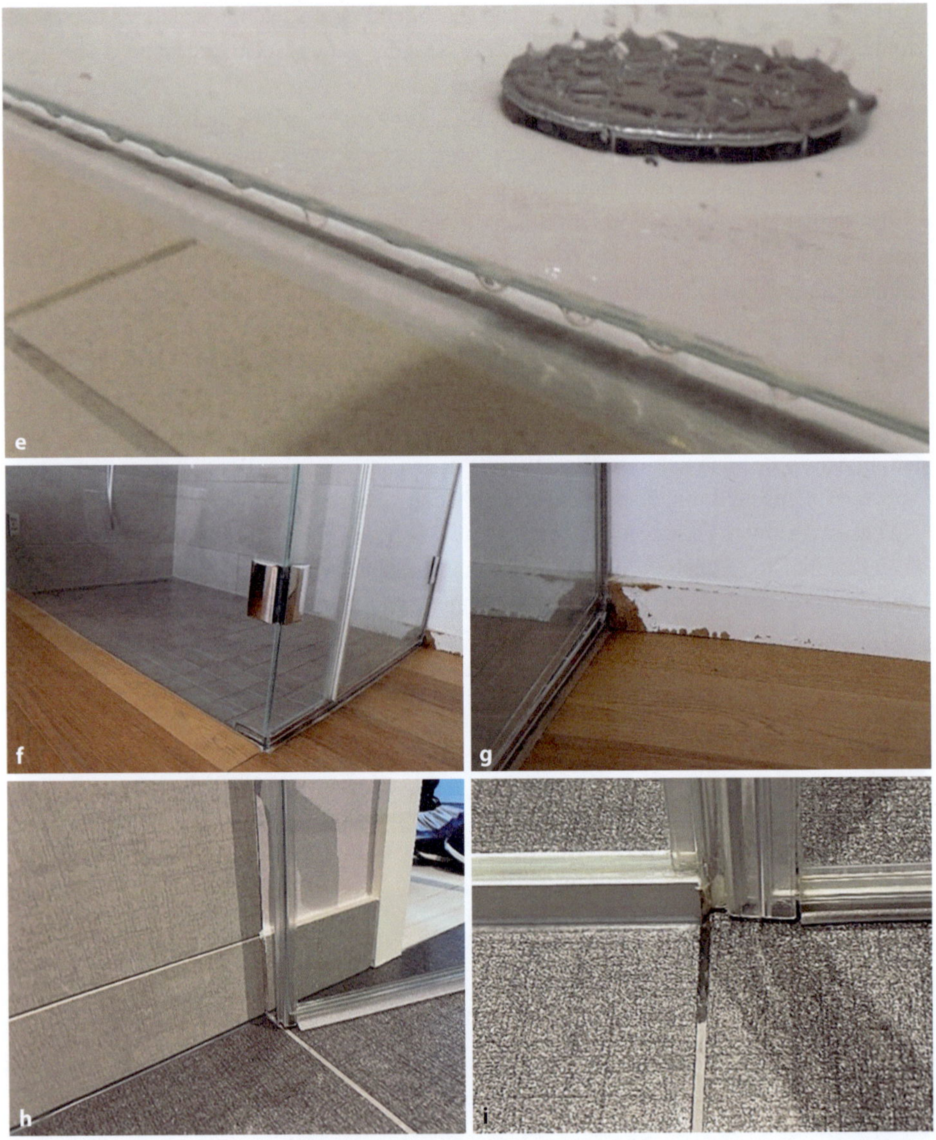

Abb. 6.47 *Fortsetzung* - Bodengleiche Dusche: undichte Duschtür: **e** deutliche Tröpfchenbildung an der Unterseite der Duschtür oder -abtrennung – Dieses Wasser wird nicht daran gehindert (z. B. Schwelle) in den Raum zu gelangen, statt direkt zum Ablauf geleitet zu werden; **f** bodengleiche Dusche neben Parkett (feuchtigkeitsempfindliches Material, gänzlich ungeeignet als Badbodenbelag) – auch unabhängig von Undichtigkeiten an Duschabtrennung ist hier mit Feuchtigkeitsschäden zu rechnen; **g** durch Undichtigkeiten im Wandbereich entstandener Feuchtigkeitsschäden; **h** die Duschtür ist zum Wandbereich nicht dicht. Aufgrund fehlender Abdichtung (z. B. Abdichtung und Fliese ca. 10 cm breiter (hinter Duschtür)) durchnässt der angrenzende Wandbereich; **i** bei fehlender Schwallleiste, läuft das Duschwasser über die starre Verfugung in den Raum hinein, d. h. jedes Mal nach dem Duschen ist der Fußboden zu trocknen

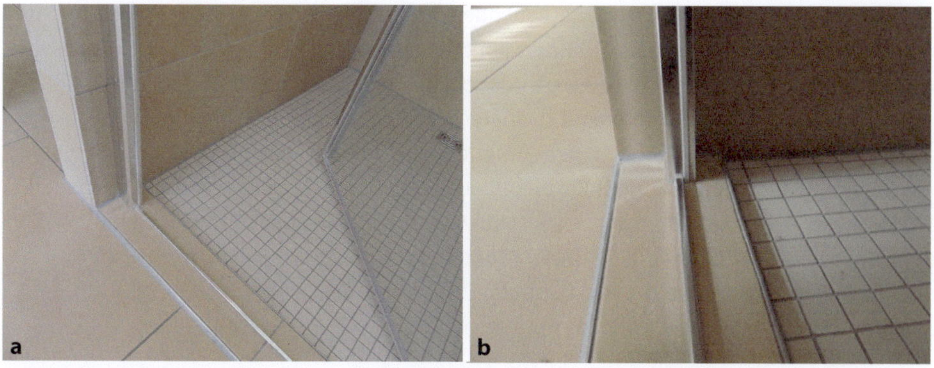

Abb. 6.48 bodengleiche Dusche, mit ca. 8 mm „Schwelle“: **a** bodengleiche Dusche mit einer ca. 8 mm Schwelle (Übersichtsbild); **b** Detailaufnahme zu (**a**)

Abb. 6.49 Duschtür lässt sich nicht vollständig öffnen

Um Schäden, wie in den vorhergehenden Fällen beschrieben, zu vermeiden, ist es empfehlenswert, vorausschauend eine Fußbodenabsenkung bzw. einen Versatz zwischen Dusch- und verbleibendem Badbereich oder ein ausreichendes Gefälle zu den Abläufen hin einzuplanen. Sind beide baulichen Lösungen zur Vermeidung von Wasseraustritt aus dem Duschbereich auf den Badboden nicht möglich (v. a. beim Bauen im Bestand), ist eine für den speziellen Fall angepasste Schwellenlösung zu wählen, wie in Abb. 6.48 dargestellt.

In einem weiteren Fall ist der Spritzschutz zwar durch die Glastür weitgehend gewährleistet. Dennoch gibt es hier eine Einschränkung im Bereich der Bequemlichkeit/Nutzung, wie in Abb. 6.49 dargestellt. Jede Tür muss $\geq 90°$ zu öffnen sein.

Duschabtrennung ohne Duschtür

Meiner Erfahrung nach wird heutzutage häufig bewusst auf den Einbau einer Duschtür verzichtet, sei es aus gestalterischen Gründen oder um den Zugang zur Dusche zu erleichtern. Insbesondere bei geringen Abständen zwischen Dusche und Badtür besteht die Gefahr, dass Spritzwasser, das beim Duschen entsteht, auf den Badezimmerboden, darüber hinaus auch in den Übergangsbereich zum angrenzenden Raum (meist ein Flur) gelangt und dort Schäden am Bodenbelag (z. B. Parkettboden) oder an der Zarge der Badtür hervorruft. Zwar ist das Erfordernis einer Duschtür in diesen Fällen in den anerkannten Regeln der Technik nicht geregelt, dennoch hat es sich schon oft gezeigt, dass dieses Fehlen in der Praxis zu Problemen führt. Aus sachverständiger Sicht ist daher der Einbau einer Duschtür bei geringen Abständen zwischen Dusche und Badtür, wie in Abb. 6.50, dringend zu empfehlen.

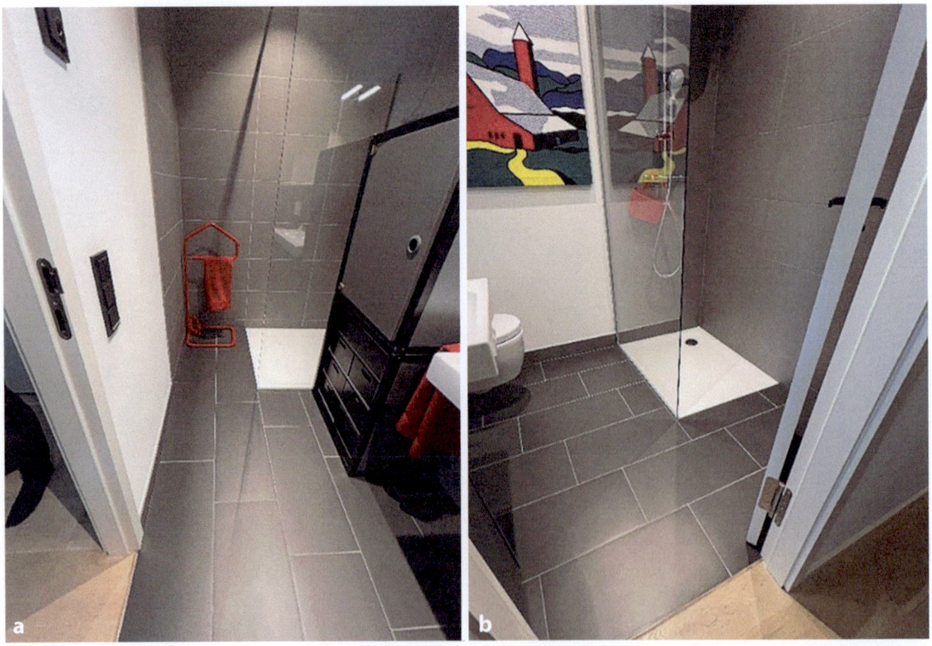

Abb. 6.50 Beispiele für fehlende Duschtüren nahe der Badtür: **a** aus der fehlenden Duschtür ergibt sich ein erhöhtes Risiko für Feuchteschäden u. a. am angrenzenden Parkett; **b** weiteres Beispiel für (**a**)

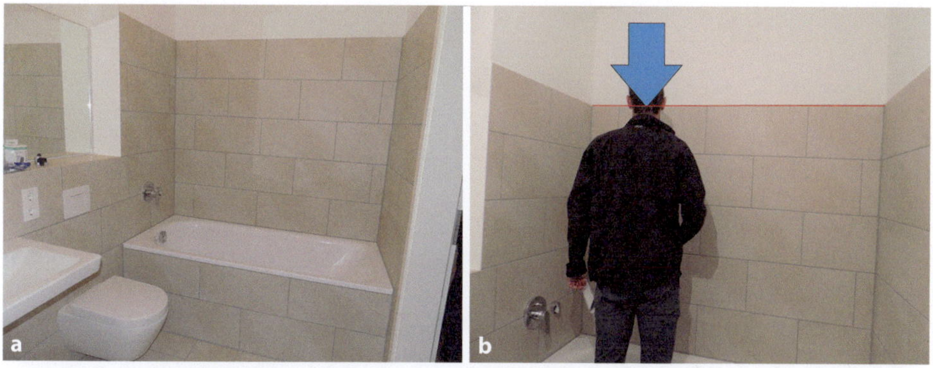

Abb. 6.51 Beispiel für zu niedrige AIV und zu geringe Bewegungsfreiheiten: **a** Badewanne in Bad ohne zusätzliche Dusche; **b** Höhe der AIV zu gering

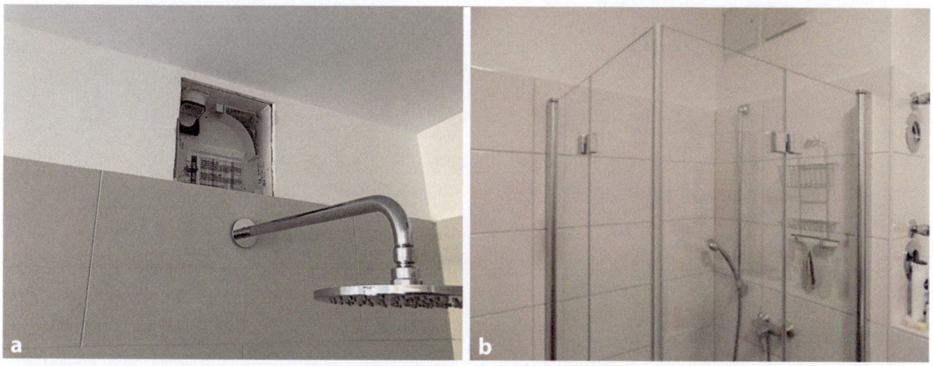

Abb. 6.52 Beispiele für nicht fachgerechte Planung und Ausführung von Duschen: **a** Beispiel für die Positionierung der Abluft direkt oberhalb des Duschkopfes; **b** weiteres Beispiel für die Positionierung der Abluft direkt oberhalb des Duschkopfes

Wie bereits in der obenstehenden Passage zum Thema „Fachgerechte Planung und Ausführung“ dargelegt, sind die Lage des Duschkopfes, die daraus resultierenden Bewegungsfreiheiten und die erforderliche Höhe der Abdichtung im Verbund im Wandbereich der Dusche eng miteinander verknüpft und bedingen sich gegenseitig.

In einem anderen Fall (Es handelt sich um einen Neubau.) war die Badewanne gleichzeitig eine Duschwanne, wie in Abb. 6.51 dargestellt, da es keine extra Dusche in der Wohnung gab.

Bei der Bauabnahme erlebe ich es immer wieder, dass die erforderliche Höhe der AIV im Duschbereich zu niedrig ist (gem. a. R. d. T. 20 cm über Wasserentnahmestelle). Insbesondere, wenn die Badewanne gleichzeitig der Duschbereich ist. In vielen Fällen verweist

Abb. 6.52 *Fortsetzung* - Beispiele für nicht fachgerechte Planung und Ausführung von Duschen: **c** weiteres Beispiel; **d** Wasserentnahmestelle im nicht gefliesten (und damit nicht abgedichteten) Bereich

der Verkäufer auf den Kaufvertrag, um den Mangel abzuweisen. Im vorliegenden Fall hieß es an dieser Stelle vonseiten des Verkäufers: „Fliesenhöhe bis Oberkante Türzarge" und „Eine Dusche sei keine geschuldete Leistung (siehe Baubeschreibung), der Erwerber könne ja im Sitzen duschen."

In Dusch-Badewannen muss man im Stehen duschen können. Dies ist eine Selbstverständlichkeit und muss nicht extra in einer Baubeschreibung erwähnt werden. Dieses Erfordernis muss in der Architekten-Ausführungsplanung mit Details im Sinne der HOAI/DIN 1356 berücksichtigt werden.

Folgende Situationen in Bezug auf die Lage des Brausekopfes, wie in Abb. 6.52 dargestellt, erlebe ich häufig im Rahmen von Bauabnahmen:

- Der Duschkopf liegt höher als der Fliesenbelag (und damit der Abdichtung)
- Der Lüfter (innenliegendes Bad) liegt zu dicht am Duschkopf.

Diese Situationen haben zur Folge, dass oberhalb des Duschkopfes – im nicht abgedichteten Wandbereich – ein Feuchtigkeitsschaden entstehen kann bzw. wird.

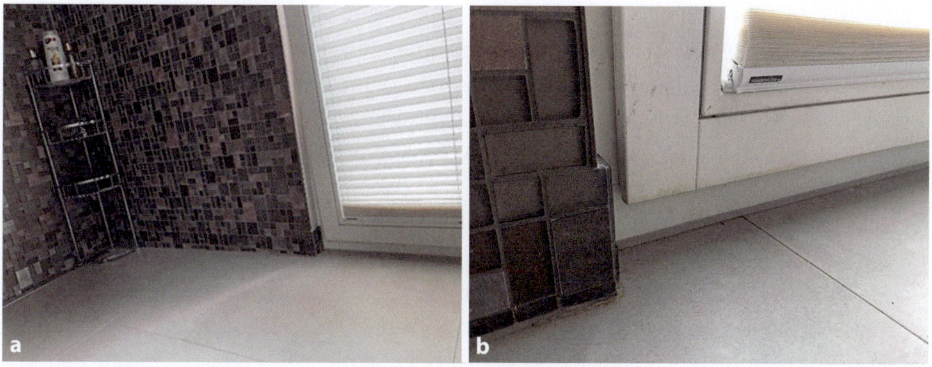

Abb. 6.53 Bodentiefes Fenster im Duschbereich: **a** bodentiefes Holzfenster neben der Dusche; **b** fehlende Abdichtungsaufkantung innerhalb des Duschbereichs

6.5 Positionierung der Dusche im Bad

Neben dem Vorhandensein von Duschabtrennungen und -türen hat auch die Positionierung der Dusche innerhalb des Badgrundrisses Auswirkung auf die Wassereinwirkungsklassen.

Fachgerechte Planung und Ausführung

Die richtige Positionierung der Dusche im Bad ist für die langfristige Gebrauchstauglichkeit und Schadensfreiheit des Nassbereichs selbst und der angrenzenden Räume und Bauteile und -elemente von entscheidender Bedeutung. Besondere Aufmerksamkeit erfordert dabei die Nähe zu Türen und Zugängen. Die anerkannten Regeln der Technik, unter anderem die DIN 18534-1, geben zur Positionierung von höher wasserbeanspruchten Flächen innerhalb des Bades und in Relation zu wasserempfindlichen Bauteilen und -materialien klare Hinweise.

Neben Türen sind auch Fenster in unmittelbarer Nähe zur Dusche eine häufig auftretende Fehlerquelle – insbesondere Holzfenster und hölzerne Fensterbänke. Werden wasserempfindliche Materialien wie Holz doch, aufgrund u. a. einer fehlerhaften Planung, ohne geeignete Schutzmaßnahmen (Abdichtung) im Bad vorgesehen, kann es hier schnell zum Aufquellen, Verfärbung oder gar Schimmelbefall kommen.

DIN 18534-1:2017-07 „Abdichtung von Innenräumen" –
Teil 1 Anforderungen, Planungs- und Ausführungsgrundsätze
8.5.5 Anordnung der Abdichtungsschicht im Bereich von Türen und Zugängen
„Im Bereich von Türen und Zugängen ist die Abdichtungsschicht auch in den Laibungen hochzuführen.
Vorhandene Türzargen sind mit der Abdichtungsschicht zu hinterfahren. Der Einbau der Zargen sollte deshalb erst nach Ausführung der Abdichtungsschicht erfolgen. Alternativ ist der Einbau von Türzargen mit Abdichtungsanschluss möglich.
Bei der Planung der Abdichtung im Bereich von Türen und Zugängen zu wasserbeanspruchten Innenräumen sind zu berücksichtigen:

- die Lage des Duschbereiches bzw. der Bodenabläufe und Entwässerungsrinnen,
- die Höhenlage der wasserführenden Ebenen und die Gefällegebung sowie
- die Möglichkeit des Wasserübertritts auf angrenzende Räume.

Ist ein Oberflächengefälle geplant, muss es vom Türbereich weg zum Ablauf hin gerichtet sein. Türen und Zugänge sollten gegen das Einwirken von Spritz- und Brauchwasser geschützt werden.
Bodengleiche Duschflächen oder ähnlich beanspruchte Flächen sollten z. B. nicht ohne geeignete Schutzmaßnahmen unmittelbar neben Türen und Zugängen angeordnet werden".

Typische Schadensfälle
In einem Neubau mit sehr hochwertigen Bädern fehlte an den bodentiefen Holzfenstern (neben der Dusche) die erforderliche wannenförmige Abdichtungsaufkantung (siehe Abb. 6.53).

In einem weiteren Fall wurden im Rahmen von sehr umfangreichen Modernisierungs- und Instandsetzungsarbeiten die Bäder aufwendig umgeplant. U. a. wurden sämtliche Badewannen *direkt* vor die Fenster versetzt. Hierbei bildete die Badewanne auch gleichzeitig die Duschmöglichkeit. Noch innerhalb (d. h. vor Ablauf) der Gewährleistung wiesen sämtliche Holzfenster Feuchtigkeitsschäden auf (siehe Abb. 6.54).

Abb. 6.54 Holzschäden aufgrund hoher Feuchtebelastung: **a** Holzfenster, ungeschützt im unmittelbaren Duschbereich; **b** Holzfenster im ungeschützten Bereich der Dusche; **c** Zustand der Holzfenster nach knapp 4 Jahren: Sanierungsbedürftig (innerhalb der Gewährleistung)

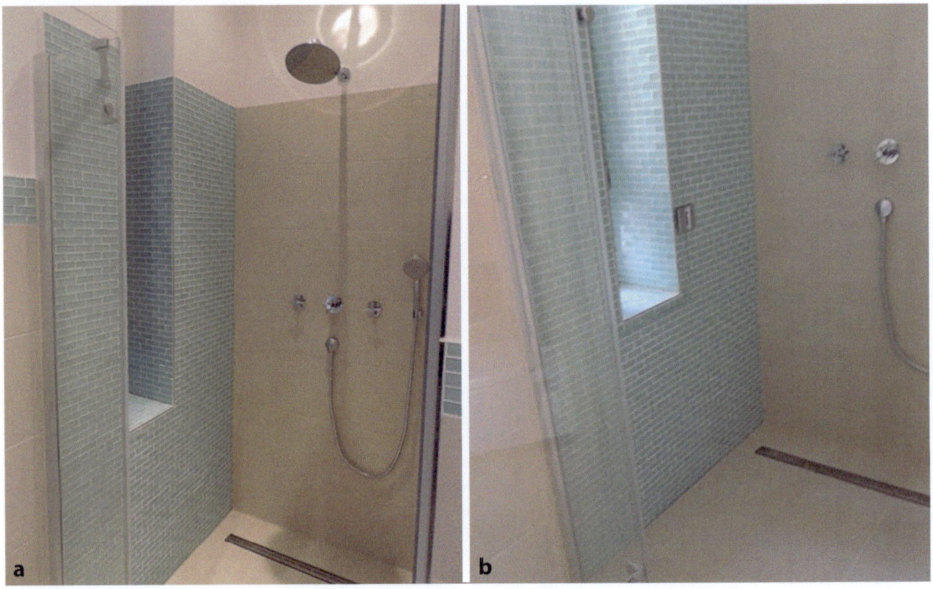

Abb. 6.55 Fenster im Duschbereich: **a** Fenster im unmittelbaren Bereich der Dusche; **b** Fenster nachträglich mittels Glastür geschützt

Auch beim nächsten Schadensfall wurden im Rahmen von umfangreichen Modernisierungs-, und Instandsetzungsarbeiten (Umwandlung zu Eigentumswohnungen) auch die Bäder umgeplant, d. h. ehemalige Speisekammern wurden abgebrochen und die Flächen der Nutzung als Badezimmer zugeordnet. Die neuen Duschen wurden direkt vor den Fenstern geplant und ausgeführt, d. h. ständige Wasserbelastung an den Fenstern.

Die erforderliche Abdichtungshöhe (> 20 cm über Duschkopf) wurde darüber hinaus auch nicht eingehalten.

Der Verkäufer hat den Fehler eingesehen und vor den Fenstern (auf eigene Kosten) eine Glastür gesetzt (Abb. 6.55b).

In Abb. 6.56 werden einige weitere Beispiele von Fenstern im Duschbereich dargestellt.

Wie zu Beginn dieses Abschnitts bereits beschrieben, sollten bodengleiche Duschen aufgrund von zu geringem Gefälle und nicht absolut dichten Duschabtrennungen immer **so weit wie möglich** von der Tür entfernt geplant werden, um das Risiko für Schäden zu minimieren. Befindet sich die Badeingangstür direkt neben der Dusche, muss beachtet werden, dass Duschverkleidungen bzw. Duschtüren i. d. R. nicht absolut wasserdicht sind, sodass Duschwasser austritt und die Tür bzw. der Flurbereich direkt mit diesem Wasser in Berührung kommen können.

Dies kann auf zwei Arten geschehen: Entweder als Oberflächenwasser aufgrund von zu geringem Gefälle (Folge u. a. aufquellende Türzargen) oder Sickerwasser aufgrund ggf. zusätzlich fehlender „wannenförmiger" Abdichtungsaufkantung im Türbereich (siehe Abschn. 3.2.1).

Abb. 6.56 Weitere Beispiele für Fenster in Duschbereichen: **a** Duschkopf neben Glaswand; **b** Duschkopf neben Holzfenster; **c** zu niedrige Fensterbrüstung – hohe Wasseransammlung; **d** Hohe Fensterbrüstung – geringere Wasseransammlung

Während meiner Tätigkeit als Sachverständiger begegnen wir häufig Fälle, die zeigen, dass das damit verbundene Risiko von den an der Planenden als nicht existent bzw. sehr gering eingeschätzt wurde (siehe Abb. 6.57).

In einem weiteren Fall war das Bad durch eine Schiebetür vom angrenzenden Raum getrennt. Stößt man auf derartige Ausführungen, kann man mit hoher Sicherheit davon ausgehen, dass, bei Vorhandensein einer bodengleichen Dusche, die erforderliche wannenförmige Abdichtung nicht ausgeführt wurde. Im Bereich von Schiebetüren ist dies in dem

Abb. 6.57 **a, b, c, d, e, f, g, h** Beispiele für bodengleiche Duschen unmittelbar neben der Tür

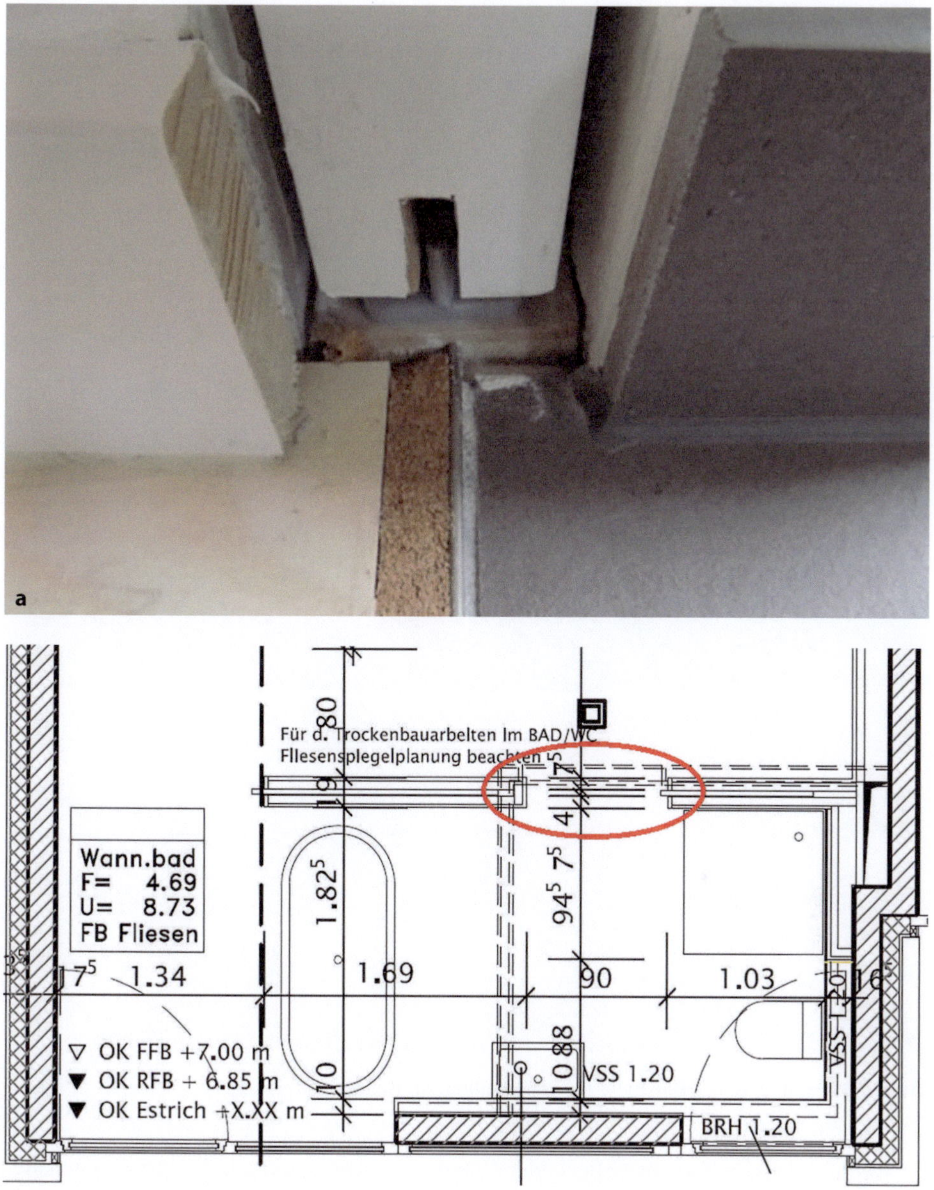

b

Abb. 6.58 Schiebetüren in Bädern: **a** fehlende Abdichtungsaufkantung im Bereich der Schiebetür; **b** Auszug aus Architekten-Ausführungsplanung – Dusche neben Schiebetür

Fall nicht möglich, wenn das Schiebetürblatt in die Innenwand öffnet. So war es auch im vorliegenden Fall (siehe Abb. 6.58).

Abb. 6.59 **a, b, c, d, e, f** Beispiele für Schiebetüren im Badbereich

Wenn an den das Bad umschließenden Wänden die Abdichtungsaufkantung eingehalten wird, im Bereich der Tür jedoch nicht, muss die Sinnhaftigkeit der gesamten Badabdichtung infrage gestellt werden. Eine umlaufende, wannenförmige Abdichtung ist erforderlich (siehe dazu Abschn. 3.1.1).

Schiebetüren sind im Bereich von niveaugleichen Duschen mit erforderlicher wannenförmiger Fußbodenabdichtung nicht zulässig, da eine fachgerechte, wannenförmige Abdichtung nicht möglich ist.

In Abb. 6.59 sind weitere Beispiele für Schiebetüren gezeigt, die als Trennwände zwischen Bad und angrenzenden Zimmern genutzt wurde, teilweise sogar direkt neben Duschen.

6.6 Zusätzliche themenverwandte Hinweise

6.6.1 Duschtrennwände in Fitnessstudios

Duschtrennwände können aus verschiedenen Materialien bestehen. Je nach Hersteller sind diese aus Glas, Acryl oder Resopal verfügbar. Hierbei ist zu beachten, dass diese Trennwände gem. VDI 6000 nicht auf dem Boden aufgeständert werden sollten. Weiter sind verschiedene Einbausituationen möglich:

- Duschtür – mit Seitenwand (siehe Abb. 6.60)
- Duschtür – für Nische
- Duschtür – als Kabine, z. B. 3-seitig

6.6.2 Duschrückwände in Fitnessstudios

Da eine starre Verfugung nicht dicht ist, wird empfohlen Platten-Fliesenformate zu wählen, die einen möglichst geringen Fugenanteil besitzen, d. h. Duschrückwände aus großformatigen Platten bzw. Fliesen (Abb. 6.61).

Abb. 6.60 Beispiel für Trennwandsysteme in Duschtrennwänden. (Quelle: Schäfer Trennwandsysteme GmbH)

a b

Abb. 6.61 Beispiel Duschrückwand. (Quelle: Fa. MOCANO)

Diese bieten eine wasserdichte Oberfläche, die leicht zu reinigen und sehr unempfindlich ist. Weiterhin werden damit Fugenverfärbungen bzw. Schimmelbildung weitgehend ausgeschlossen. Duschrückwände gibt es u. a. aus Glas, Vinyl oder PVC.

Hierbei haben sich Duschrückwände mit Maßen über die gesamte Breite und Höhe der Duschnische bewährt. Die Platten können dabei direkt auf die Duschwanne gestellt werden, sodass das Wasser direkt von der Wand in die Wanne abfließt.

Glaswände (Sicherheitsglas nach DIN EN 12150) können auf der Rückseite vollflächig bedruckt bzw. beschichtet werden und in verschiedenen Optiken bzw. Farben geliefert werden.

7 Badewannen

J. Schulz, *Bauschäden in Bädern und Nassräumen*,
https://doi.org/10.1007/978-3-658-49195-6_7

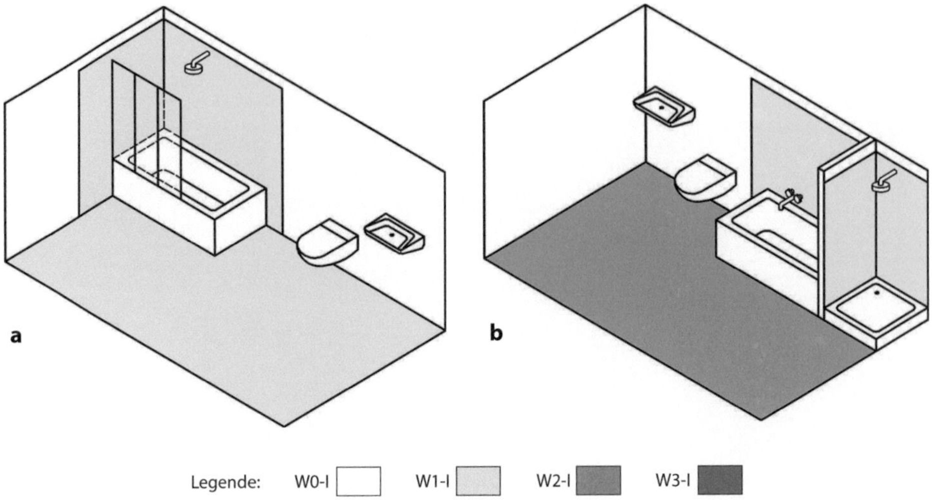

Abb. 7.1 Prinzipskizzen **a** und **b** – „Beispiele für die Zuordnung von Flächen zu den Einwirkungsklassen aus DIN 18534-1:2017-07, Anhang A, Bild A.1 – Beispiele für häusliche Bäder mit Badewanne und/oder Dusche“: **a** Häusliches Bad mit Badewanne, mit Brause und Duschabtrennung; **b** Häusliches Bad mit Badewanne, ohne Brause mit Duschtasse, ohne Duschabtrennung

7.1 Abdichtungsanschluss

Fachgerechte Planung und Ausführung

In privaten Haushalten werden Badewannen auf unterschiedliche Weise genutzt. In einigen Fällen wird die Badewanne auch als Dusche genutzt, wenn keine separate Dusche vorhanden ist (siehe Abb. 7.1a). In anderen Fällen wird die Badewanne ausschließlich als Badewanne genutzt, wenn eine zusätzliche Dusche vorhanden ist (siehe Abb. 7.1b).

Hierbei ist zu beachten, dass nach dem aktuellen und dem alten ZDB-Merkblatt Verbundabdichtung:2010-10 für „*Häusliche Badezimmer mit Badewanne* ohne *Duschnutzung* und *separater Dusche*“ noch eine Wandabdichtungshöhe von ca. 60 cm *über* Badewanne zulässig ist (siehe Abb. 7.2a, b – vgl. mit Abb. 7.1b).

Die Fuge zwischen Badewanne und angrenzender Wand kann auch (zusätzlich zur Fußbodenabdichtung) mittels einem Fugenband abgedichtet werden. Wird die davorliegende elastische Verfugung erneuert, ist darauf zu achten, dass das Dichtungsband nicht beschädigt wird. Dies wird in der Praxis jedoch oftmals nicht berücksichtigt, deshalb sind Schutzmaßnahmen (Einlegen eines Schnittschutzes) erforderlich (siehe Abschn. 5.1.3).

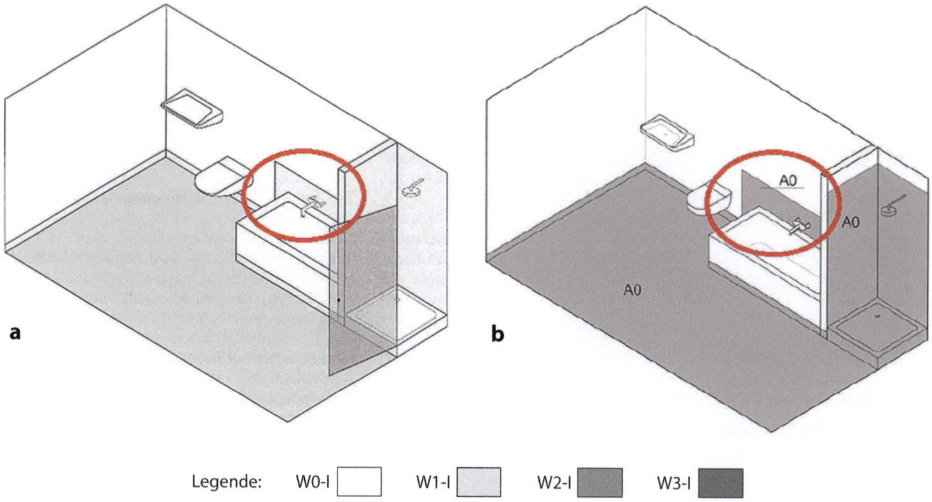

Abb. 7.2 Prinzipskizzen mit Abdichtung über Badewanne ohne Duschnutzung in häuslichem Bad mit Dusche: **a** Prinzipskizze aus ZDB-Merkblatt Abdichtungen im Verbund:2022-11; **b** Prinzipskizze aus ZDB-Merkblatt Verbundabdichtung:2010-10

DIN 18534-3:2017-07 „Abdichtung von Innenräumen" – Teil 3: Abdichtung mit flüssig zu verarbeitenden Abdichtungsstoffen im Verbund mit Fliesen und Platten (AIV-F)

7.6.3 Abdichtung von Fugen

„Die Lage und Breite der Fugen sind in der Planung anzugeben. Die Bauteilfuge ist im Belag mit elastischen Dichtstoffen/Fugenprofil zu verschließen.

Bei Feldbegrenzungsfugen, (Estrich-)Randfugen sowie Anschlussfugen ist, soweit keine anderslautenden Vorschriften (z. B. für Heizestrich) vorhanden sind, eine Fuge mit einer **Breite ≥ 5 mm** auszubilden.

Beim Einbau der Dichtbänder ist darauf zu achten, dass die freie Dehnzone im Bereich der Fuge an der Unterseite des Bandes erhalten bleibt. Die Stöße der Dichtbänder sind ≥ 50 mm zu überlappen und dauerhaft wasserdicht zu verkleben."

IVD-Merkblatt Nr. 3-1:2014-11 „Konstruktive Ausführung und Abdichtung von Fugen in Sanitär- und Feuchträumen"

4. Grundlagen

„Sanitär- und Feuchträume müssen so abgedichtet werden, dass der Baukörper dauerhaft vor Wasserschäden geschützt ist (u. a. ZDB-Merkblatt – Verbundabdichtungen).

Über Fugen eindringendes Wasser kann erhebliche Schäden verursachen.

Aus diesem Grund sind alle Anschlüsse von Baustoffen elastisch abzudichten, z. B. Boden/Wand und Anschlüsse an sanitären Einrichtungsgegenständen."

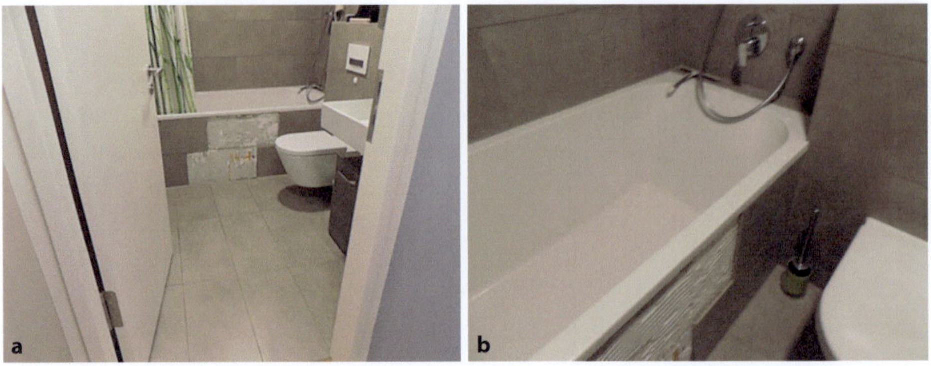

Abb. 7.3 Zustand Badewanne Übersichtsfotos: **a** Blick von der Tür auf die Badewanne; **b** Nutzung als Wanne und Dusche

Typische Schadensfälle

In einem im Jahr 2017 errichteten Neubau wurde die Badewanne zum Duschen genutzt, wie in Abb. 7.3 dargestellt. Es dauerte nicht lange, bis das Duschwasser eine Etage tiefer aus der Deckenlampe und dem Wandlichtschalter austrat.

Wenn die Badewanne gleichzeitig als Dusche genutzt wird, weist sie ein höheres Risiko für Feuchtigkeitsschäden auf als eine Badewanne, die nur als Badewanne genutzt wird. Das lässt sich damit begründen, dass die seitlichen Fugen zwischen Badewanne und angrenzender Wand unter einer erhöhten Wasserbelastung steht.

Eine elastische Verfugung ersetzt keine erforderliche Abdichtung (siehe Abschn. 5.1.1).

Auch in einem anderen Bauvorhaben, bei dem das Badezimmer u. a. über einen bodengleich gefliesten Duschbereich verfügte, wurde vom Architekten keine Fußbodenabdichtung unterhalb der Badewanne geplant. Stattdessen wurden Dichtbänder auf den Rand der Badewanne geklebt (Abb. 7.4).

Badezimmer mit bodengleichen Duschen gehören zu den „Nassräumen mit hoher Beanspruchung“ und müssen daher immer abgedichtet werden (siehe Abschn. 2.2.2).

Da im vorliegenden Fall die Badewanne ca. 1,50 m von der niveaugleichen Dusche entfernt lag, ist auch unter der Badewanne eine Abdichtung erforderlich, d. h. die Dichtungsbänder auf dem Wannenkörper reichen (alleine i. d. R.) nicht aus. Die vorhandene Badewanne ist zu demontieren und nach Ausführung einer Fußbodenabdichtung wieder aufzustellen.

Abgesehen von der fehlenden Badabdichtung musste in vorliegendem Objekt auch die Lage der Badewanne vor dem Fenster beanstandet werden. Dadurch war der Zugang für eine Fensterbetätigung für eine regelmäßige Lüftung versperrt (siehe Abschn. 7.2).

Abb. 7.4 Badewanne ohne Abdichtung: **a** fehlende Abdichtung unterhalb der Wanne, trotz bodengleicher Dusche; **b** Abdichtungsbänder auf der Badewanne; **c** Badewannen Dichtung; **d** Abdichtungsbänder

7.2 Positionierung der Badewanne im Bad

Fachgerechte Planung und Ausführung

Badewannen werden, aus welchen Gründen auch immer, oftmals vor dem Fenster geplant (siehe Abb. 7.5). Dabei ergeben sich oftmals zwei Probleme:

1. Brüstungshöhe

   Ist die Wanne direkt vor einem oder mehreren Fenstern platziert, kann sie als überkletterbare Fläche die wirksame Brüstungshöhe verringern und somit unter Umständen ein erhebliches Absturzrisiko darstellen. Die Berliner Bauordnung (§38 Umwehrungen) beispielsweise gibt klare Vorgaben zur Mindesthöhe von Brüstungen, die in solchen Fällen oft nicht mehr eingehalten werden.

Abb. 7.5 **a, b, c, d, e, f, g, h** Beispiele für Badewannen vor einem Fenster

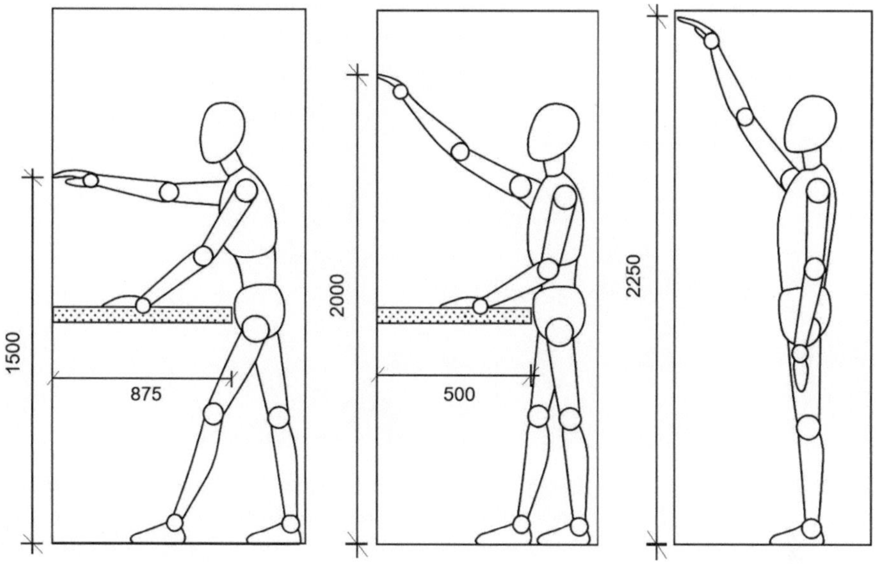

Abb. 7.6 Platzbedarf zum Öffnen von Fenstern. (Eigene Darstellung, in Anlehnung an Neufert: Bauentwurfslehre)

MBO, Musterbauordnung Fassung vom 23./24.11.2023
§38 Umwehrungen
„(4) Andere notwendige Umwehrungen müssen folgende Mindesthöhen haben:
1. Umwehrungen zur Sicherung von Öffnungen in begehbaren Decken und Dächern sowie Umwehrungen von Flächen mit einer Absturzhöhe **von 1 m bis zu 12 m 0,90 m**
2. Umwehrungen von Flächen mit **mehr als 12 m Absturzhöhe 1,10 m**."

2. Öffnen des Fensters
   Der Wohnungsnutzer hat u. a. eine Verpflichtung zum Lüften (DIN 1946-6:2019-12) der Räume, andernfalls sind Schimmelpilzbildungen vorprogrammiert. Eine vor das Fenster gesetzte Badewanne erschwert oder verhindert das regelmäßige Lüften. Die Bauentwurfslehre nach Neufert gibt einen Mindestplatzbedarf für das Öffnen von Fenstern vor (siehe Abb. 7.6) – ein Kriterium, das bei einer ungünstigen Platzierung der Wanne oft nicht mehr erfüllt wird. Darüber hinaus stellt sich bei einer derartigen Grundrisskonzeptionierung die Frage, wie ältere oder kleinere Personen das Fenster erreichen sollen, um zu lüften, wenn der Abstand zum Fenstergriff durch die Badewanne behindert wird.

Typische Schadensfälle
Während einer Bauabnahme wurde dem Verkäufer das Problem der Lüftung vorgetragen, da die Badewanne direkt vor dem Fenster stand. Um das Gegenteil zu demonstrieren, stieg der Verkäufer kurzerhand in die Badewanne, öffnete das Fenster und zeigte, dass es sich auf

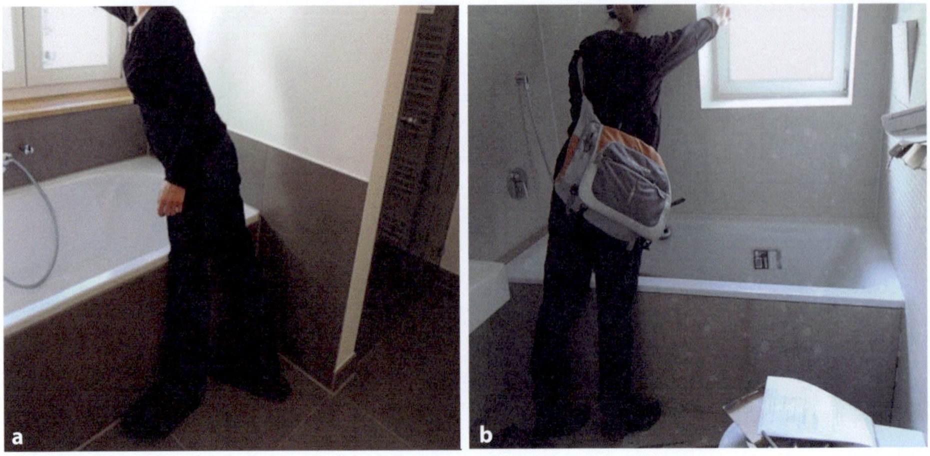

Abb. 7.7 Beispiele für Fensteröffnungen bei davor positionierter Badewanne: **a** Badewanne vor dem Fenster; **b** Öffnen („Lüftung") des Fensters nur eingeschränkt möglich

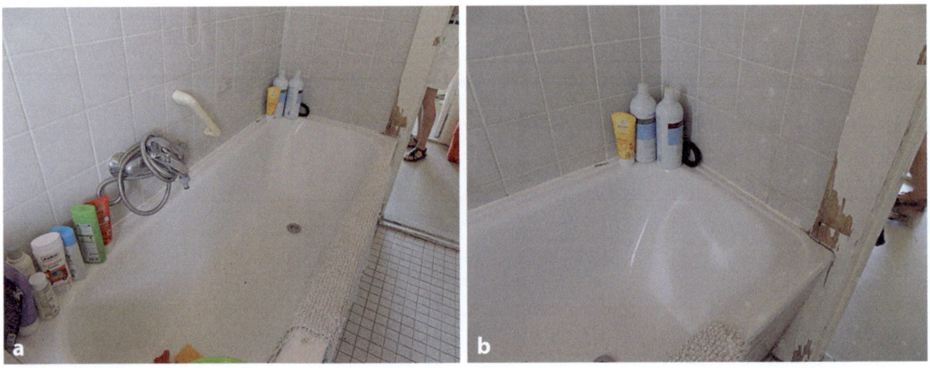

Abb. 7.8 Badewanne neben der Tür: **a** Übersichtsfoto; **b** Feuchtigkeitsschäden an der Türzarge

diesem Weg öffnen ließ. Die Reaktion fiel dabei betont selbstsicher aus, ohne jedoch auf die eigentliche Problematik einzugehen: den unpraktischen Zugang, der eine regelmäßige Nutzung des Fensters erheblich erschwerte. Für die Anordnung von Fenstergriffen/Griffoliven gibt es keine Höhenbeschränkungen.

In Badezimmern sollte mindestens ein Fenster ohne Inanspruchnahme von Hilfsmitteln zum Öffnen (d. h. Lüften) vorhanden sein, andernfalls ist eine elektrische Raumbelüftung (ähnlich wie bei einem innenliegenden Badezimmer (siehe Kap. 9) erforderlich).

Ist der Fenstergriff unter normalen Voraussetzungen nicht erreichbar, wie in Abb. 7.7b dargestellt, hat das zur Folge, dass dies einen Planungsfehler darstellt. Der Bauträger oder der Architekt kann sich nicht darauf berufen, dass er in seinem Verkaufsprospekt die Badewanne vor dem Fenster dargestellt hat und der Erwerber diese Planung unterschrieben hat.

Wenn eine Person in die Badewanne steigt und die Brüstungshöhe kleiner ist als die Forderungen gemäß der Bauordnung, stellt dies einen weiteren Planungsfehler dar.

Abb. 7.9 **a, b, c, d** Beispiele für freistehende Badewannen

Während die Positionierung der Badewanne vor einem Fenster vor allem Fragen der Erreichbarkeit und Absturzsicherung aufwirft, kann auch eine Platzierung direkt neben der Tür zu Schäden in den umliegenden Bereichen führen, wie Abb. 7.8 zeigt.

Wo geduscht bzw. gebadet wird, insbesondere bei Badewannen, die gleichzeitig als Dusche genutzt werden, fällt Spritzwasser an, wie in diesem Fall auch. Das Spritzwasser verursachte Schäden an der angrenzenden Holzzarge.

Überall wo Wasser anfällt (hier: Spritzwasser), ist eine Abdichtung und/oder feuchteunempfindliche Bauteile erforderlich.

Während klassische Wannen häufig an Wänden oder in Nischen installiert werden, bieten freistehende Badewannen (Abb. 7.9) aus technischer Sicht einige Vorteile, wenn einige

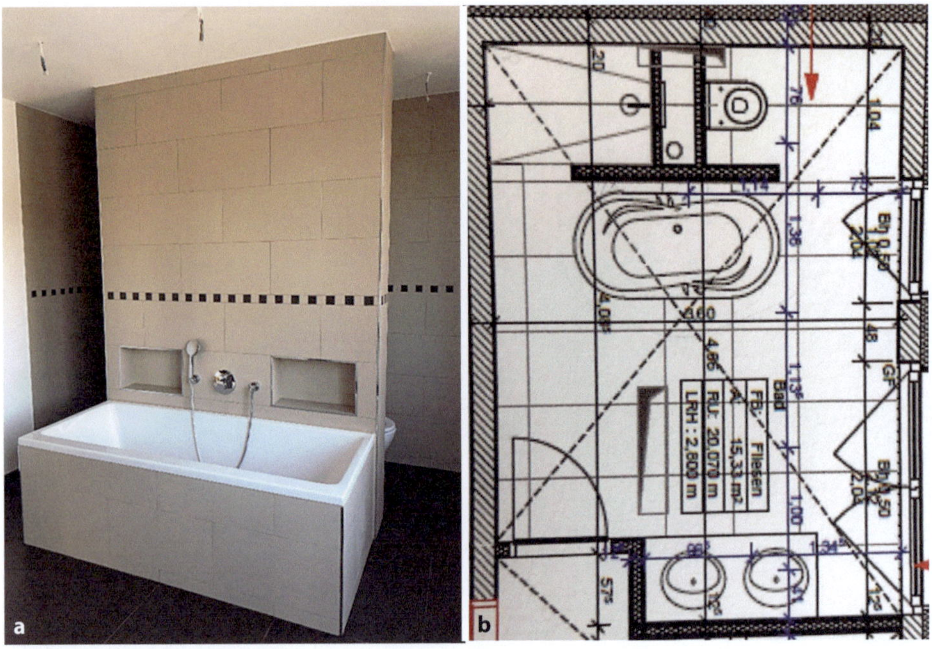

Abb. 7.10 Badewanne vor Trennwand: **a** Übersichtsfoto; **b** Grundriss – Badezimmer

Dinge berücksichtigt werden. Sie erleichtern die Zugänglichkeit für Wartung und Reinigung und reduzieren potenzielle Feuchtigkeitsprobleme an Wandanschlüssen.

Ein wichtiger zu beachtender Punkt hierbei ist, die schadenfreie Ableitung des Duschwassers in die Badewanne, sollte die Badewanne auch gleichzeitig die einzige Duschmöglichkeit ist (im Stehen).

Alles in allem gilt: Solange das Badezimmer eine wannenförmige Fußbodenabdichtung aufweist, stellt eine Badewanne „mitten im Raum" kein Problem dar.

In manchen Fällen ist eine Positionierung der Badewanne in der Raummitte nicht möglich. Um dann zu verhindern, die Badewanne vor dem Fenster oder nahe der Tür zu platzieren, ist es überlegenswert, die Badewanne wie in der Abb. 7.10 aufzustellen.

Trotzdem werden die meisten Bäder wandnah aufgestellt. Daher kommt dem Anschluss der Badewanne an die Wand bzw. an die Abdichtungsebene der Wand eine übergeordnete Bedeutung zu.

Ein Wohnungsnutzer beschwerte sich über Geruchsbelästigung, insbesondere im Badezimmer. Die Badewanne, die gleichzeitig als Dusche genutzt wurde, wies eine offene Fuge von ca. 15 mm auf (siehe Abb. 7.11). Die seitliche Wannenverkleidung wurde im Zuge der Begehung demontiert und eine „Wasserprobe" durchgeführt, d. h. die Wanne wurde mit Wasser gefüllt und anschließend entleert. Das Ergebnis: Es kam zu einem Rückstau aus der offenen Fußbodenentwässerung. Es war daher anzunehmen, dass die Wartungs- und Reinigungsarbeiten unter der Badewanne in der Vergangenheit wenig oder gar nicht durchgeführt wurden.

Abb. 7.11 Badewanne mit offener Fuge zur Wand: **a** Abstand zur Wand; **b** Fehlender Spritzwasserschutz; **c** Demontage der Wannenverkleidung; **d** Rückstau aus Fußbodenentwässerung

Bei Badewannen, die gleichzeitig als Dusche genutzt werden, kann es zu einem erhöhten Spritzwasseraufkommen kommen. Der Spritzwasserschutz kann durch eine Duschabtrennung (siehe Abschn. 6.4) und die Vermeidung von offenen Fugen (siehe Kap. 5) gewährleistet werden.

Besonders in Fällen, in denen Badewannen und/oder Duschen nachträglich in ein bereits bestehendes Bad geplant/ausgeführt werden, sind vor allem an die Planung erhöhte Anforderungen gesetzt. Da Altbauten oftmals weder eine Badewanne noch eine Dusche aufweisen, ist es hier von entscheidender Bedeutung, dass alle erforderlichen Details, Anschlüsse und Positionierungen im Rahmen des Möglichen bedacht werden.

Bezüglich des Badezimmers in Abb. 7.12a ergeben sich einige Fragen:

- Wie soll hier die erforderliche Lüftung durchgeführt werden?
- Soll der Wohnungsnutzer zum Öffnen des Fensters jedes Mal in die Badewanne steigen?
- Soll auf das Lüften verzichtet werden und das Risiko eines Schimmelbefalls eingegangen werden?
- Wer trägt das Schimmelrisiko – der Mieter oder der Vermieter?

Abb. 7.12 **a, b** Beispiele für ungeeignete Positionierungen von Badewannen

Bezüglich des Badezimmers in Abb. 7.12b stellt sich lediglich die Frage, wie die Badewanne erreicht werden soll.

Diese und ähnliche Fälle verdeutlichen, dass die Planung nicht ausreichend durchdacht wurde. Für die Positionierung der Badewanne, insbesondere in Bezug auf angrenzende Fenster, ist eine detaillierte Architektenausführungsplanung gemäß HOAI/DIN 1356 erforderlich (siehe Kap. 10).

7.3 Boden- und Wandanschlüsse

Fachgerechte Planung und Ausführung

Ein großer Teil der Feuchtigkeitsschäden in Badezimmern, mit denen ich in der Praxis konfrontiert werde, sind nicht fachgerecht hergestellte Anschlüsse von Sanitäreinrichtungen an die angrenzende Flächen- und Bodenabdichtungen. Dabei sind genau diese Anschlüsse zur Vermeidung von Schäden an der Bausubstanz von größter Bedeutung. Nicht ohne Grund schreibt die Musterbauordnung in ihrem §13 einen wirksamen Schutz gegen schädliche Einflüsse vor, insbesondere gegen Feuchtigkeit, was die Bedeutung einer sorgfältigen Planung und Ausführung unterstreicht.

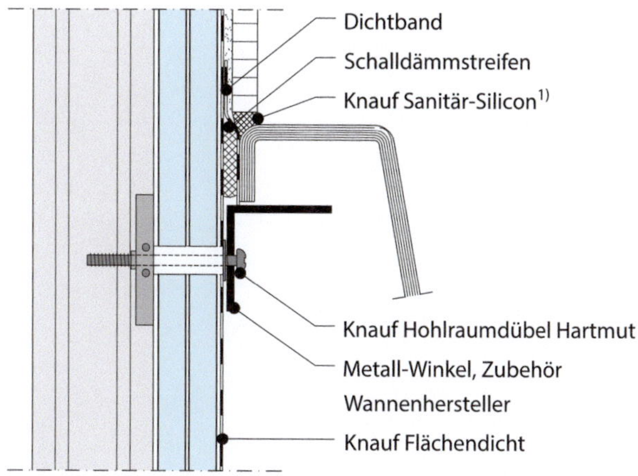

Abb. 7.13 Detail Wannenbefestigung. (Quelle: Knauf Detailblatt W61.de Knauf Vorsatzschalen Stand 06/2017, Seite 32)

MBO, Musterbauordnung Fassung vom 23./24.11.2023
§13 Schutz gegen schädliche Einflüsse
„Bauliche Anlagen müssen so angeordnet, beschaffen und gebrauchstauglich sein, dass durch Wasser, Feuchtigkeit, pflanzliche und tierische Schädlinge sowie andere chemische, physikalische oder biologische Einflüsse Gefahren oder unzumutbare Belästigungen *nicht* entstehen."

Ein häufiger Irrtum besteht darin, dass eine elastische Fuge zwischen Wanne und Wand ausgeführt und als ausreichende Abdichtung dargestellt wird. Im **ZDB-Merkblatt**: „Hinweise für die Ausführung von Abdichtungen im Verbund mit Bekleidungen und Belägen aus Fliesen und Platten für den Innen- und Außenbereich":2022-11 wird jedoch unter anderem darauf hingewiesen:

ZDB-Merkblatt:2022-11 „Abdichtungen im Verbund (AIV)"
4.2.2 Abdichten von Durchdringungen und Einbauteilen, Badewannen und Duschwannen
„Dichtstofffugen zwischen Badewanne/Duschwanne und Wand stellen keine Abdichtungsmaßnahme im Sinne der DIN 18534 dar."

Diverse Hersteller greifen diese hohe Bedeutung der Abdichtungsanschlüsse auf und stellen Planungsdetails zur Verfügung (z. B. Fa. Knauf in Abb. 7.13).

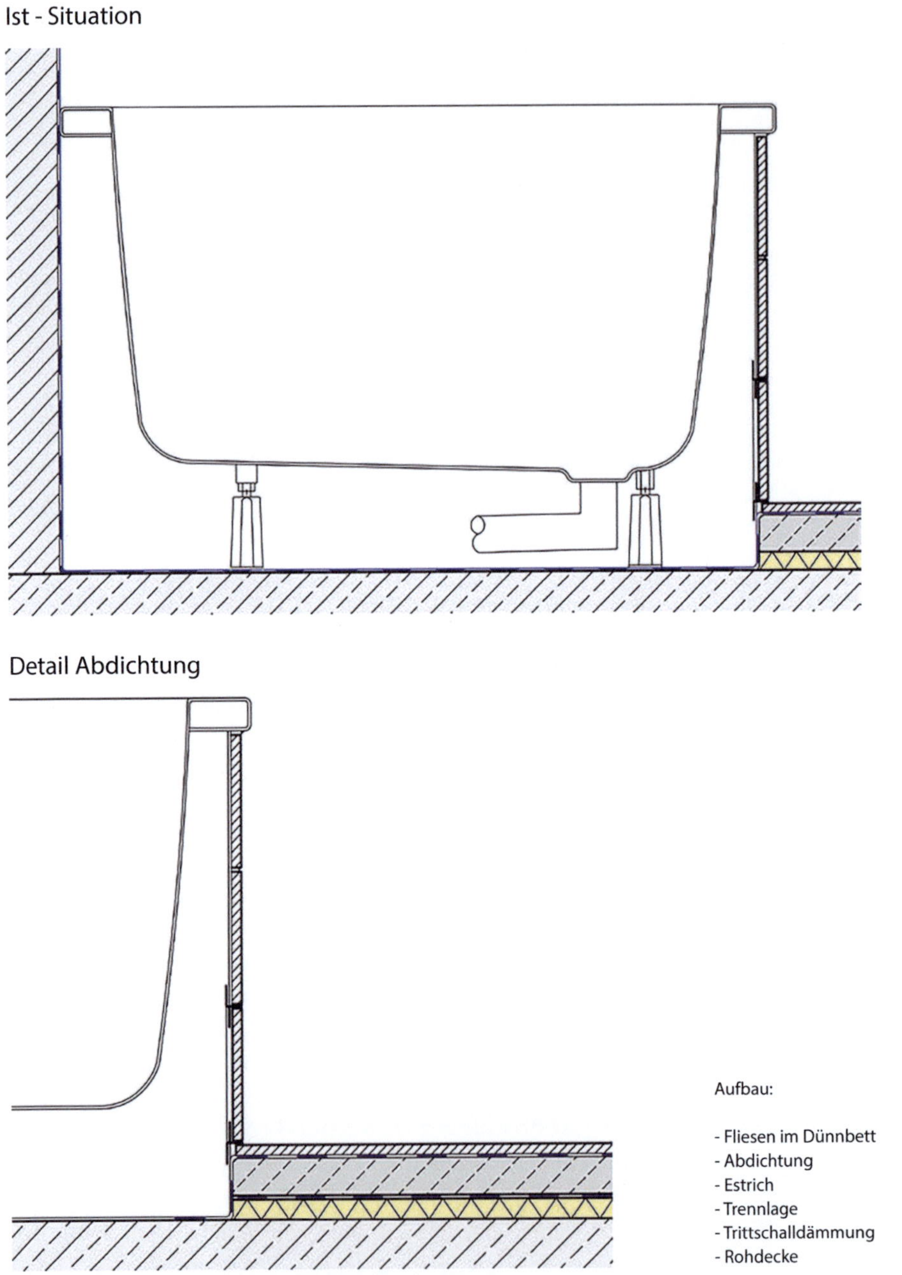

Abb. 7.14 Prinzipskizze – Badewanne, vertiefter Einbau

Im Folgenden werden verschiedene Prinzipskizzen gezeigt (Abb. 7.14, 7.15, 7.16 und 7.17), die fachgerechte Boden- und Wandanschlüsse im Bereich der Badewanne veranschaulichen. Diese sollen als Planungshilfe dienen und ersetzen keine projektspezifische Ausführungsplanung.

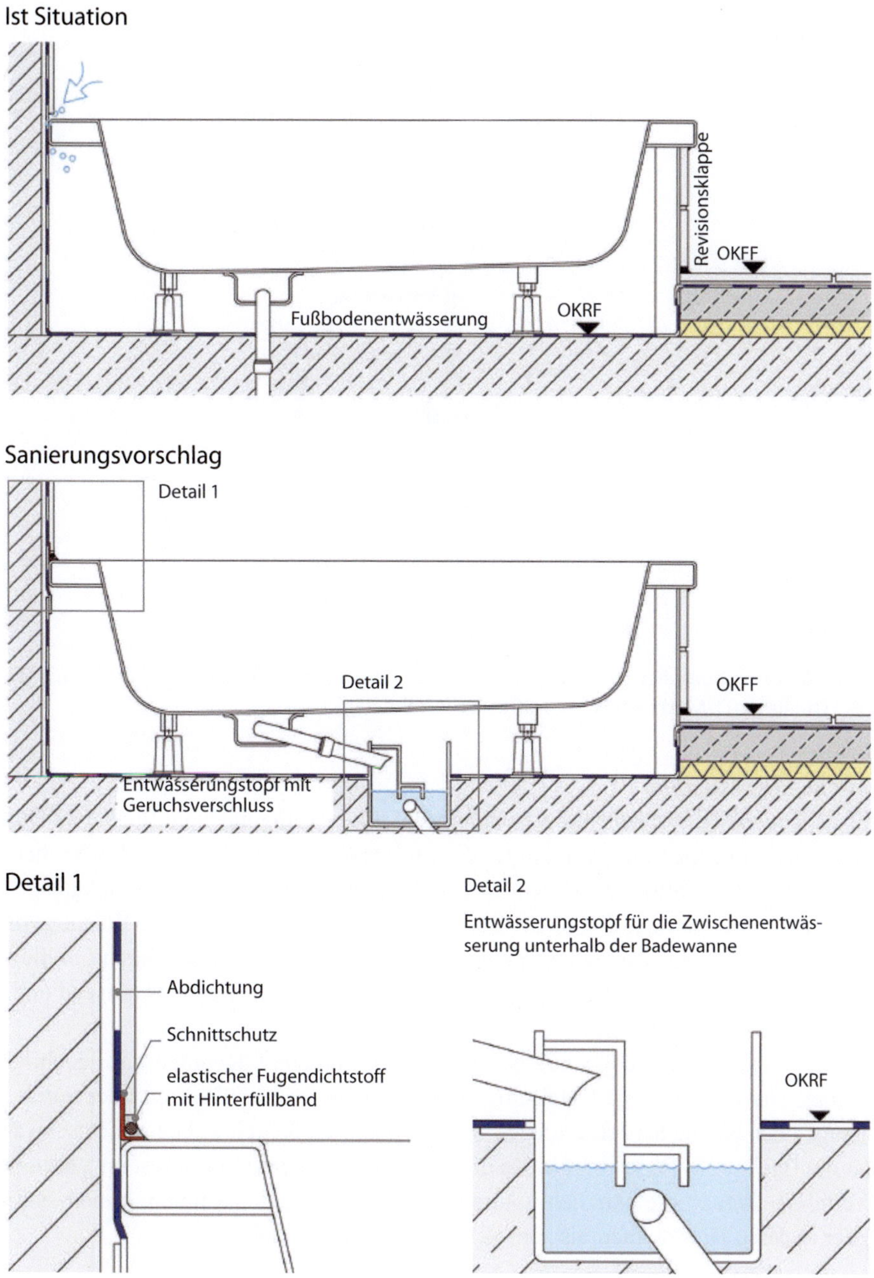

Abb. 7.15 Badezimmerabdichtung

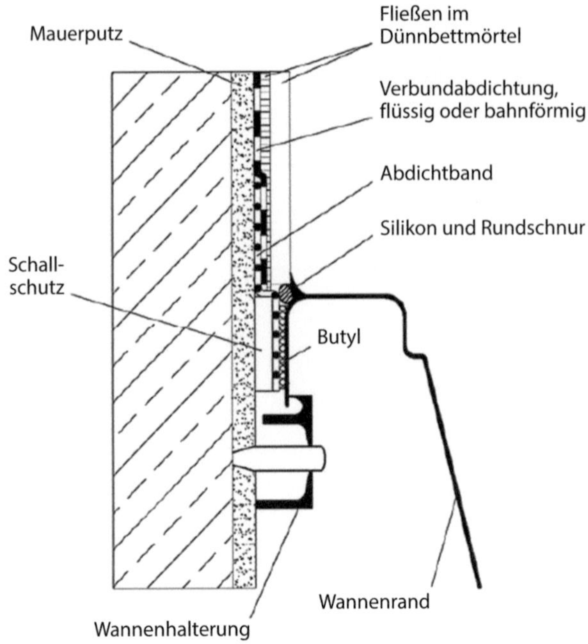

Abb. 7.16 Anwendungsbeispiel für Wannenanschlussfugen, beispielhafte Installation mit Wandanker. (Quelle: IVD-Merkblatt Nr. 3-1:2014-11, Abbildung 7)

Typische Schadensfälle

Neben abgesackten, spröden und verschmutzten Silikonverfugungen im Bade- und Duschwannenbereich können undichte Fugen Wasserschäden an verschiedenen Stellen hervorrufen. Besonders anfällig sind Holztürzargen, Parkettböden oder Gipskartonplatten.

Häufig werden vor dem Einbau der Bade- oder Duschwannen zuerst die Wände gefliest. Anschließend wird die Wanne dagegengestellt und eine elastische Verfugung in die verbleibende Fuge einbracht. Diese ist aber nur für begrenzte Zeit wasserabweisend und auf Dauer nicht wasserdicht.

Immer wieder kann beobachtet werden, dass durch das Fugenmaterial Feuchtigkeit eindringt. Die Ursachen sind vielseitig, beispielsweise materialbedingt oder durch Bewegungen der Wanne hervorgerufene Fugenabrisse. Folglich läuft dadurch Duschwasser unter die Bade- bzw. Duschwanne. Da die Wand- und Bodenfliesen selbst im *„Buttering-Floating-Verfahren"* nie gänzlich hohlraumfrei verlegt werden können, breitet sich das Wasser in deren Hohlräumen bis zum Schadenseintritt allmählich aus.

Schaden aufgrund von undichter elastischer Verfugung

In einem Rechtsstreit hatte eine undichte Silikonfuge zwischen Duschtasse und gefliester Seitenwand der Duschkabine (Abb. 7.18) zu einem Gebäudeschaden geführt.

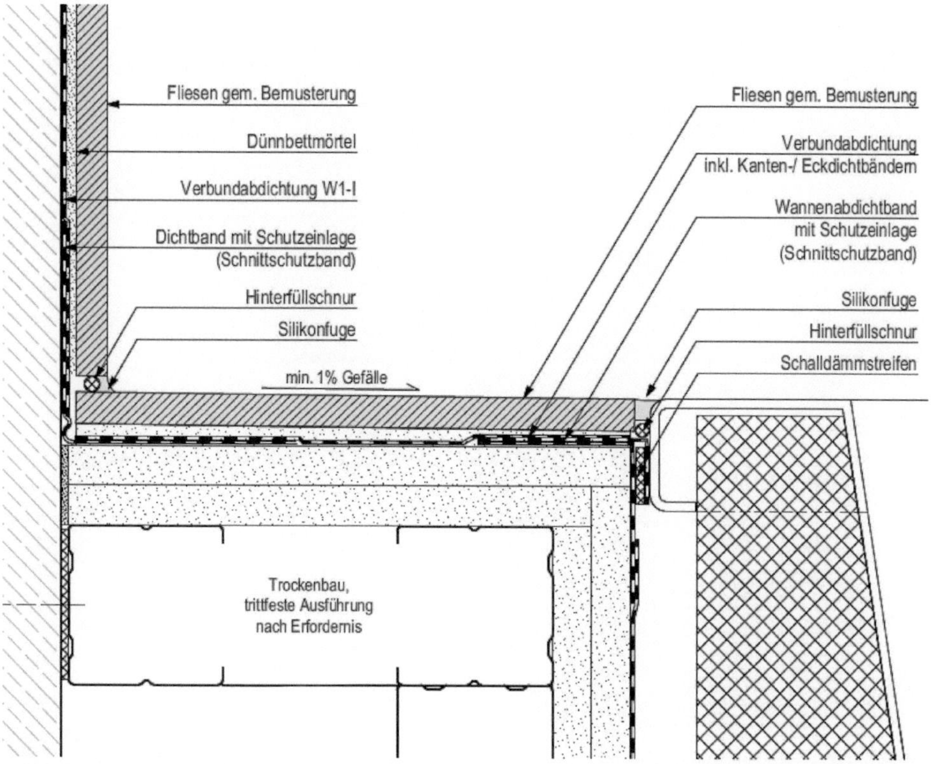

Abb. 7.17 Wandanschluss (Trockenbau zwischen Wanne und Wandfliesen). (Quelle: eigenes Archiv)

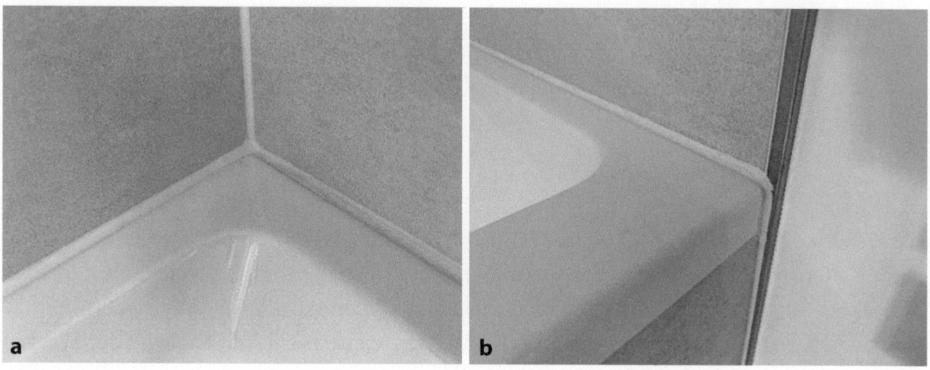

Abb. 7.18 Elastische Verfugung zwischen Badewanne und Wandfliesen: **a** Badewanne vor Wandfliesen; **b** Abgesackte Verfugung, Abriss

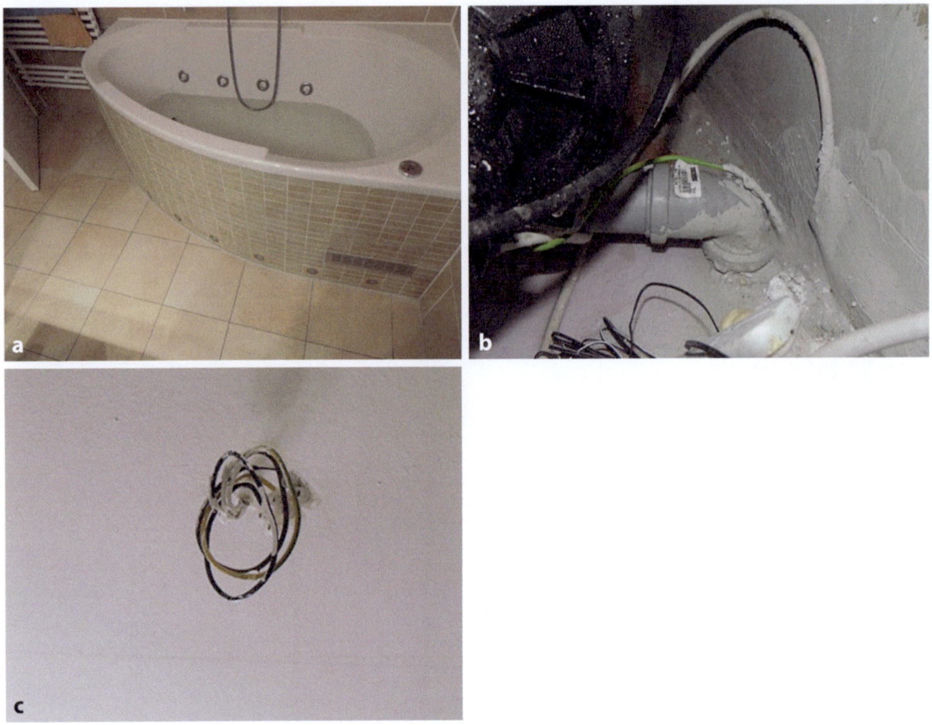

Abb. 7.19 Undichtigkeiten unterhalb der Badewanne: **a** Übersichtsbild der Badewanne; **b** Fehlstellen in der Abdichtung; **c** Tropfendes Wasser aus der Deckendurchdringung

Amtsgerichts Düsseldorf (AZ 42 C 9839/01)
„Führt eine schlecht abgedichtete Stelle in einer Duschkabine zu einem Gebäudeschaden, so muss dafür die Leitungsversicherung des *Vermieters* zahlen. Nicht zuständig dafür seien Mieter oder gar seine Hausratversicherung."

Dieses Urteil hat zur Folge, dass sich Vermieter künftig an die Architekten oder das ausführende Unternehmen wenden werden. Die einfachste Lösung, wenn auch nicht die dauerhaft wirksame, ist, die elastische Verfugung in regelmäßigen Abständen zu erneuern und zu beobachten, nachdem die Wasserschäden beseitigt wurden. Um die Ursache der Wasserschäden *dauerhaft* zu beheben, ist jedoch eine grundlegende Änderung des Bade- und Duschwanneneinbaus erforderlich.

Durchlaufschaden aufgrund undichter Abdichtungsanschlüsse
In einem Neubau kam es bereits nach kurzer Zeit zu Wasserschäden. Das Wasser tropfte in dem darunterliegenden Raum aus der Deckenbeleuchtung (siehe Abb. 7.19).

Dieser Fall verdeutlicht wieder, dass eine Abdichtung geplant und von der Bauüberwachung überprüft, d. h. „abgenommen" werden muss.

Ein Wassereintritt unter die Badewanne kann nicht nur Schäden im darunterliegenden Geschoss verursachen, sondern auch angrenzende Räume in Mitleidenschaft ziehen.

Wasserschaden im an das Bad angrenzenden Flur
Im Flur, neben dem Badezimmer, wurde Feuchtigkeit festgestellt, die sich in der Ablösung der Tapete äußerte. Beim Betreten der Badewanne wurde eine Absenkung festgestellt. Die Bauteilöffnung innerhalb der Wannenverfliesung wurde stichprobenartig durchgeführt (aufgrund fehlender Revisionsöffnung wurden die Fliesen zerstört). Das Ergebnis zeigte, dass sich unterhalb der Badewanne ca. 15 mm Wasser befanden.

Die Wandfliesen wurden vor der Installation der Badewanne aufgebracht, während die Wanne selbst erst im Anschluss aufgestellt wurde. Die Fuge zwischen Wandfliesen und Badewanne wurde mit einer elastischen Verfugung geschlossen, was den Vorgaben der a. R. d. T. widerspricht.

Nach dem Abbau der Badewanne zeigte sich folgendes Erscheinungsbild (siehe Abb. 7.20): Im Bereich der horizontalen Rohrleitung war der Hartschaum-Wannenträger über die gesamte Länge entfernt, d. h. die Rückseite des Wannenträgers „hing in der Luft".

Die Koordination zwischen Architekten, TGA-Planer und Bauleitung war unzureichend, da die Entwässerungsrohre erst nach der Fußbodenabdichtung verlegt wurden. Da eine nachträgliche Abdichtung unterhalb der Rohrleitung nicht mehr möglich war, wurde über der Rohrleitung eine Abdichtungsbahn verlegt, wobei die Rohrdurchdringungen offenblieben.

Auch bei diesem Objekt wurden sämtliche sanitären Ausstattungselemente wie Toilettenbürste, Papierhalter usw. geplant und vermaßt, während konstruktive Angaben zur Abdichtung, zum Einbau der Wanne, zur Ausbildung der elastischen Verfugung usw. fehlten.

Aufgrund fehlender Koordination zwischen Planer und Bauleitung musste die ausführende Firma wieder einmal improvisieren.

Wichtig für die Bewertung des beschriebenen Schadensfalls ist die Tatsache, dass die Badewanne hier als einzige Duschmöglichkeit diente. Das massive Einschneiden des Wannenträgers führte zu Instabilität der Badewanne, was beim Betreten zu einem Absinken der Wanne und einem Riss in der elastischen Verfugung führte. Dies resultierte in einem Eindringen von Duschwasser über die Fugen unter die Wanne und darüber in den Fußbodenaufbau.

Es ist daher erforderlich und von hoher Relevanz, vor der Verlegung der Rohrleitung die Fußbodenabdichtung auszuführen oder die Rohrleitung mit einer Trockenwandkonstruktion zu ummanteln, um die erforderliche Abdichtung aufzunehmen.

Oftmals kommt noch dazu, dass die ausgeführten elastischen Verfugungen in den Anschlussbereichen nicht ausreichend dimensioniert werden (gem. a. R. d. T., u. a. DIN-Normen und IVD-Merkblätter, siehe hierzu Kap. 5).

Abb. 7.20 Fehlerhafter Einbau einer Badewanne: **a** angrenzender Flur: Feuchtigkeit unter Sockelleiste; **b** Abriss der elastischen Verfugung; **c** fehlende, funktionstaugliche Revisionsöffnung; **d** Das Wasser steht ca. 15 mm unter der Badewanne; **e** funktionsuntaugliche elastische Verfugung; **f** demontierte Badewanne

Abb. 7.20 *Fortsetzung* - Fehlerhafter Einbau einer Badewanne: **g** querverlaufende Rohrleitung; **h** Wannenträger komplett seitlich gekürzt. Lastabtrag; **i** fehlende Abdichtung; **j** Badewannen-Hartschaum-Wannenträger, Untersicht

OLG Düsseldorf (21 U 63/09 Urteil vom 25.03.2010)
„Wenn der Planer/Bauträger von den a. R. T. abweicht (ohne dass es zu einem Schaden kommen muss), so stellt dies in mehrerlei Hinsicht einen Mangel dar."

Die Wanne ist so einzubauen, dass sie getrennt durch einen Schaumstoffdichtstreifen gegen die senkrecht verlaufende Wandabdichtung stößt. Dies ist nicht umsetzbar, wenn die Fliesenarbeiten vor dem Wanneneinbau abgeschlossen wurden. Ein zusätzlicher Wannenhalter verhindert die Verformung aus Horizontal- und Vertikalkraft. Erst dann wird die Fliese auf die Wanne geführt.

Es empfiehlt sich, die Wanne nicht abzukanten, sondern aufzukanten, um dann die Fliese darüber zu führen. Architekt/innen weisen in diesem Zusammenhang häufig darauf hin, dass ihnen keine entsprechende Norm bekannt ist, die dieses Vorgehen fordert, und dass es sich nicht um einen technischen Mangel handelt. Meine Erfahrung besagt:

► **Klartext**
Die wenigsten denken „VOR“, die meisten (leider) denken erst „NACH“, d. h. Nachdenken im Zuge der Mängelbeseitigung.

Badewannen müssen so standfest montiert werden, dass der elastische Fugenfüllstoff in der Anschlussfuge nicht über der Verformung gedehnt und gestaucht wird. Deshalb ist gerade bei „labilen“ Acryl-Badewannen im Anschlussbereich immer z. B. eine „Wandhalterung“ erforderlich, die vor Ort fehlte.

Eine Bauüberwachung ist verpflichtet, die Entwässerungsleitung (hier: Ablaufgarnitur unter der Badewanne) *auf Dichtigkeit zu überprüfen.* Bei Hartschaumwannenträgern ist dies nur möglich, wenn die Revisionsöffnung bereits im Wannenträger eingeschnitten ist.

Ausführende Baufirmen sollten bei fehlender oder falscher Ausführungsplanung Bedenken gem. §4 Absatz 3 VOB/B anmelden.

Abb. 7.21 können weitere Situationen zum Wanneneinbau und den Boden- und Anschlussfugen entnommen werden (Kommentierung in der Bildunterschrift).

7.4 Revisionsöffnungen

Fachgerechte Planung und Ausführung
Eine fachgerecht geplante und ausgeführte Revisionsöffnung (Revisionstür, „Wartungsklappe“) an einer Badewanne ist erforderlich, um die Entwässerung der Badewanne langfristig zu gewährleisten. Sie ermöglichen einen nachträglichen Zugang zu durch Wand- bzw. Deckenverkleidungen verdeckte Installationen.

Sie sind *erforderlich* für die Reparatur, Befreiung von Verstopfungen (Siphon) bzw. Wartung von Leitungen usw.

In Abb. 7.22 ist dargestellt, auf welche Art die Revisionsöffnung in der Einbauanleitung eines Badewannenherstellers beschrieben wird.

Die hohe technische Relevanz der Revisionsöffnung ergibt sich schon aus der Definition der Wartung im Allgemeinen. Die in der Norm erwähnten Maßnahmen umfassen unter anderem regelmäßige Inspektionen und Reinigungen.

DIN 31051:2019-06 „Grundlagen der Instandhaltung“
3.1.2 Wartung
„Maßnahmen zur Verzögerung des Abbaus des vorhandenen Abnutzungsvorrats.“

Abb. 7.21 Weitere Beispiele zum fehlerhaften Einbau von Badewannen: **a** Wanne auf Hartschaum Wannenträger; **b** fehlende Abdichtung unter der Badewanne; **c** Abdichtungsaufkantung auf Hartschaum Wannenträger; **d** falscher Wanneneinbau: Abdichtung? Fugenausbildung? Untergrund – Gipsplatten ohne Abdichtung? Planung?; **e** Wannen – Unterstützung; **f** zu geringe Fugenbreite, zur Aufnahme einer fachgerechten elastischen Verfugung; **g** Fehlstellen in der Fußbodenabdichtung

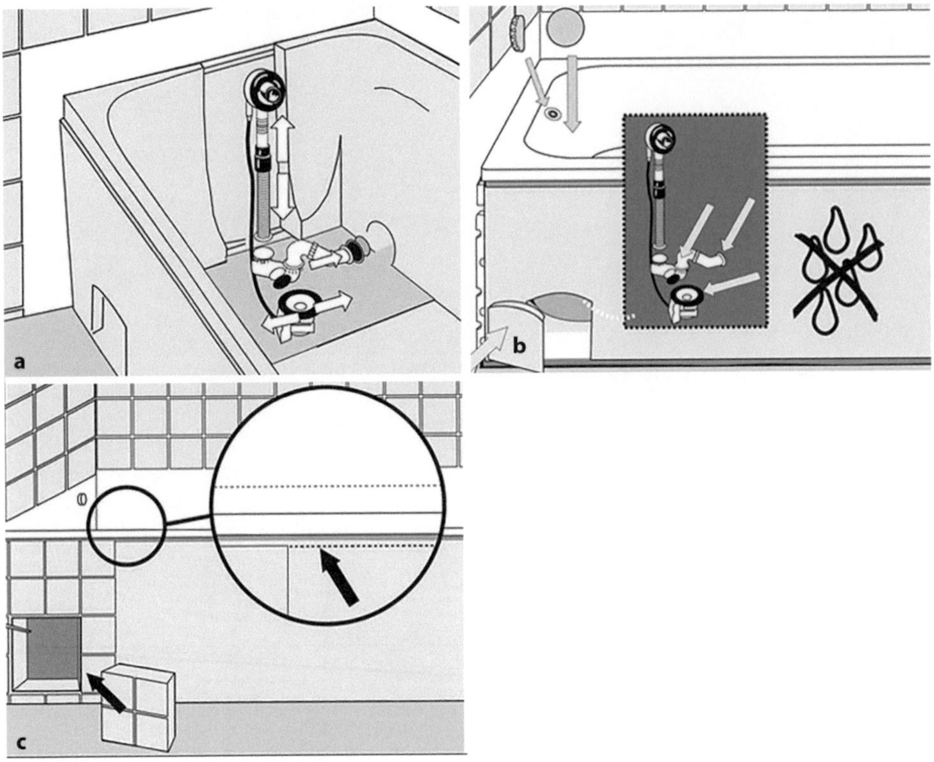

Abb. 7.22 Beispiel Einbauanleitung Badewannen-Hartschaum-Wannenträger: **a** Ab- und Überlaufgarnitur an die Ablaufleitung anschließen und ausrichten; **b** Dichtigkeit überprüfen und Revisionsöffnung schließen; **c** Wannenträger verfliesen, Revisionsöffnung dabei aussparen. (Quelle: Ottofond GmbH bzw. poresta systems GmbH)

Die DIN 18534-1 stellt in Punkt 6.4 *„Entwässerung“* klar, dass Abläufe für Wartungszwecke freizugänglich sein müssen. In Punkt 10 *„Instandhaltung“* wird darüber hinaus empfohlen, Revisionsöffnungen einzuplanen, um die notwendige Zugänglichkeit sicherzustellen.

DIN 18534-1:2017-07 „Abdichtung von Innenräumen“ –
Teil 1 Anforderungen, Planungs- und Ausführungsgrundsätze
6.4 Entwässerung
„Abläufe müssen so geplant und eingebaut werden, dass sie für Wartungszwecke zugänglich sind.
[…]

10 Instandhaltung
Für die Instandhaltung gelten die Begriffe und die allgemeinen Verfahrensweisen nach DIN 31051.

Frei zugängliche Abdichtungsbereiche sollten regelmäßig auf ihre Funktionsfähigkeit kontrolliert werden. Für nicht zugängliche Abdichtungsbereiche, z. B. unter/hinter Bade- oder Duschwannen, werden Revisionsöffnungen empfohlen.
An- und Abschlüsse der Abdichtungsschicht an aufgehenden Bauteilen und Durchdringungen sowie Übergänge auf benachbarte Flächen sind auf Beschädigungen und Flankenabrisse zu kontrollieren.
Dichtstofffugen sind zu pflegen, zu warten und ggf. zu erneuern. Müssen Fugendichtstoffe erneuert werden, ist bei nicht vorhandenen Schutzstreifen darauf zu achten, dass die Abdichtung nicht beschädigt wird."

Auch die DIN 1986-3, die sich mit Entwässerungsanlagen in Gebäuden befasst, zählt Badewannen zu den Entwässerungsgegenständen, die einer regelmäßigen Wartung unterliegen.

DIN 1986-3:2004-11 „Entwässerungsanlagen für Gebäude und Grundstücke" – Teil 3: Regeln für Betrieb und Wartung
Tabelle 1
„12 Entwässerungsgegenstände
a) Waschtische, Handwaschbecken, Bade- und Brausewannen:
Wartung bei Bedarf"

Um diesen Anforderungen gerecht zu werden, muss die Revisionsklappe sowohl funktional als auch optisch in das Badekonzept integriert werden. Im Folgenden werden eine Prinzipskizze im Schnitt und in der Ansicht zur fachgerechten Herstellung einer Revisionsöffnung unter Berücksichtigung des Fliesenplans (siehe Abb. 7.23) sowie Fotos gelungener Ausführungen gezeigt (Abb. 7.24).

Revisionsklappen im Trockenbau nehmen als Rahmen das gleiche Plattenmaterial wie der Rest der Trockenbaukonstruktion auf, z. B. Faserzementplatten, Fliesen usw. Das ermöglicht die gleiche Gestaltung für Wand- bzw. Deckenflächen und Revisionsklappe, z. B. Spachteln und Streichen der Flächen.

Geflieste Dusch- oder Badewannen benötigen eine Revisionsöffnung.

Es gibt unterschiedliche Lösungen, z. B.:

- mit Metallrahmen, in Fliesengröße,
- mit Magnetverschluss (siehe Abb. 7.24) oder
- umlaufender elastischer Verfugung.

Bei der Verwendung von Fliesen mit einer umlaufenden elastischen Verfugung ist jedoch darauf zu achten, dass der Ausschnitt im Wannenträger vorhanden ist und die Fliese nicht

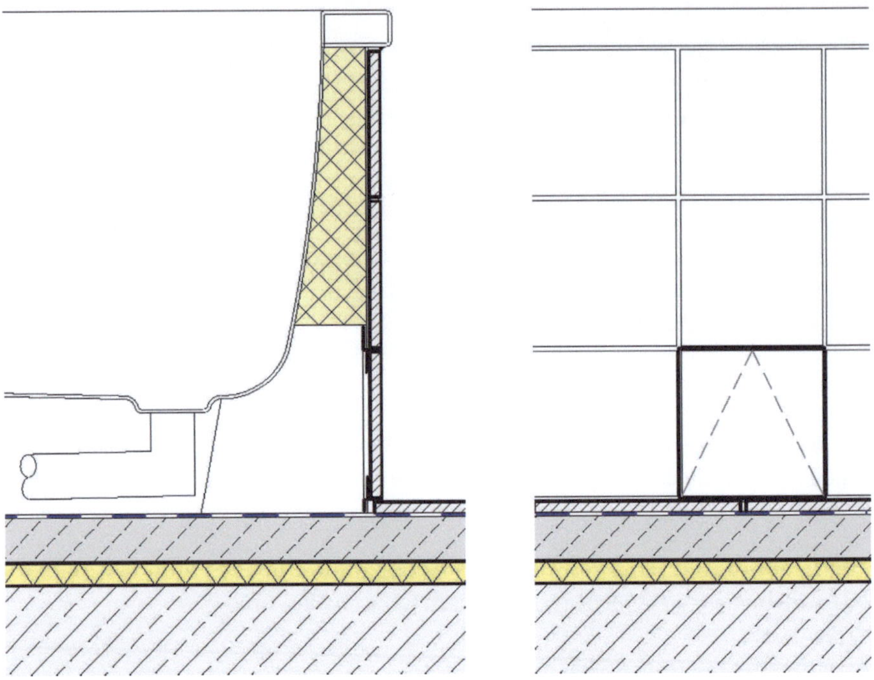

1: Revisionsklappe mit Einbaurahmen und Magnetverschluss
2: EPS-Wannenträger
3: Ausschnitt im Wannenträger

Anmerkung:
Grundsätzlich sollten EPS-Wannenträger vermieden werden, da sie einen Nährboden für Schädlinge (z. B. Schimmelpilze) darstellen.
Alternativ sind Wannenträger auf der Rohdecke (+Abdichtung) zu empfehlen. Darüber hinaus sollte der Hohlraum unter der Wanne eine Entwässerungsmöglichkeit besitzen.

Abb. 7.23 Prinzipskizze – Erforderliche Revisionsöffnung, nach Fliesenplan

auf diesem vollflächig verklebt ist. Ansonsten ist es unmöglich diese zerstörungsfrei zu entfernen, wie in Abb. 7.25b dargestellt.

Die Frage, ob Revisionsklappen den optischen Eindruck der Badewannenverkleidung beeinträchtigen, sei dahingestellt. Wichtiger ist die Funktionstauglichkeit. Gemäß Gerichtsurteilen (u. a. AZ 42 C 9839/01, siehe Abschn. 7.3) ist der Vermieter für eindringendes Wasser über undichte elastische Verfugungen verantwortlich. Revisionsklappen unterstützen die Überprüfung und Wartung des Fußbodens unterhalb der Wanne, insbesondere auf mögliche Feuchtigkeit.

Weitere Beispiele und Hinweise enthält Abb. 7.25.

Abb. 7.24 Beispiel für eine fachgerecht hergestellte Revisionsöffnung: **a** Badewannenverkleidung; **b** mit Revisionsöffnung, nach Fliesenplan; **c** fachgerechte Lösung mit Magnetverschluss

Abb. 7.25 Revisionsöffnungen – Beispiele und Hinweise: **a** fehlende Revisionsöffnung: stehendes Wasser; **b** fehlende Revisionsöffnung – Folge: Beschädigung der Fliesen; **c** Badewanne in Wand-Nische; **d** fehlgeschlagene Planung der Revisionsöffnung; **e** Einbauteil: Schlauchaufroller für Handbrause; **f** Hinweis auf erf. Revisionsöffnung (Ausschnitt aus Abb. 7.25e)

Typische Schadensfälle

Badewannen werden heutzutage i. d. R. in die Badezimmeroberflächenoptik integriert und mit Fliesen verkleidet.

Immer wieder entstehen – spätestens bei der Bauabnahme – mit dem Planer oder der ausführenden Firma Dispute, weshalb keine Wartungsmöglichkeit z. B. eine Revisionsklappe eingebaut wurde. Es wird vergessen, dass die Nutzenden beim Baden/Duschen/Haare waschen, letztere verlieren und diese sich unterhalb der Entwässerung im Siphon ansammeln, wodurch es wiederum zur Verstopfung kommen kann.

Eine ausführende Baufirma, auf die fehlende Revisionsklappe angeschrieben, antwortete:

> „… im o. g. Bauvorhaben muss keine Revisionsklappe in die Badewannenanlage eingebaut werden. In den 20 Jahren, in denen wir auf dem Markt sind, haben wir noch keine benötigt."

Derartige Antworten erhalte ich sehr häufig. Die langjährige Praxis einer Bauweise entbindet jedoch nicht von der Einhaltung der anerkannten Regeln der Technik. Technische Regelwerke (Normen, Merkblätter usw.) unterliegen einer stetigen Weiterentwicklung, um die Qualität und Sicherheit von Bauwerken zu gewährleisten. Dass eine bestimmte Ausführungsart über Jahre hinweg angewendet wurde, stellt keinen Nachweis für ihre Regelkonformität dar und rechtfertigt keine Abweichung von aktuellen Anforderungen.

Die Einhaltung der anerkannten Regeln der Technik erfordert nicht nur die richtige handwerkliche Ausführung, sondern vor allem auch eine sorgfältige Planung im Vorfeld. Fehlt eine detaillierte Ausführungsplanung, fehlt damit die Grundlage für die handwerkliche Ausführung. Insbesondere im sensiblen Bereich der Abdichtung aber auch bei der Planung von Revisionsmöglichkeiten von schadensanfälligen Bauteilen (z. B. Badewannenabläufen), kann eine unzureichende Koordination zwischen Planung und Ausführung zu schwerwiegenden Feuchteschäden führen.

Für das folgende Objekt wurde keine Architektenausführungsplanung für die Badabdichtung erstellt. Der Architekt führte aus, dass er keine Ausführungsplanung, insbesondere für die Badabdichtung, schulde.

Die Folge war:

- Der Estrich war zu hoch ausgeführt worden. Der von den a. R. d. T. geforderte Höhenunterschied zwischen Bad und Flur war nicht mehr herstellbar.
- Die Duschwannen konnten nicht mehr niveaugleich ausgeführt werden, was mit dem Bauherrn abgestimmt war.
- Die IXEL-Fugen, die zur Aufnahme der elastischen Verfugung dienten, waren zu schmal.
- Die Revisionsöffnungen für die Badewannen waren kleiner als das Fliesenformat.

Wenn das Fliesenformat das Maß der Revisionsöffnung im Wannenträger überschreitet (Abb. 7.26), erfolgt eine kraftschlüssige Verbindung der Fliese mit dem Untergrund bzw. dem Wannenträger. Dies hat zur Folge, dass beim Versuch, die Fliese zu öffnen, selbige beschädigt wird.

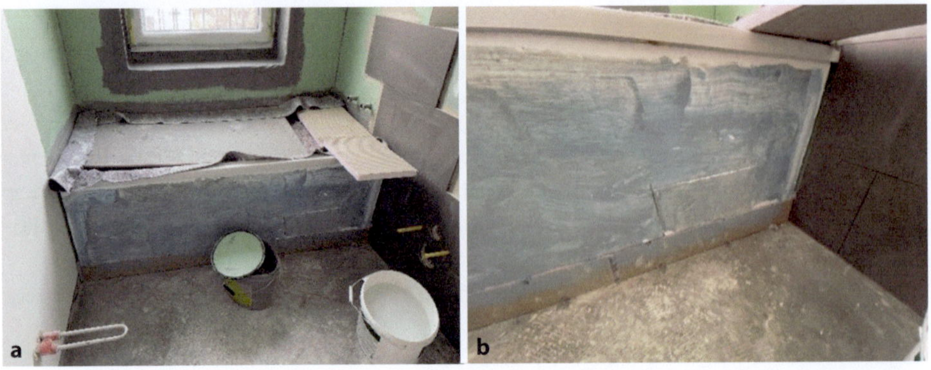

Abb. 7.26 Beispiel für unzureichende bzw. fehlende Fliesenplanung: **a** Wannenträger; **b** Revisionsöffnungen kleiner als übriges Fliesenformat

8 Sonstige Bäderausstattung

J. Schulz, *Bauschäden in Bädern und Nassräumen*,
https://doi.org/10.1007/978-3-658-49195-6_8

8.1 Sanitäre Einrichtungsgegenstände

Fachgerechte Planung und Ausführung

Damit sanitäre Einrichtungsgegenstände wie Waschbecken, WCs, Urinale, Duschen, Badewannen und Bidets funktional, komfortabel und langfristig schadensfrei genutzt werden können, ist, wie auch in allen anderen Bereichen des Bauens, eine Planung erforderlich. Besonders wichtig ist, dabei die Einhaltung empfohlener Höhenangaben und Bewegungsabstände gemäß den anerkannten Regeln der Technik. Diese sind unter anderem in der VDI 6000, Blatt 1 festgelegt und dienen dazu, eine ergonomische Nutzung sowie eine ausreichende Bewegungsfreiheit zu gewährleisten. Sie beschreibt die Ermittlung des Bedarfs an Sanitärgegenständen und Ausführung von Sanitärräumen in Abhängigkeit von der Nutzung.

Die im Blatt 1 der VDI 6000 enthaltenen Abstände stellen Richtwerte dar, die Planenden als Grundlage für eine normgerechte und praxistaugliche Badgestaltung dienen sollen.

Für jedes Objekt – wie Waschbecken, WC, Urinal, Bidet, Badewanne oder Dusche – werden dort empfohlene Stellflächen in Breite und Tiefe aufgeführt. Ergänzend dazu werden die erforderlichen Bewegungsflächen angegeben, also der Freiraum, der vor dem jeweiligen Objekt zur Verfügung stehen sollte.

Neben den Flächenangaben sind auch Angaben zu Mindestseitenabständen zwischen den verschiedenen Sanitärobjekten untereinander enthalten. Diese Seitenabstände – in der Regel 20 bis 25 cm – dienen der besseren Erreichbarkeit, Reinigung und Nutzung. Ebenso sind Abstände zur Wand aufgeführt, die je nach Wandseite und Art des Objekts variieren können. Dabei wird auch unterschieden, ob die Wand beidseitig genutzt wird.

Zusätzlich werden Mindestabstände zu Türöffnungen oder Türlaibungen benannt. Obwohl diese in der besagten VDI-Richtlinie pauschal mit 10 cm angegeben werden, verweise ich hier auf meine Ausführungen zur Positionierung von Duschen (Abschnitt …) und Badewannen (Abschnitt …). Ich empfehle aufgrund häufiger Schäden in diesem Bereich, dass diese hoch spritzwasserbelasteten Bereiche des Badezimmers mit weitaus größeren Abständen zu Tür- und auch Fensteröffnungen geplant und ausgeführt werden sollten.

Hierzu weisen Pistohl, Rechenauer und Scheurer in ihrem *Handbuch der Gebäudetechnik* darauf hin, dass zu beachten ist, dass diese Abstände sowohl als Nettoabstände als auch – insbesondere in der Praxis entscheidend – als Achsabstände angegeben werden. Während Nettoabstände den reinen Abstand zwischen den Objektkanten wiedergeben, sind für eine präzise Installationsplanung vorrangig die Achsabstände maßgeblich. Letztere orientieren sich an der Mittelachse der jeweiligen Sanitärobjekte und sind damit entscheidend für die korrekte Platzierung von Entwässerungs- und Versorgungsleitungen, insbesondere im Hinblick auf ein stringentes Fliesenraster und die Lage der Sanitärauslässe.

Anhaltspunkte für die in der Planung zu berücksichtigenden Abmessungen von auf dem Markt erhältlichen Einrichtungen können der Literatur (siehe bspw. Abb. 8.1) und den Herstellerkatalogen selbst entnommen werden.

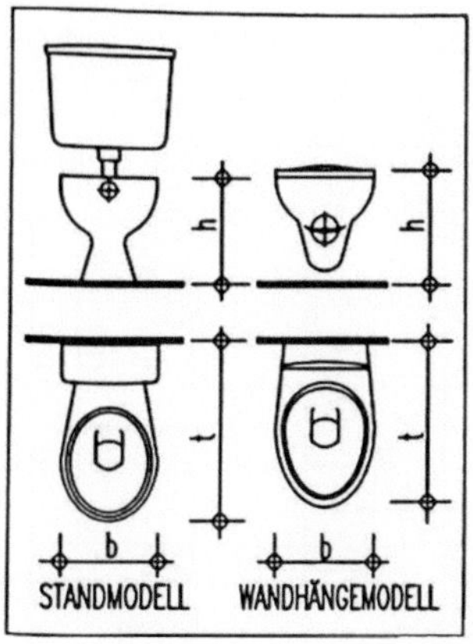

	Breite *b*	Tiefe *t* 1)	Höhe *h* 2) 3)
Standmodell			
Kleinstmaß	35	65	38
Normalmaß	**36**	**68**	**39**
Größtmaß	38	70	41
Wandhängemodell			
Kleinstmaß	34	54 (46)	39
Normalmaß	**36**	**60**	**40**
Größtmaß	37	70	41

1) Abhängig in erster Linie vom Spülsystem.
2) Montagehöhe für Rollstuhlbenutzer mind. 48 cm über OKF.
3) Höhe OK Klosettbecken über OKF ohne Brille und Deckel.

Abb. 8.1 Abmessungen von üblichen WC-Becken. (Quelle: Pistohl/Rechenauer/Scheuer 2016, S. D 84)

Die Planung und Installation von Sanitäreinrichtungen orientieren sich an verschiedenen DIN-Normen, die wichtige Vorgaben und Hinweise enthalten. In diesem Zusammenhang sei die DIN EN 33:2019-07 erwähnt, die Anschlussmaße für WC-Becken und WC-Anlagen festlegt.

Allerdings lässt sich nicht jede mögliche Problemstellung durch eine bloße Orientierung an technischen Regelwerken lösen. In vielen Fällen ist auch der gesunde Menschenverstand gefragt – etwa bei der Platzierung eines Waschbeckens in einer engen Nische oder der Anordnung von WC und Tür. Eine praxisgerechte Planung, die sowohl technische Vorgaben als auch die alltägliche Nutzung berücksichtigt, kann viele spätere Schäden und Einschränkungen vermeiden.

Zu einer Architektenplanung gehört auch ein Fliesenplan (bspw. wie in Abb. 8.2), in dem der Grundriss und die umlaufende Abwicklung der Wände dargestellt werden. Der Maßstab muss dabei in der Regel > M 1:20 betragen, um alle Ab- und Anschlüsse deutlich erkennbar zu machen.

Es ist von entscheidender Bedeutung, dass Auftraggeber und Auftragnehmer vorab festlegen, welche Schwerpunkte von besonderer Bedeutung sind. Hierzu zählen insbesondere Kreuzfugen, also Wand- und Bodenfliesen in einer Achse.

Typische Schadensfälle

In einer Beschaffenheitsvereinbarung lautete eine Beschreibung:

> „Falls Badewanne: eckig weiß Maße ca. 170/75 oder 180/80 gem. Platzverhältnisse“

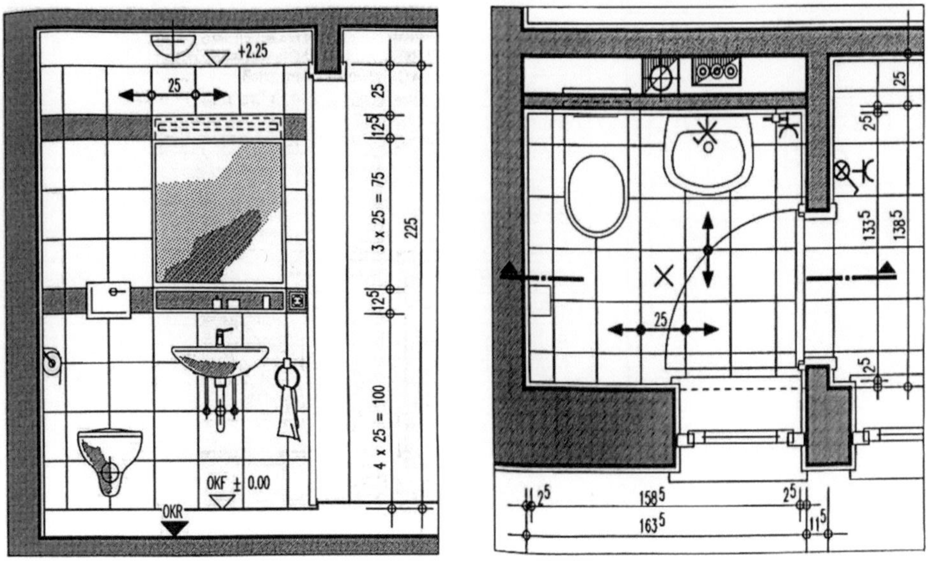

a b

Abb. 8.2 Fliesenplan WC: **a** Ansicht; **b** Grundriss. (Quelle: Pistohl/Rechenauer/Scheuer 2016, S. D 117)

Im Grundriss einer Wohneinheit ergab diese Vorgabe, dass für eine Waschmaschine (WM), die nur neben der Badewanne platziert werden konnte, noch 76 cm verblieben (siehe Abb. 8.3).

Zur Verdeutlichung:

Im Grundriss betrug das Gesamtmaß	2,46 m
Badewanne	1,70 m
Verbleibendes Maß für WM	0,76 m

Bei der Begehung vor Ort wurde jedoch ein Maß von ca. 60 cm, abzüglich der Sockelfliese, gemessen. Eine handelsübliche Waschmaschine, die eine Breite von 60 cm aufweist, kann nicht installiert werden, da 3 cm Montageraum hinzugerechnet werden müssen (siehe Abb. 8.3b). Der Platz von der Rückwand bis zur Türzarge beträgt lediglich ca. 50 cm, was einem fehlenden Montagebereich von ca. 10 cm entspricht (siehe Abb. 8.3b).

Die Ausführung entspricht nicht den anerkannten Regeln der Technik (a. R. d. T.). Um die Erfüllung des Mindeststandards der Leistung „Waschmaschinenbreite" beurteilen zu können, existieren mehrere a. R. d. T., u. a. DIN 1961 bzw. VOB/B (Allgemeine Vertragsbedingungen für die Ausführung von Bauleistungen, siehe Kap. 10).

Der Begriff „üblich" wird im Allgemeinen als „immer wieder vorkommend" definiert. Die Standardbreite einer Waschmaschine (Frontlader) beträgt 60 cm, d. h. die gängigen Maße einer Waschmaschine sind 60 cm breit. Gemäß VDI 6000 Blatt 1 werden folgende Mindestmaße empfohlen: Die Maße der Waschmaschine betragen 60 × 60 cm, zuzüglich 3 cm Montagespielraum. In der VDI 6000 Blatt 1 wird ausdrücklich auf Folgendes hingewiesen:

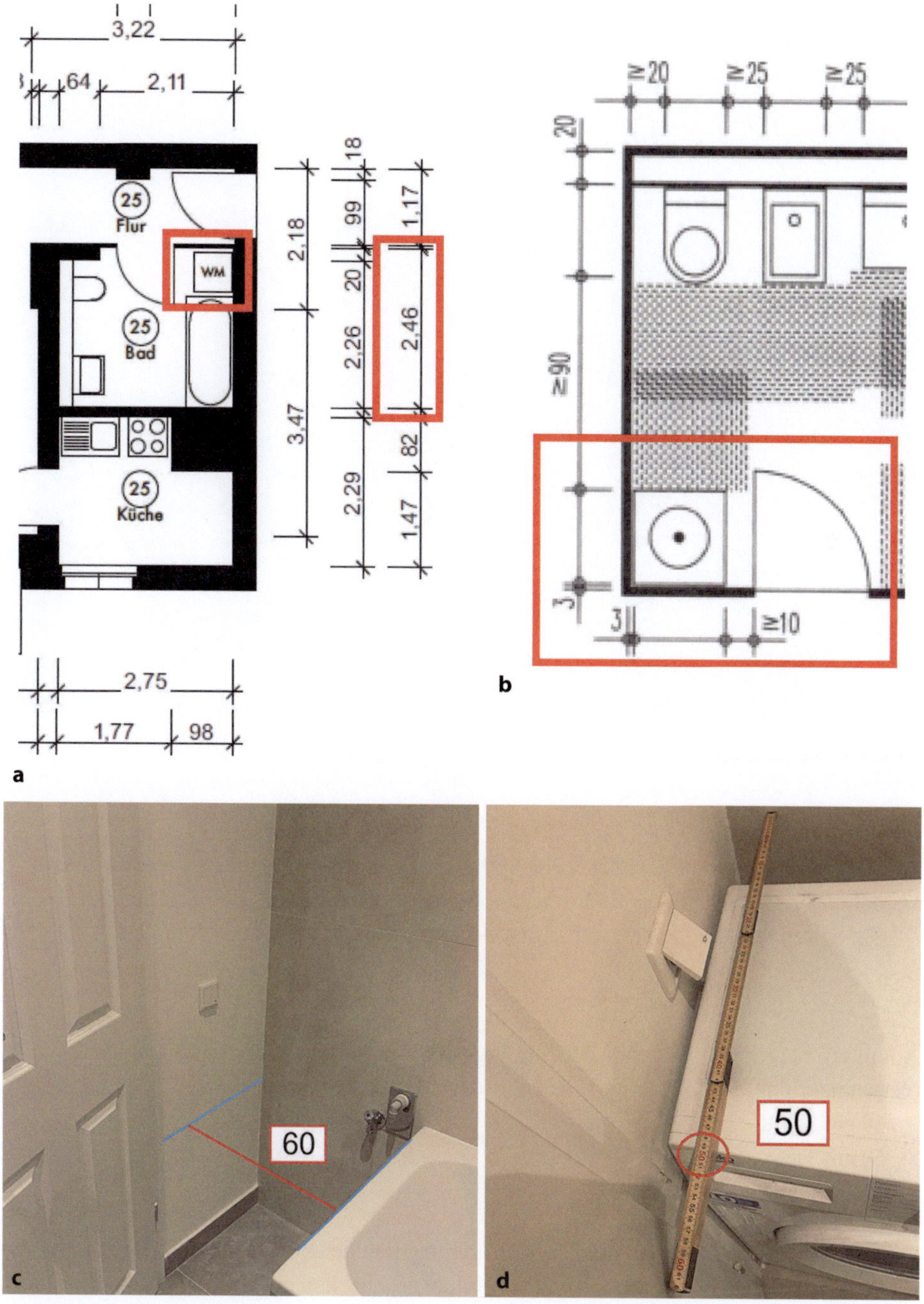

Abb. 8.3 Beispiel Darstellung Waschmaschine im Grundriss realitätsfern (Standard-Waschmaschine LxTxH = 60 × 60 × 85 [cm]): **a** Grundriss-Planung; **b** Erforderliche mind. Fläche für Waschmaschine; **c** Vorhandene Breite; **d** Vorhandene Tiefe. (Quelle: **a** eigenes Archiv; **b** Pistohl/Rechenauer/Scheuer 2016, S. D 28)

Abb. 8.4 Handwaschbecken – Messung der Höhe über OKFF

> „Der Mindestabstand von Badmöbeln (hier: Waschmaschine) und beweglichen Einrichtungen zu Wänden und Duschabtrennungen beträgt 3 cm. Bei Wänden auf beiden Seiten beträgt der Abstand auf beiden Seiten etwa 7 bis 10 cm."

Somit ergibt sich als „übliche" Ausführung, dass die Mindestmaße einer handelsüblichen Waschmaschine berücksichtigt werden müssen. Diese betragen:

- 60 cm Breite
- 60 cm Tiefe
- 85 cm Höhe

Bei einem anderen Fall wies bei der Vorbegehung und der Bauabnahme einer Eigentumswohnung (Neubau, Sondereigentum) das Handwaschbecken eine Höhe (Oberkante Handwachbecken) von 107 cm über OKFF (Oberkante Fertigfußboden) auf, was die Erwerberin beanstandete (siehe Abb. 8.4).

Dieser Wert liegt signifikant über der typischen, empfohlenen Einbauhöhe (Montagehöhe über Fertigfußboden) von Handwaschbecken für Erwachsene von 85 bis 90 cm

Abb. 8.5 Handwaschbecken – benutzerfreundlich, praktisch?

(vgl. Tab. 3, Zeile 11 der Richtlinie VDI 6000:2008-02 Blatt 1 „Ausstattung von und mit Sanitärräumen – Wohnungen“).

Des Weiteren werden ähnliche Einbauhöhen auch in einschlägigen Planungsgrundlagen dargestellt, u. a.:

- Meinert, Siegfried H. (1982). Planung von Sanitärräumen im Wohnungsbau. Rudolf Müller Verlag, Köln
- Neufert, Ernst (2025). Bauentwurfslehre: Grundlagen, Normen, Vorschriften. 44. überarbeitete und aktualisierte Auflage. Springer Vieweg, Wiesbaden.

Die Montagehöhe von 85 bis 90 cm bezieht sich auf den üblichen Wohnungsbau, jedoch sollte berücksichtigt werden, dass bei individueller Vereinbarung (bspw. aufgrund der Körpergröße des Benutzers) Abweichungen zulässig sind.

Es ist eine Entwicklung im Bereich der Handwaschbecken für den Innenbereich erkennbar, dass sich kleine, oft runde Handwaschbecken auf einer Unterkonstruktion zunehmender Beliebtheit erfreuen (Abb. 8.5). Diese Handwaschbecken sind zwar für eine vorsichtige Reinigung der Hände geeignet, jedoch ist meiner Meinung nach die gründliche Reinigung damit nur bedingt möglich. Die Wahrscheinlichkeit, dass Spritzwasser auf dem Fußboden und die anderen angrenzenden Bereiche gelangt, ist sehr hoch.

Die DIN 18205:2016-11 „Bedarfsplanung im Bauwesen“ weist darauf hin, dass Planungen, Änderungen in schriftlicher Form festzuhalten, falls erforderlich fortzuschreiben und an die Verantwortlichen von Planung, Bau und Betrieb zu kommunizieren sind.

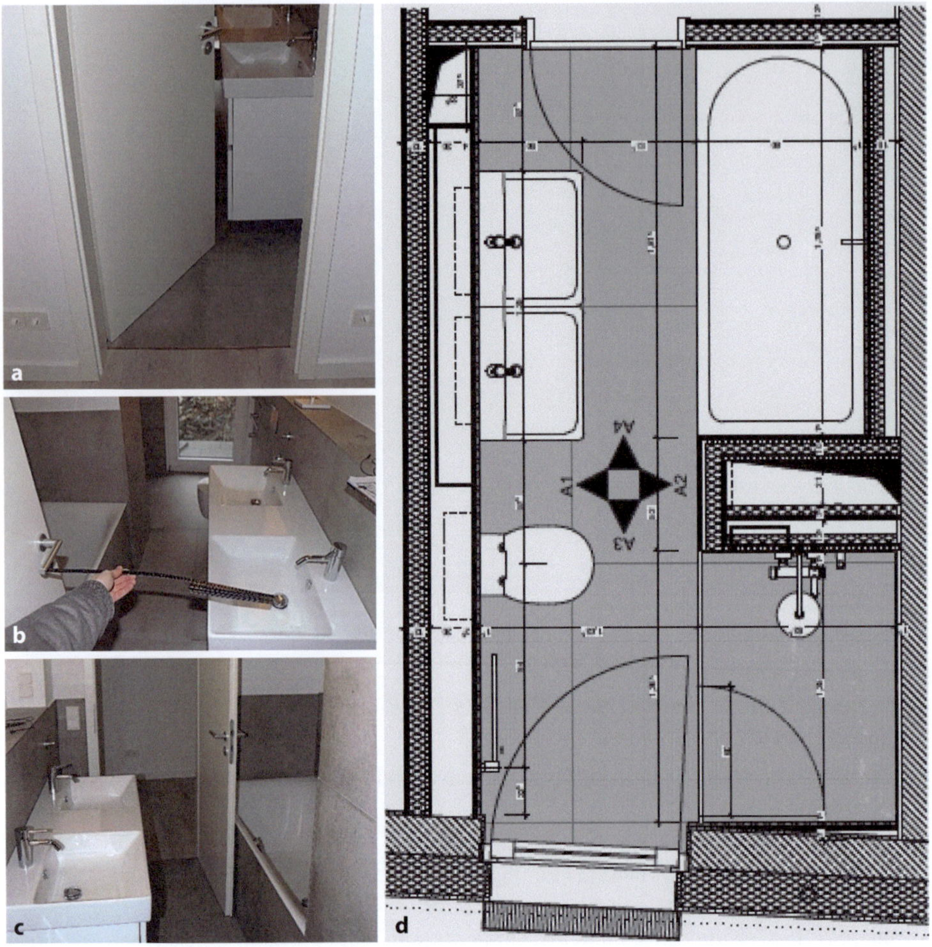

Abb. 8.6 Masterbad mit eingeschränkter Durchgangsbreite: **a** Zugang zum „Masterbad"; **b** Durchgangsbreite; **c** Handwaschbecken – benutzerfreundlich, praktisch?; **d** Architekten-Planung

In einem anderen Fall wurde im Zuge einer Bauabnahmeempfehlung für einen Erwerber festgestellt, dass man beim Betreten des Masterbadezimmers direkt auf den Waschtisch zuläuft (Abb. 8.6).

Der Verkäufer erklärte:

„Dies hätte der Erwerber ja schon auf der genehmigten Architekten-Planung erkennen können."

Der Wohnungserwerbende ist i. d. R. ein „Bau-Laie" und kann Pläne nicht „lesen" wie ein Architekt. Zu den Beratungspflichten eines Architekten gehört es auch, eventuelle Einschränkungen dem Erwerber verständlich vorzutragen. Dies wurde im vorliegenden Fall

Abb. 8.7 Bad direkt neben Weg: **a** Gehweg, angrenzend an bodentiefen Fenstern; **b** freier Blick ins Gäste-WC/WC-Becken

leider versäumt. Im Sinne der DIN 18205:2016-11 „Bedarfsplanung im Bauwesen“ ist diese Beratung zu dokumentieren.

Ein weiteres Beispiel verdeutlicht eindrücklich, wie wichtig eine durchdachte Planung ist. Hier zeigt sich, dass der gesunde Menschenverstand (siehe Abschnitt „Fachgerechte Planung und Ausführung“ dieses Abschnitts) oft entscheidender sein kann, als die bloße Orientierung an technischen Regelwerken, um unpraktische oder unangemessene Lösungen zu vermeiden.

In einer hochwertigen Neubausiedlung plante der Architekt für das Gäste-WC bodentiefe Fenster mit einem Abstand von knapp einem Meter zum angrenzenden Weg (Abb. 8.7). Passanten hatten dadurch uneingeschränkten Blick auf die sich direkt am Fenster befindliche Toilette. Der Architekt wurde darauf angesprochen und erwiderte: „Die Bewohner können ja Gardinen vor die Fenster hängen“.

Vorausschauende, sachkundige Architekten hätten beispielsweise „Milchglas“ (Ornamentglas „Satinato“ weiß) oder ähnliche Lösungen geplant.

In der Regel werden heutzutage Sanitärleitungen innerhalb einer Gipskarton-Vorsatzschale verlegt, was in der Regel zu einer darüber liegenden Ablage führt. Oftmals wird die darüberliegende Wandfläche mit Fliesen verkleidet, was jedoch nicht immer sinnvoll ist.

Die Abb. 8.8a–d zeigen, dass der Spiegel, aufgrund einer fehlenden Koordination zwischen dem beauftragten Architekten und dem TGA-Planer, für eine durchschnittliche Körpergröße zu hoch an der Wand angebracht wurde.

Der Bauträger/Verkäufer führte, darauf angesprochen, aus, dass der Spiegel aufgrund der Steckdosen nicht tiefer gesetzt werden konnte. Hier stellt sich die Frage, weshalb die Steckdosen nicht z. B. in der seitlichen oder unteren Gipskarton-Vorsatzschale vorgesehen werden. Insbesondere bei sehr kleinen Gäste-WC bietet sich eine Spiegelfläche an.

Abb. 8.8 **a, b, c, d** Ergebnisse bei fehlender Koordination zw. Architekt und TGA-Planer

Abb. 8.9 **a, b** Positionierung der Steckdosen im unterhalb des Spiegels liegenden Trockenbau

Ich empfehle, die gesamte Fläche mit einem Spiegel oder Spiegelschrank zu versehen, um den Raum optisch größer wirken zu lassen (bspw. Abb. 8.9). Die Kosten für die Spiegelfläche sind in der Regel nicht höher als die Kosten für die Fliesenfläche.

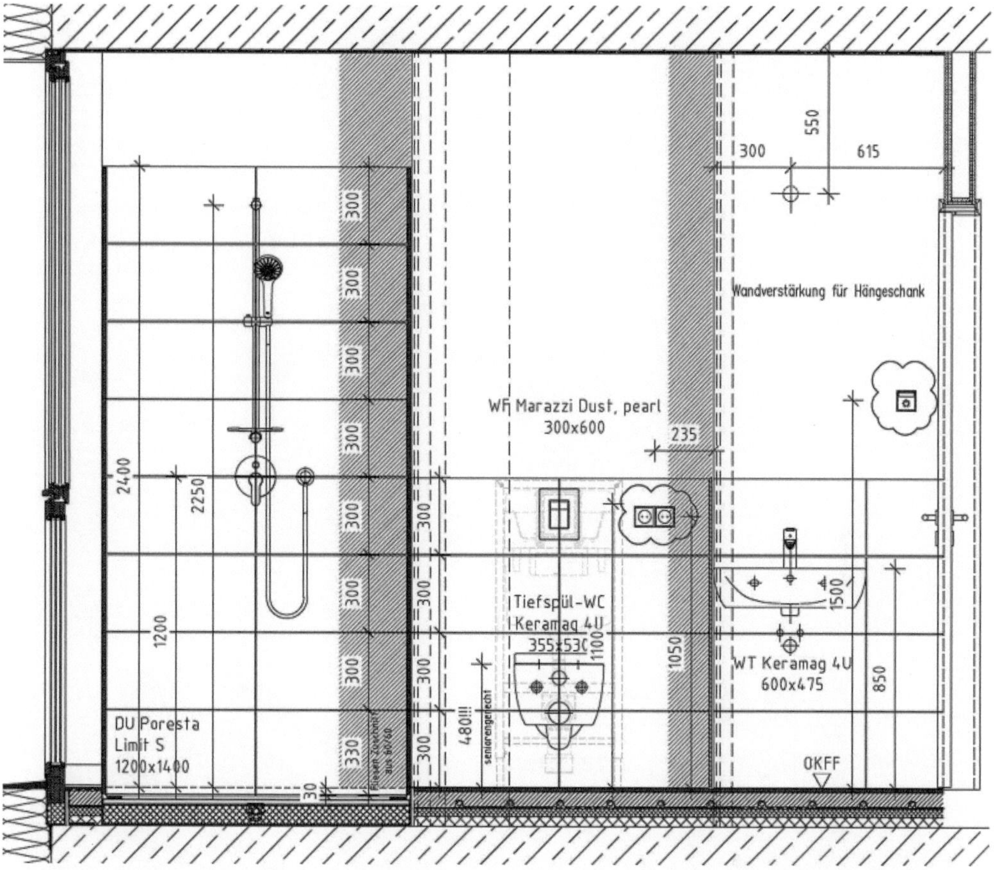

Abb. 8.10 Badaccessoires – Darstellung der erf. Abdichtung und deren Durchdringungen fehlt. Die Anordnung von Badaccessoires sollte nach einem Fliesenplan erfolgen. (Quelle: eigenes Archiv)

Für eine „Vorsatzschale" (Trockenbauelement) mit einer Spiegelfläche und den erforderlichen Steckdosen/Schaltern ist eine Architekten-Ausführungsplanung mit Details im Sinne der HOAI/DIN 1356 erforderlich (siehe Kap. 10).

Das folgende Beispiel zeigt, dass oftmals Badaccessoires sehr ausführlich geplant werden (Abb. 8.10), aber schadensträchtige Details fehlen.

Bei der Montage von Badezimmer-Accessoires (hier: Brausestange) wurde keine ausreichende Wasserdichtheit an den Befestigungspunkten innerhalb der Verbundabdichtung gewährleistet (Abb. 8.11). Es fehlten entsprechende Verbundabdichtungsdübel, gem. Abschn. 4.2.3 oder mindestens eine elastische Verfugung des Bohrloches innerhalb des Fliesenbelags.

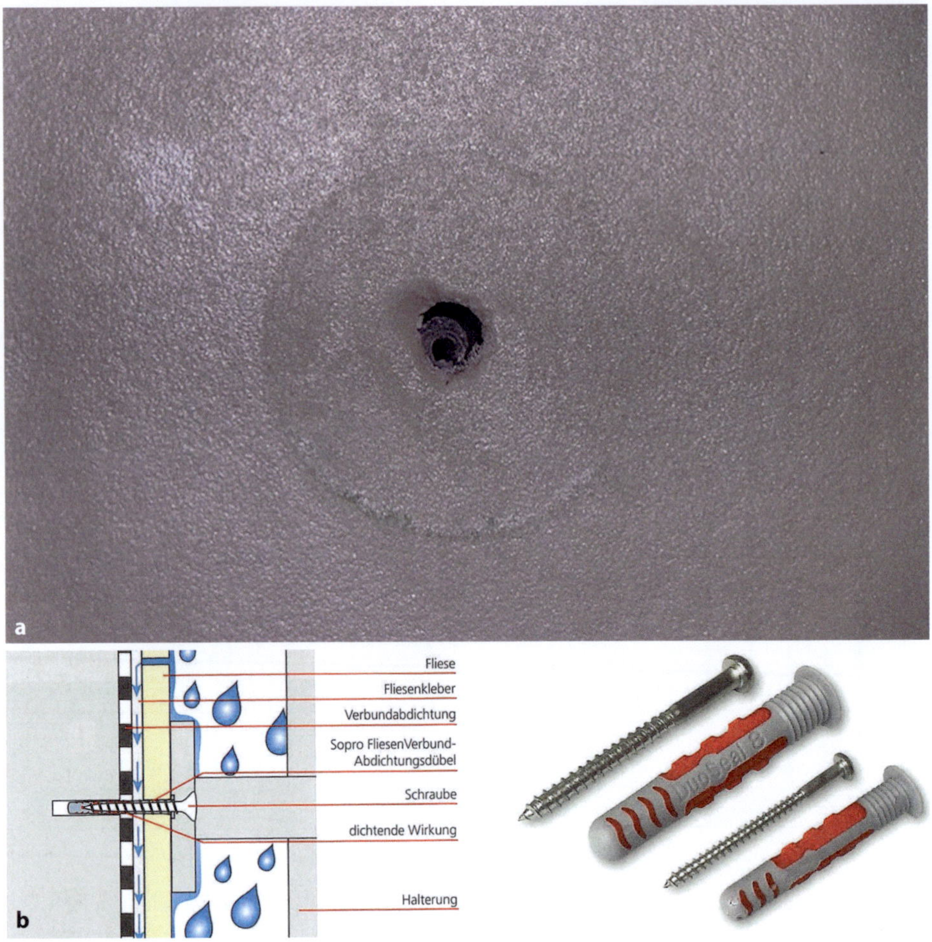

Abb. 8.11 Nicht fachgerechte Herstellung einer Brausestangenbefestigung: **a** Durchdringung für Brausestange; **b** Verbundabdichtungsdübel. (Quelle: Sopro Planer XI, S. 176)

In einigen Fällen werden Heizkörper nicht optimal in dem Raum platziert, wie die Abb. 8.12a–c zeigen.

In manchen Bädern findet man Heizkörper, die in unmittelbarer Nähe zur Dusche montiert wurden – eine Platzierung, die ihre Korrosionsanfälligkeit erheblich erhöht. Dies wirft die Frage auf, ob die Lage der Heizkörper im Vorfeld durchdacht geplant oder ob deren Platzierung der Sanitärfirma überlassen wurde. Ebenso stellt sich die Frage, ob eine Abstimmung zwischen dem Architekten und dem TGA-Planer stattgefunden hat, um solche problematischen Situationen zu vermeiden. Ein weiteres entscheidendes Kriterium ist, ob eine Bauüberwachung der Planenden erfolgte, die Fehler frühzeitig hätten

Abb. 8.12 Weitere Beispiele für fehlerhafte Planung bzw. Ausführung Heizkörper: **a** Heizkörper im Duschbereich, Folge: Starke Rostbildung; **b** Heizkörper im Wannenbereich; **c** Heizkörper behindert die erf. Türöffnung > 90 Grad

Tab. 8.1 Vergleich der Bezeichnung nach RAL-GZ 426/3 und DIN EN 16580

Bauteil	RAL-GZ 426/3	RAL-GZ 426/3 Typ	DIN EN 16580	Beanspruchungs-klasse
Türblatt	Feuchtraumtür	FR-T	Feuchtraumtür	W
Türblatt	Nassraumtür	NR-T	Spritzwasserfeste Tür	S

erkennen und korrigieren können. Fehlt eine sorgfältige Koordination, können solche ungünstigen Installationen entstehen, die langfristig zu erhöhtem Wartungsaufwand und auch zu Schäden führen.

8.2 Feucht- und Nassraumtüren

Fachgerechte Planung und Ausführung

Feucht- und Nassraumtüren kommen in Bädern, Sanitärbereichen sowie anderen Räumen mit hoher Luftfeuchtigkeit oder direkter Wasserbelastung zum Einsatz.

Gemäß DIN EN 16580:2015-10 „Fenster und Türen" werden Feuchtraumtüren und Nassraumtüren entsprechend ihrer Widerstandsfähigkeit gegenüber Feuchtigkeit und Wasserbeanspruchung klassifiziert.

Feuchtraumtüren sind Türblätter, die während längerer Zeiträume Feuchtigkeit ausgesetzt und somit für Bereiche mit erhöhter Luftfeuchtigkeit ausgelegt sind.

Bei **Nassraumtüren** (in der Norm als „Spritzwasserfeste Türen" bezeichnet) handelt es sich um Türblätter, die in Bereichen verwendet werden, wo häufige Reinigung und/oder häufiges Bespritzen mit Wasser stattfindet und die damit zusätzlich gegen direkte Wasserbeanspruchung beständig sein müssen.

Das RAL-Gütezeichen 426/3:2014-07 unterscheidet Feuchtraum- und Nassraumtüren ähnlich wie die DIN EN 16580:2015-10. Feuchtraumtüren sind für Bereiche mit dauerhaft erhöhter Luftfeuchtigkeit ausgelegt, jedoch ohne direkte Wasserbelastung. Nassraumtüren hingegen müssen zusätzlich beständig gegen direkte Wassereinwirkung sein, etwa durch Spritzwasser oder kurzzeitiges Untertauchen der Türunterkante. Während die grundlegenden Anforderungen mit der DIN-Norm übereinstimmen, legt das RAL-Gütezeichen besonderen Wert auf die Material- und Oberflächenbeständigkeit der Türen unter diesen Bedingungen (Tab. 8.1).

Unabhängig von der gewählten Türart fordert die DIN 18534-1 u. a., dass alle Türen und Zugänge in Feuchträumen gegen Spritz- und Brauchwasser geschützt werden müssen. Dies betrifft insbesondere die Übergänge zwischen Türblättern, Zargen und angrenzenden Bodenbelägen.

DIN 18534-1:2017-07 „Abdichtung von Innenräumen" –
Teil 1 Anforderungen, Planungs- und Ausführungsgrundsätze
8.5.5 Anordnung der Abdichtungsschicht im Bereich von Türen und Zugängen

„Türen und Zugänge sollten gegen das Einwirken von Spritz- und Brauchwasser geschützt werden. **Vorhandene Türzargen sind mit der Abdichtungsschicht zu hinterfahren.** Der Einbau der Zargen sollte deshalb erst nach Ausführung der Abdichtungsschicht erfolgen. **Alternativ ist der Einbau von Türzargen mit Abdichtungsanschluss möglich.**

Bei der Planung der Abdichtung im Bereich von Türen und Zugängen zu wasserbeanspruchten Innenräumen sind zu berücksichtigen:

- die Lage des Duschbereiches bzw. der Bodenabläufe und Entwässerungsrinnen,
- die Höhenlage der wasserführenden Ebenen und die Gefällegebung sowie
- die Möglichkeit des Wasserübertritts auf angrenzende Räume.

Ist ein Oberflächengefälle geplant, muss es vom Türbereich weg zum Ablauf hin gerichtet sein. Türen und Zugänge sollten gegen das Einwirken von Spritz- und Brauchwasser geschützt werden. Bodengleiche Duschflächen oder ähnlich beanspruchte Flächen sollten z. B. nicht ohne geeignete Schutzmaßnahmen unmittelbar neben Türen und Zugängen angeordnet werden […].
Wasserübertritt auf nicht abgedichtete angrenzende Bodenflächen ist zu vermeiden. Je nach Wassereinwirkung sind in (Tür-)Zugängen Schwellenabschlüsse mit Niveauunterschied von mindestens 1 cm, z. B. Schrägflächen, zu planen.
Bei Schwellenabschlüssen mit geringem oder ohne Niveauunterschied sollte in Abhängigkeit von der Wassereinwirkung zusätzlich eine Entwässerungsrinne angeordnet werden, um den Übertritt von Wasser auf angrenzende Räume zu verhindern. Bei W3-I ist immer eine Rinne anzuordnen."

Zusätzlich weist die DIN 68706-2 darauf hin, dass Fugen zwischen Umfassungszargen und Fußböden, die feucht gepflegt werden, gegen Feuchteeintritt geschützt werden müssen. Ein fehlender Schutz kann zu Materialquellungen und langfristigen Schäden an Türblättern und Zargen führen.

DIN 68706-2:2020-06 „Innentüren aus Holz und Holzwerkstoffen" – Teil 2: Umfassungszargen; Begriffe, Maße und Einbau
5 Einbau

5.1 Allgemeines
„Beim Einsatz von Umfassungszargen auf Fußbodenbelägen, die feucht gepflegt werden können, ist die Fuge zwischen Umfassungszarge und Fußbodenbelag beim Einbau gegen Feuchteeintritt zu schützen, z. B. durch Verfugen mit einer dauerelastischen Masse."

Für die fachgerechte Ausführung sollten ausschließlich geprüfte Feuchtraumtüren verwendet werden, die den genannten Normanforderungen entsprechen. Eine frühzeitige Abstimmung zwischen Planung, Bauherrenschaft und Produktherstellern ist empfehlenswert, um eine normgerechte und langlebige Lösung sicherzustellen.

Produkthersteller von Feuchtraumtüren sind u. a.

Schörghuber	www.schoerghuber.de
Jeld-Wen	www.jeld-wen.de
WESTAG	www.westag.de

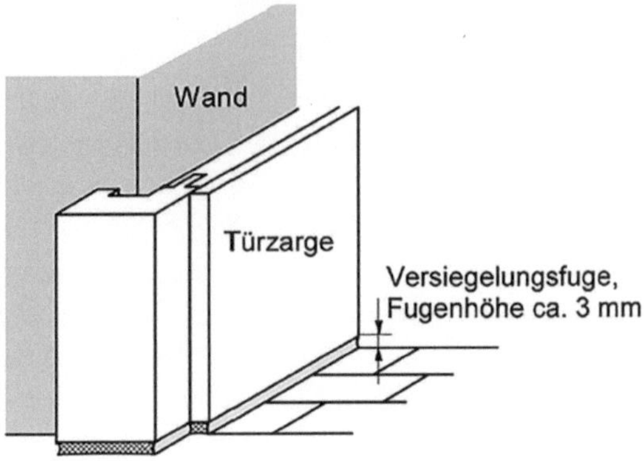

Abb. 8.13 Untere Anschlussausbildung bei einer Holzzarge mit Abdichtung. (Quelle: ifz Info TU 02/2: „Innentüren richtig montiert", Bild 5)

Typische Schadensfälle

In Feuchträumen kommt es in der Regel nur kurzfristig zu hoher Luftfeuchtigkeit (bis zu 100 %) und gelegentlichem Spritzwasser, das auch „normale" Körperpflege- und Reinigungsmittel enthalten kann. Für solche Räume empfehlen sich Feuchtraumtüren, wie sie beispielsweise in Hotels, Krankenhäusern und Privatwohnungen ohne Fensterlüftung zum Einsatz kommen.

In Nassräumen kommt es dagegen zu langanhaltend hoher Luftfeuchtigkeit und häufigem Spritzwasser. Nassraumtüren sind so konstruiert, dass sie diesen Belastungen standhalten. Sie befinden sich zum Beispiel in öffentlichen Duschräumen, Badeanstalten und Saunen. Neben der höheren Feuchtigkeitsbelastung müssen Nassraumtüren auch widerstandsfähig gegen aggressivere Reinigungsmittel im Wasser sein.

Die Montage der Zarge erfolgt mit einem Abstand von 3–4 mm zur Oberkante Fertigfußboden (OKFF), wobei die Fuge elastisch zu schließen ist (siehe Abschn. 8.3).

8.3 Türzargen in Badezimmern

Fachgerechte Planung und Ausführung

In Nassbereichen müssen Türzargen so montiert werden, dass sie vor aufsteigender Feuchtigkeit aus Bodenbelägen sowie direkter Wasserbeanspruchung geschützt sind.

Die ifz-Info „Innentüren richtig montiert" des ifz Rosenheim liefert hierzu wichtige Hinweise (Abb. 8.13).

ifz Info TU 02/2: „Innentüren richtig montiert"

„Holz- und Holzwerkstoffzargen sollten nicht von unten her feucht werden. Dies kann erreicht werden, indem unten ca. 3 mm breite Fuge durch Unterlegen eines Distanzstreifens und durch elastische Abdichtung der Anschlussfuge zum Boden, insbesondere bei Stein- oder Parkettbelägen, hergestellt wird […]."

Abb. 8.14 aufgequollene Türzarge – neben Dusche, ohne Abstand zum Bodenbelag

Bitte beachten Sie hier das Verb „sollte“. Es beinhaltet, dass von der Empfehlung nur in begründeten Fällen abgewichen werden darf.

Typische Schadensfälle

In mehreren Wohnungen einer Wohnanlage wurden Wasserschäden an den Türzargen festgestellt (Abb. 8.14). Besonders betroffen waren die unteren Bereiche der Zargen, wo sich die Beschichtung ablöste und der darunterliegende Holzwerkstoff aufquoll. Dies trat verstärkt in Bädern mit bodengleichen Duschen auf, in denen die Türzargen direkt auf dem Fliesenboden montiert wurden.

Die Schäden waren auf einen fehlerhaften Einbau der Türzargen zurückzuführen. Die Zargen standen unmittelbar auf dem Fliesenbelag, was den kapillaren Feuchtigkeitseintritt begünstigte. Zudem wiesen die elastischen Fugen zwischen Zarge und Bodenfliese Abrisse auf, wodurch Feuchtigkeit ungehindert eindringen konnte. Die verwendeten Zargen bestanden aus einem feuchtigkeitsempfindlichen Holzwerkstoff, der für diese Beanspruchung ungeeignet war.

Für eine dauerhafte Mangelbeseitigung war hier ein Austausch oder eine Anpassung der Türzargen erforderlich. Es sollte ein Mindestabstand zum Boden eingehalten werden, um den Feuchtigkeitseintritt zu verhindern. Zudem wurde empfohlen, speziell für Feuchträume geeignete Türzargen nach RAL-GZ 426/3 zu verbauen, die eine höhere Feuchtebeständigkeit aufweisen.

Im Folgenden werden weitere Beispiele für aufgequollene Türzargen in ähnlichen Badezimmern gezeigt (Abb. 8.15).

Abb. 8.15 Beispiele für aufgequollene Türzargen: **a** Beispiel 1: Aufgequollene Türzarge; **b** Materialprüfung; **c** Ursache für beschädigte Türzarge, Dusche direkt neben Tür; **d** Abstand Dusche Türzarge sehr gering; **e** Innenansicht Schaden an Zarge; **f** Beispiel 2: Übersicht Bad

Abb. 8.15 *Fortsetzung* - Beispiele für aufgequollene Türzargen: **g** Detailaufnahme beschädigte Türzarge; **h** Geringer Abstand zwischen Dusche und Türzarge; **i** Beispiel 3: Zu geringer Abstand zwischen Tür und Dusche; **j** Detailaufnahme Schaden

9 Be- und Entlüftung

J. Schulz, *Bauschäden in Bädern und Nassräumen*,
https://doi.org/10.1007/978-3-658-49195-6_9

Fachgerechte Planung und Ausführung

> **MBO, Musterbauordnung Fassung vom 22.02.2019**
> **§43 Sanitäre Anlagen, Wasserzähler**
> „(1) Fensterlose Bäder und Toiletten sind nur zulässig, wenn eine wirksame Lüftung gewährleistet ist."

Nach der Musterbauordnung ist für fensterlose, d. h. innenliegende Bäder und Toilettenräume eine Lüftung durch zusätzliche Maßnahmen planerisch sicherzustellen. Diese Forderung wurde auch in die Landesbauordnungen, wie z. B. die Bauordnung Berlin, übernommen. In einem Lüftungskonzept ist zu beschreiben, wie die Lüftung für jeden Raum vorgesehen ist. Bei Räumen mit Fenstern erfolgt die Lüftung in der Regel über das oder die vorhandenen Fenster. Bei innenliegenden Bädern ist dies nicht möglich.

Die DIN 18017-3 gibt hierzu die grundlegenden Anforderungen vor. Hier wird ein Mindestvolumenstrom gefordert, der bei innenliegenden Räumen nur durch eine mechanische Lüftung bzw. Lüftungsanlage gewährleistet werden kann. Damit sich dieser Luftvolumenstrom einstellen kann, ist zum einen die Lüftungsanlage zur Abluftentnahme und zum anderen eine gewisse Nachströmung erforderlich.

Die Abluftöffnung sollte dabei möglichst direkt unter der Decke liegen, da die feuchtwarme Luft, für die die Lüftung benötigt wird, nach oben steigt, sich unter der Decke sammelt und sonst nicht zuverlässig abgeführt werden kann.

Da Luft abgeführt wird, bzw. damit Luft abgeführt werden kann, muss in gleicher Weise Luft nachströmen, weil es sonst zu einem Unterdruck innerhalb des Badezimmers oder der Nutzungseinheit kommt. Bei innenliegenden Bädern wird dazu Luft z. B. aus den angrenzenden Räumen angesaugt. Dazu ist ein freier Lüftungsquerschnitt erforderlich. Dieser wird in der Regel durch einen Unterschnitt in der Tür oder auch über einen Überström-Luftdurchlass (ÜLD) gewährleistet. Damit auch in den angrenzenden Räumen kein Unterdruck entsteht, muss Luft von außen nachströmen. Dazu ist eine gewisse Infiltration der Außenhülle erforderlich, z. B. durch Außenbauteil-Luftdurchlässe (ALD). Deren Bemessung erfolgt im Lüftungskonzept nach DIN 1946-6, auf das hier nicht weiter eingegangen wird.

> **DIN 18017-3:2022-05 „Lüftung von Bädern und Toilettenräume ohne Außenfenster"**
> **5.2 Nachströmen der Außenluft (Zuluftführung)**
>
> **5.2.1 Allgemein**
> „Ein dem Abluftvolumenstrom entsprechender Außenluftstrom muss durch Infiltration und gegebenenfalls durch eigene Außenbauteil-Luftdurchlässe (ALD) über die Gebäudehülle von außen in die Wohn- und Aufenthaltsräume nachströmen und

über Überström-Luftdurchlässe (ÜLD) den Ablufträumen als Zuluftstrom zugeführt werden.
Ein dem Abluftvolumenstrom entsprechender Außenluftstrom mittels einer direkten Zuluftführung in den Abluftraum ist zulässig.
[…]

5.2.2 Außenbauteil-Luftdurchlässe (ALD)
Die Bemessung der gegebenenfalls notwendigen Außenbauteil-Luftdurchlässe erfolgt für einen Außenluftstrom, der dem notwendigen Mindest-Abluftvolumenstrom entspricht, abzüglich des wirksamen Außenluftstromes durch Infiltration, für Entlüftungsanlagen.
[…]

5.2.3 Überström-Luftdurchlässe (ÜLD)
[…]
Liegen keine Angaben vom Hersteller vor, sollte die freie Fläche des Überström-Luftdurchlasses (ÜLD) bis zu einem Abluftvolumenstrom von höchstens 60 m^3/h mindestens 150 cm^2 (125 cm^2 bei Türen ohne Dichtung) betragen.
Überström-Luftdurchlässe sollten in Bädern oben, im Bereich der Türen bzw. der Wände angeordnet werden.

5.3 Abluftführung
Aus dem zu entlüftenden Raum ist die Abluft möglichst nahe der Decke abzuführen. Die Abluft ist auf möglichst kurzem Weg ins Freie zu führen.“

DIN 18017-3:2009-09 „Lüftung von Bädern und Toilettenräume ohne Außenfenster“ (alt – zurückgezogen)
4.2.3 Überströmluftdurchlässe (ÜLD)
„Liegen keine Angaben vom Hersteller vor, sollte der freie Querschnitt des Überströmluftdurchlasses (ÜLD) bis zu einem Abluftvolumenstrom von höchstens 60 m^3/h mindestens 150 cm^2 betragen.
Überströmluftdurchlässe sollten in Bädern oben, im Bereich der Türen bzw. der Wände angeordnet werden.“

Wenngleich in der Norm beschrieben wird, dass Überstromöffnungen oben angeordnet werden sollten, hat es sich in der Praxis bewährt, diese als Unterschnitt an Türen auszuführen. Ansonsten kann hierfür auch ein Lüftungssieb, wie in Abb. 9.1b angeordnet werden. Als Richtmaß kann hier in der Regel von einem freien Querschnitt der „Nachstromöffnung“ von 150 cm^2 ausgegangen werden. Wenn erforderliche Feuchtraumtüren gekürzt werden, ist die Schnittkante erneut zu beschichten.

Abb. 9.1 Elemente der Belüftung im Badezimmer: **a** Lüfterelement mit abgenommener Abdeckung und sichtbarem Filter; **b** Lüftungssieb

Für die Badlüfter gibt es verschiedene Steuerungsmöglichkeiten, z. B. über Lichtschalter mit Einschaltverzögerung und programmierbaren Zeitnachlauf oder Feucht- oder Bewegungssensoren. Die aus meiner Sicht sinnvollste Möglichkeit Räume mechanisch zu entlüften, ist eine Kopplung an den Lichtschalter mit einer Nachlaufzeit des Entlüfters. Nicht nur ästhetisch, sondern auch funktional betrachtet, sollte das Lüftungsgerät am höchsten Punkt des Raumes befestigt werden, beispielsweise in einer abgehängten Deckenkonstruktion.

Als praktischer zusätzlicher Hinweis: Lüfter müssen gewartet werden. Teils setzen sich solche Abluftelemente innerhalb weniger Monate, teils sogar innerhalb einiger Wochen mit Staub zu. Hierdurch wird der Abluftvolumenstrom stark reduziert. Die Nutzenden sollten deshalb immer darauf hingewiesen werden, dass der Filter regelmäßig zu reinigen ist. Nebenbei bemerkt, sind bei ständig laufenden Lüftungen die Geräuschpegel, insbesondere nachts, derart hoch, dass die Bewohner dilettantische Maßnahmen ergreifen und die Lüftungsgeräte teilweise verschließen. Dies führt u. a. dazu, dass sich in der Nachbarwohnung die Geräuschbelästigung erhöht.

Weiter sind Badezimmer mit einer Belüftung, die nur durch Lichtkuppeln funktioniert weiterhin als innenliegende Badezimmer zu betrachten. Dies begründet sich darin, dass das Fenster bei Regen oder Schnee nicht geöffnet werden kann, ohne die Gefahr, dass Feuchtigkeit in flüssiger Form eindringt.

Wenn möglich, sollte im Planungsprozess eine natürliche Lüftungsmöglichkeit über Fenster einer mechanischen Lüftung im Wohnungsbau vorgezogen werden.

Typische Schadensfälle

Innenliegende erforderliche Badezimmerlüftungen werden eingebaut, um die anfallende Feuchtigkeit und Gerüche im Raum abzuführen. Fehlerhaft eingebaute Lüfter erfüllen diesen Zweck nicht oder nur geringfügig. Dies kann u. a. zu Schimmelpilz führen.

Abb. 9.2 Falsch eingebaute Lüfter bei innenliegenden Badezimmern: **a** Lüfter ca. 40 cm unterhalb der Decke eingebaut; **b** Abluftführung durch Regalbrett behindert; **c** Lüfter ca. 50 cm unterhalb der Decke eingebaut; **d** Lüfter an niedrigerer Abkofferung eingebaut

Zu niedrig eingebauter Lüfter

Abluftöffnungen werden häufig mit einem zu großen Abstand zur Decke angeordnet, wie in Abb. 9.2 dargestellt. Aus der Bauphysik weiß man, dass feuchtwarme Luft nach oben steigt, da sie eine geringere Dichte als kältere Luft aufweist. Die kältere Luft verdrängt die wärmere Luft somit in Richtung Raumdecke. Das heißt, der sich an der Decke ansammelnde „Dunst" müsste abfallen, um von der Lüftung aufgenommen zu werden oder aber die Sogkraft des Gerätes müsste unverhältnismäßig stark saugend sein.

Zur Instandsetzung müssen alle Gegenstände oberhalb des Lüfters, bspw. das angebrachte Regalbrett (siehe Abb. 9.2b), entfernt werden. Lüftungsgeräte (Filter) sind zu warten, Einsetzsiebe auszutauschen oder ggf. zu reinigen. Gemäß den Einbaurichtlinien des Herstellers sind falsch eingebaute Geräte zu entfernen und neu zu montieren. Hierbei ist besonders auf die Einbauhöhe zu achten.

Abb. 9.3 innenliegendes Bad, ohne Außenfenster oder Lüfter, dafür mit Lichtkuppel: **a** Baustelle im Rohbau; **b** Badezimmer nach Fertigstellung

Belüftung durch Lichtkuppel

Häufig werden bei Dachgeschossausbauten innenliegende Badezimmer geplant, die über eine Lichtkuppel verfügen, wie in Abb. 9.3 dargestellt. Hierdurch kann die Abluftführung jedoch nicht zuverlässig gewährleistet werden. Beispielweise kann die Lichtkuppel bei Schneefall oder Starkregen nicht geöffnet werden.

Produkthersteller von Lüftungsgeräten sind u. a. (nach Alphabet):

LIMODOR	www.limodor.com
LUNOS	www.lunos.de

10 Planung von Bädern

Soll Situation

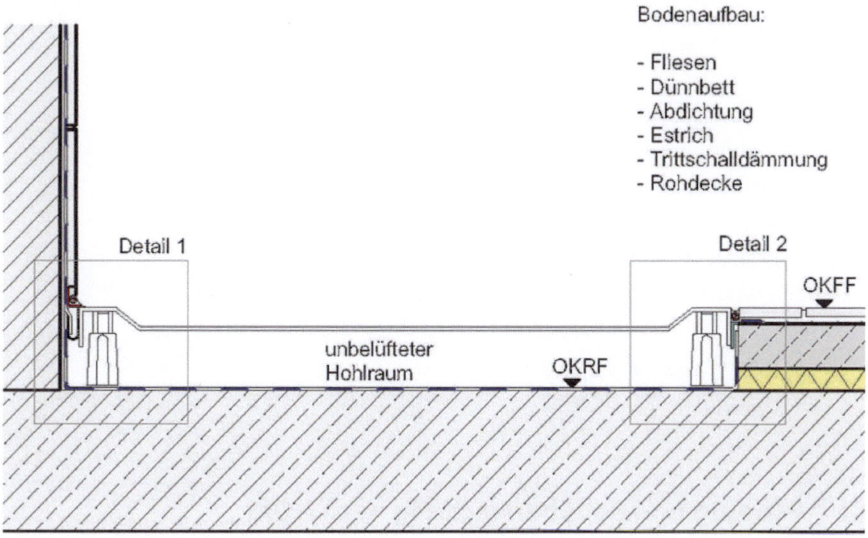

Detail 1

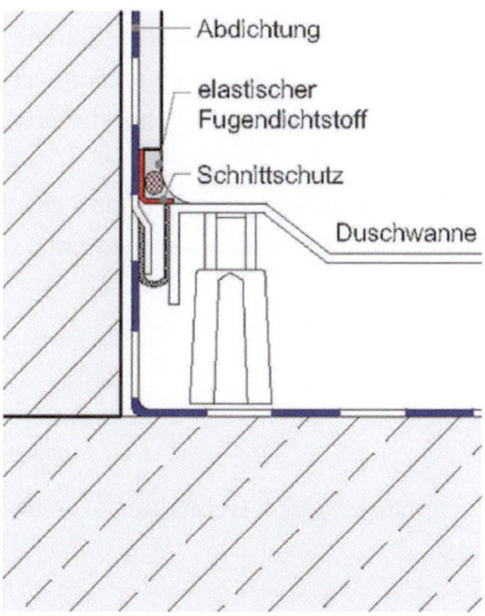

Detail 2

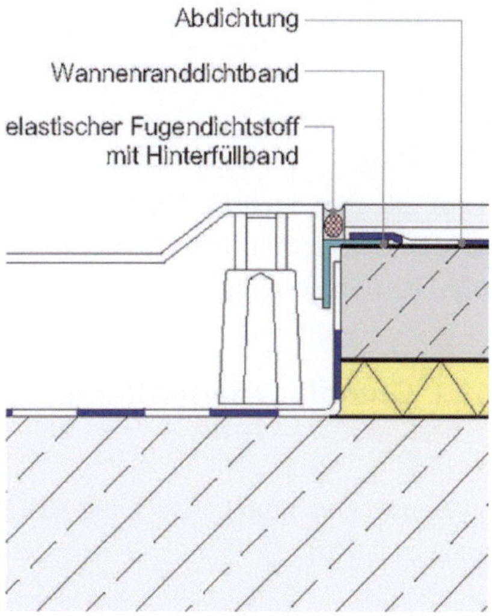

J. Schulz, *Bauschäden in Bädern und Nassräumen*,
https://doi.org/10.1007/978-3-658-49195-6_10

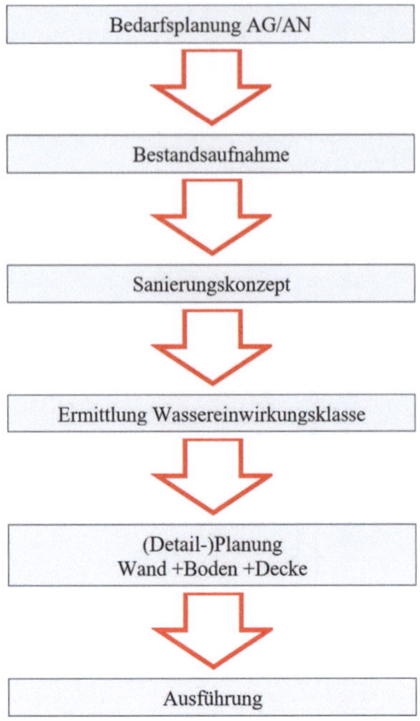

Abb. 10.1 Struktogramm für den Ablauf einer Planung

10.1 Planung und Bauüberwachung nach HOAI

Vor Beginn jeglicher Planung und/oder Ausführung – hier der Abdichtung – ist unabhängig davon, ob es sich um einen Neu- oder Altbau handelt, immer eine Grundlagenermittlung im Sinne der HOAI §34 erforderlich. Die Grundlagenermittlung sollte immer eine notwendige Bedarfsplanung enthalten.

Gerade bei Altbauten, d. h. „Bauen im Bestand" ist immer eine Bestandsaufnahme zur Grundlagenermittlung erforderlich, bevor mit der eigentlichen Planung begonnen werden kann. Oft gibt es erst gar keine Planung, d. h. die „Planung" ist das Angebot der ausführenden Firma.

Dies gilt aber auch für Neubauten, wenn Wasserschäden auftreten und eine entsprechende Ursachenermittlung erforderlich ist. Wie der Planungsablauf aussehen könnte, wird in Abb. 10.1 dargestellt.

10.1.1 Grundlagenermittlung

> „Planung und Bauüberwachung §34 HOAI Objektplanung (Architekten-Ausführungsplanung)"

Grundleistungen	Besondere Leistungen
LPH 1 Grundlagenermittlung	
a) Klären der Aufgabenstellung auf Grundlage der Vorgaben oder der Bedarfsplanung des Auftraggebers b) Ortsbesichtigung c) Beraten zum gesamten Leistungs- und Untersuchungsbedarf d) Formulieren der Entscheidungshilfen für die Auswahl anderer an der Planung fachlich Beteiligter e) Zusammenfassen, Erläutern und Dokumentieren der Ergebnisse	– Bedarfsplanung – Bedarfsermittlung – Aufstellen eines Funktionsprogramms – Aufstellen eines Raumprogramms – Standortanalyse – Mitwirken bei Grundstücks – und Objektauswahl, -beschaffung und -Übertragung – Beschaffen von Unterlagen, die für das Vorhaben erheblich sind – Bestandsaufnahme – technische Substanzerkundung – Betriebsplanung – Prüfen der Umwelterheblichkeit – Prüfen der Umweltverträglichkeit – Machbarkeitsstudie – Wirtschaftlichkeitsuntersuchung – Projektstrukturplanung – Zusammenstellen der Anforderungen aus Zertifizierungssystemen – Verfahrensbetreuung, Mitwirken bei der Vergabe von Planungs- und Gutachterleistungen

Abb. 10.2 Auszug aus Anlage 10 zu §34 Absatz 4 HOAI

Im Zuge der **Grundlagenermittlung** gem. **§34 HOAI**, deren Leistungen in Abb. 10.2 aufgeführt sind, muss zwischen Auftraggeber und Planer geklärt werden, *was* die Auftraggeber erwartet (Aufgabendefinition, Projektziele). Dazu ist eine „*Bedarfsplanung*" sinnvoll.

10.1.2 Bedarfsplanung

Nach der HOAI sind die *Bedarfsplanung* und *Bestandsaufnahme*, „*Besondere Leistung*" und müssen gesondert vergütet werden. Fehlen Vorgaben oder qualitative Anforderungen zum Projekt, muss der Architekt als Berater des Auftraggebers (AG) diesen darauf hinweisen. Der Planer muss dem AG die Vor- und Nachteile der zur Diskussion stehenden Ausführungsvarianten, Produkte bzw. Anforderungen u. a. von der BGN, DGUV, ASI, ASR usw. erläutern.

BGN = Berufsgenossenschaft Nahrungsmittel und Gastgewerbe
DGUV = Deutsche Gesetzliche Unfallversicherung
ASI = Arbeitssicherheitsinformation
ASR = Technische Regeln für Arbeitsstätten

Der Planer muss diese Erläuterungen dokumentieren, d. h. das Gesprächsprotokoll vom AG/ Bauherrn unterschreiben lassen. Nur so kann der Planer (i. d. R. Architekt/in) vermeiden, für einzelne Nachteile seiner Planung selbst dann zu haften, wenn diesen Nachteilen bzw. Abweichungen von den a. R. d. T. vom Bauherrn gewünschte Vorteile gegenüberstehen.

DIN 18205:2016-11 „Bedarfsplanung im Bauwesen"
5.4 Planungs- und Gebäudeevaluierung
„Die Bewertungsergebnisse planerischer und baulicher Lösungen während der Entwurfsentwicklung, Ausführungsplanung, Bauausführung und Nutzung sind nachvollziehbar zu dokumentieren. Lösungen, die von den zugrunde liegenden Anforderungen abweichen, werden überarbeitet oder führen ggf. aufgrund geänderter Prioritäten zur Modifizierung der entsprechenden Anforderungen bzw. Entwurfs-, Planungs- und Leistungskriterien. Diese Änderungen sind in schriftlicher Form festzuhalten, falls erforderlich fortzuschreiben, und an die Verantwortlichen von Planung, Bau und Betrieb zu kommunizieren."

Revisionsunterlagen
Sämtliche verwendete bzw. eingebaute Produkte sind durch bzw. in den „***Revisionsunterlagen***" zu dokumentieren. Praktikabel ist es heutzutage, diese als PDF-Dateien zu übergeben.

Produktberater
Es wird empfohlen, dass der *Produktberater des Abdichtungssystems* die Abdichtungsarbeiten begleitet, u. a. die Handwerker *vor* Ausführung „einweist" und die Prinzipskizzen mit der Örtlichkeit vergleicht und schriftlich „freigibt".

10.1.3 Objekt- und Ausführungsplanung

„Planungs- und Ausführungsfehler als Ursache für Bauschäden, werden nicht durch Normen, sondern durch Kenntnis naturbedingter Grundsätzlichkeiten vermieden." (nach Raimund Probst)

HOAI 2013, Anlage 10 (zu §34 Absatz 4, §35 Absatz 7)
LPH 5 – Ausführungsplanung
„a) Erarbeiten der Ausführungsplanung mit *allen* für die Ausführung notwendigen Einzelangaben (zeichnerisch und textlich) auf der Grundlage der Entwurfs- und Genehmigungsplanung bis zur ausführungsreifen Lösung, als Grundlage für die weiteren Leistungsphasen

b) Ausführungs-, Detail- und Konstruktionszeichnungen nach Art und Größe des Objektes im erforderlichen Umfang und Detaillierungsgrad unter Berücksichtigung aller fachspezifischen Anforderungen […]
c) Bereitstellen der Arbeitsergebnisse als Grundlage für die anderen an der Planung fachlich Beteiligten sowie Koordination und Integration von deren Leistungen.
[…]
f) Überprüfen erforderlicher Montagepläne der vom Objektplaner geplanten Baukonstruktionen und baukonstruktiven Einbauten auf Übereinstimmung mit der Ausführungsplanung“

Der planende Architekt hat im Rahmen seines Auftrages die erforderlichen Fachingenieure, u. a. TGA-Planung zu koordinieren und deren Leistungen in seiner Objektplanung zu integrieren. Gerade die Abstimmung (Koordination) zwischen planenden Architekten und TGA-Planer fehlt häufig.

DIN 1356-1:1995-02 „Bauzeichnungen“ (zurückgezogen) – Teil 1: Grundregeln der Darstellung
2.4 Ausführungszeichnungen
„Ausführungszeichnungen sind Bauzeichnungen mit zeichnerischen Darstellungen des geplanten Objektes mit allen für die Ausführung notwendigen Einzelangaben. Ausführungszeichnungen enthalten, unter Berücksichtigung der Beiträge anderer an der Planung fachlich Beteiligter, alle für die Ausführung bestimmten Einzelangaben in Detailzeichnungen und dienen als Grundlage der Leistungsbeschreibung und Ausführung der baulichen Leistungen.“

HOAI 2013, Anlage 10 (zu §34 Absatz 4, §35 Absatz 7)

LPH 8 Objektüberwachung (Bauüberwachung) und Dokumentation
„a) Überwachen der Ausführung des Objektes auf Übereinstimmung mit
der öffentlich-rechtlichen Genehmigung oder Zustimmung,
den Verträgen mit ausführenden Unternehmen,
den Ausführungsunterlagen,
den einschlägigen Vorschriften sowie
mit den allgemein anerkannten Regeln der Technik“

Es liegt i. d. R. ein Fehler der Bauüberwachung („Übersetzung“ der Planung vor Ort) vor, da die bestehende Fehlerhaftigkeit von bauüberwachenden Fachleuten hätte erkannt werden können.

Kap. 11 enthält diverse Gerichtsurteile u. a. zum Thema Abdichtung.

Regeln

Die Bewertung einzelner Leistungen sowie die Bauabnahme erfolgen nach bestimmten Regeln. Dabei ist zu berücksichtigen, dass bei jeder handwerklichen Leistung Unregelmäßigkeiten nicht völlig zu vermeiden sind. Hierzu gibt es diverse Merkblätter, Richtlinien oder technische Regelungen mit Empfehlungscharakter.

Der Begriff „Regel" ist auf das lateinische Wort *Regula* (dt. Richtschnur) zurückzuführen. Ob man die Bezeichnung „Regel", „Regelwerk" oder „Norm" benutzt, ist in letzter Konsequenz gleichgültig. Alle beinhalten den gleichen Grundgedanken, nämlich **die allgemein verbindliche Feststellung von Verhaltens- bzw. Ausführungsregeln.**

► **Klartext**
„Bauen ist ein Kampf mit dem Wasser"!

Dies betrifft nicht nur Dächer, Balkone oder Untergeschosse, sondern auch „normale" Badezimmer, insbesondere jedoch den Schwimmbadbereich.

Oftmals beginnt der „Pfusch am Bau" nicht am Bau, sondern in den Köpfen der Architekten und Ingenieure.

Wie in den vorangehenden Kapiteln gezeigt wurde, wird vom Planer häufig in erster Linie Wert auf die Innenraumgestaltung gelegt, erforderliche baukonstruktive Details fehlen jedoch oftmals und werden dem Gedankengut der ausführenden Baufirma überlassen. Da oftmals keine bzw. eine unzureichende Ausführungsplanung u. a. über

- wannenförmige Fußbodenabdichtung,
- Einbau der Dusch- und/oder Badewanne,
- Entwässerung,
- vertiefter Fußbodenaufbau usw.

vorliegt und der Sachverständige die Fehlerpunkte als planungswürdiges baukonstruktives Detail einstuft, liegt für selbigen ein Planungsfehler im Sinne der Leistungsphase 5 „Ausführungsplanung" gem. HOAI 2013 vor.

Begründung

Wenn im Rahmen der Planungspflichten entscheidend wichtige Detailpunkte gar nicht dargestellt werden, im Fall einer sog. „Nullplanung" für *dieses* Bauteil, ist bei Eintritt eines Schadens im direkten Zusammenhang mit dieser Detaillösung von einem Planungs- und Bauüberwachungsfehler auszugehen.

Die Planung muss so eindeutig sein, dass nachvollziehbar ist, wie die Arbeiten im Einzelnen auszuführen sind. „Eindeutigkeit" bedeutet, dass ausführende Unternehmen die Arbeiten mit den Vorgaben des Planungsbüros *ohne* Rückfragen ausführen können.

Bei hohen Ansprüchen an die Fliesenarbeiten ist ein *Fliesenplan* unter Berücksichtigung von Winkel- und Ebenheitsabweichungen zu erstellen. Nach der DIN 18202 sind entsprechende Abweichungen zulässig und in der Ausführungsplanung zu berücksichtigen bzw. vor Ausführung zu prüfen. Nachfolgend einige Auszüge von erforderlichen Planungsleistungen:

DIN 18534-1:2017-07 „Abdichtung von Innenräumen“ – Teil 1 Anforderungen, Planungs- und Ausführungsgrundsätze

6.4 Entwässerung

„Die ggf. erforderliche Entwässerung der abzudichtenden Fläche ist entsprechend DIN EN 12056 und DIN 1986-100 zu planen.

6.5 Installation

Heizungs-, Sanitär- und elektrotechnische Installationen sind so zu planen, dass die Funktionstüchtigkeit der Abdichtungsschicht gewährleistet ist.

[…] Sind Durchdringungen erforderlich, sind diese zu planen.

[…]

8.4 Grundsätzliche Regelungen für die Abdichtungsbauarten

Der Abdichtungsuntergrund ist unter Berücksichtigung der Anforderungen nach 4.2 und 6.2 zu planen.

[…]

8.5.2 Abdichtung von Bereichen unter/hinter Bade- oder Duschwannen

[…] Durchdringungen für diese Rohre und Leitungen sind so zu planen, dass die Abdichtungsschicht sicher anzuschließen ist.

[…]

8.5.5 Anordnung der Abdichtungsschicht im Bereich von Türen und Zugängen

[…] Je nach Wassereinwirkung sind in (Tür-) Zugängen Schwellenabschlüsse mit Niveauunterschied von mindestens 1 cm, z. B. Schrägflächen, zu planen.

[…]

8.10 Abdichtung von Fugen

Die Abdichtung von Fugen ist unter Berücksichtigung der Einwirkungen nach 5.3.1 und den Anforderungen nach 4.4 zu planen.“

Regelungen in der VOB zu Planungsleistungen

Der §7 Absatz 1 Satz 1 VOB/A regelt, dass die Leistung so ***„eindeutig und erschöpfend“*** zu beschreiben ist, dass alle Bewerber die Beschreibung im gleichen Sinne verstehen müssen und ihre Preise sicher und ohne umfangreiche Vorarbeiten berechnen können.

§7 Absatz 10 VOB/A regelt weiter, dass erforderlichenfalls die Leistung auch zeichnerisch darzustellen oder anders zu erklären ist, z. B. durch Hinweise auf ähnliche Leistungen, durch Mengen oder statische Berechnungen.

§3 VOB/B regelt die Ausführungsunterlagen. Hier heißt es in Absatz 1:

„Die für die Ausführung nötigen Unterlagen sind dem Auftragnehmer unentgeltlich und rechtzeitig zu übergeben."

„Architekten und Ingenieure sind verpflichtet, bereits im Rahmen der Grundlagenermittlung **den Auftraggeber zu beraten**, um ihm **eine sachgerechte Entscheidung** zu ermöglichen, welche Planung verwirklicht werden soll. Dazu gehört es, ihm die verschiedenen Planungsalternativen aufzuzeigen, ihn darüber aufzuklären, welche Möglichkeiten der Umsetzung bestehen und die jeweiligen **Vorteile, Nachteile und Risiken zu erörtern**"
(*Kniffka: „ibr-online-Kommentar Bauvertragsrecht" (21.8.2017), Rn. 120 zu §633 BGB*)

Wie eine solche Planung meist aussieht, ist in Abb. 10.3 dargestellt. Diese beinhaltet jedoch keine Angaben zur Abdichtung bzw. zu den Feuchteschutzmaßnahmen.

Leistungsbeschreibung
Man kann eine Leistung mit Worten („Leistungsbeschreibung") oder mit Plänen („Ausführungsplanung") beschreiben, beides muss eindeutig sein. Trotzdem darf man nicht vergessen:

Gebaut wird nach Plänen, d. h. nach einer *Ausführungsplanung*, insbesondere Details und *nicht* nach einem Leistungsverzeichnis. Ein Leistungsverzeichnis ist nur dafür da, um Kostenangebote einzuholen.

Bei der Verwendung von DIN-Normen oder Merkblättern bedarf es neben der eigenen Berücksichtigung der naturbedingten Gesetzlichkeiten auch einer korrekten Interpretation des Niedergeschriebenen.

Die modalen Hilfsverben „*müssen*", „*dürfen*" und „*sollen*" drücken aus, ob eine Aussage in einer DIN-Norm, einem Merkblatt usw. als Gebot, Verbot, Empfehlung oder Erlaubnis zu verstehen ist. Kriterium für die Auswahl der modalen Hilfsverben ist somit der Grad der Verbindlichkeit, den eine Aussage haben soll (Hierzu siehe DIN 820-2:2009-12, Anhang H bzw. Tab. 1.1 in Abschn. 1.1).

Den höchsten Grad der Verbindlichkeit haben Anforderungen. Sie „*müssen*" unbedingt eingehalten werden und lassen keine Abweichungen zu. Neben Anforderungen enthalten Normen auch Empfehlungen (z. B. „*sollte*"), die von mehreren Möglichkeiten eine als besonders zweckmäßig empfehlen, ohne jedoch andere Möglichkeiten auszuschließen. Aussagen, die eine Erlaubnis zum Ausdruck bringen und die Wahl einer gleichwertigen Handlungsweise zulassen, sind durch die Verben „*dürfen*" bzw. „*sollen nicht*" identifizierbar. Zur Angabe von Möglichkeiten werden in DIN-Normen und Merkblättern „*können*" und „*können nicht*" angewendet.

Diese verbale Vereinbarung lässt sich ebenso auf die allgemeine Beschreibung von Bauleistungen übertragen, um diese „*eindeutig und erschöpfend*" darstellen zu können. Dies gilt somit auch für Leistung zur Herstellung von Abdichtungen.

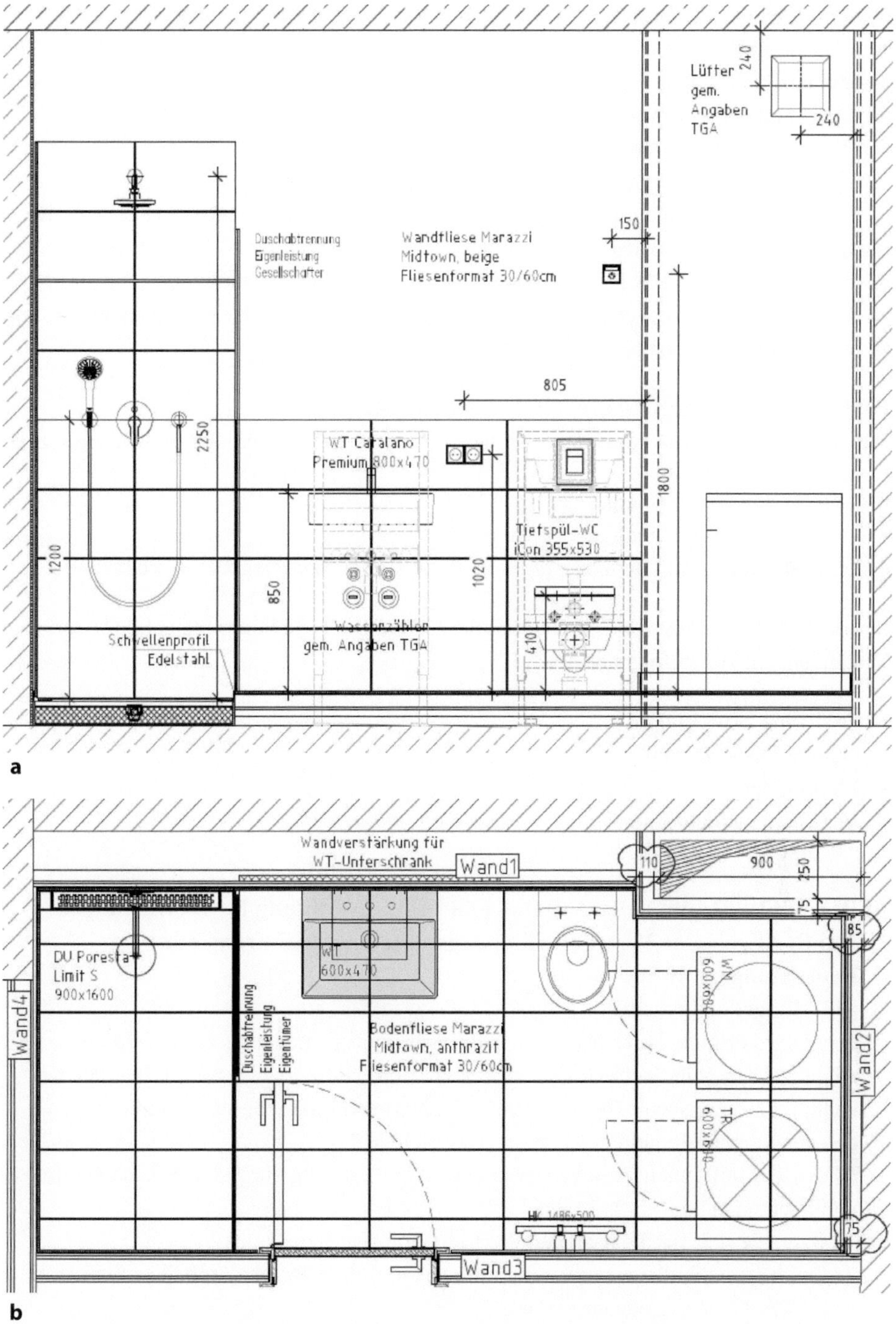

Abb. 10.3 Beispiel – Architekten Ausführungsplanung: **a** Fehlende Angaben zur Abdichtung; **b** Fehlende Angaben bzgl. Türschwelle, Höhenversatz, erf. Abstände der Einbaugeräte. (Quelle: eigenes Archiv)

Somit können alle Bewerber im Rahmen einer Leistungsbeschreibung die ausgeschriebene Bauaufgabe im gleichen Sinn verstehen und ihre Preise sicher und ohne umfangreiche Vorarbeiten kalkulieren. Eine eindeutige Aussage über zu erbringende Leistungen muss im Sinn der modalen Hilfsverben erfolgen.

Die häufige Verwendung des Verbs „sollten" *weist auf den Regelfall hin*, d. h. von diesem Regelfall darf nur in begründeten Fällen abgewichen werden.

Wird von den Empfehlungen abgewichen, muss der Bauherr oder der AG auf das „Restrisiko" hingewiesen werden. Die Beratung ist zu dokumentieren, d. h. über die Beratung des Planers ist gem. DIN 18205:2016-11 „Bedarfsplanung im Bauwesen", ein Protokoll zu erstellen, das Auftraggeber und Planer (als gemeinsame Beschaffenheitsvereinbarung) zu unterschreiben haben (siehe Abschn. 14.1.3).

Fehlerhafte Leistungsbeschreibung – Planungsfehler?
Welche Leistungen *kann* man erwarten bzw. wie *muss* das Ergebnis aussehen, wenn z. B.

- kein Fliesenplan existiert,
- Qualitätsanforderungen nicht genau beschrieben,
- keine erhöhten Maßtoleranzen (z. B. nach DIN 18202) vorgegeben wurden?

Um die Erfüllung eines Mindeststandards der Leistung z. B. „Fliesen-Fugenbild" beurteilen zu können, existieren folgende a. R. d. T.:

- DIN 1961 bzw. VOB/B
- weitere DIN-Normen
- Merkblätter
- Verarbeitungsrichtlinien

DIN 1961:2016-09 VOB Vergabe- und Vertragsordnung für Bauleistungen – Teil B: Allgemeine Vertragsbedingungen für die Ausführung von Bauleistungen
§13 Mängelansprüche
„(1) Der Auftragnehmer hat dem Auftraggeber seine Leistung zum Zeitpunkt der Abnahme frei von Sachmängeln zu verschaffen. Die Leistung ist zur Zeit der Abnahme frei von Sachmängeln, wenn sie die **vereinbarte Beschaffenheit** hat und den anerkannten Regeln der Technik entspricht.
Ist die Beschaffenheit nicht vereinbart, so ist die Leistung zur Zeit der Abnahme frei von Sachmängeln,

1. wenn sie sich für die nach dem Vertrag vorausgesetzte, sonst
2. für die gewöhnliche Verwendung eignet und eine Beschaffenheit aufweist, die bei Werken der gleichen Art üblich ist und die der Auftraggeber nach der Art der Leistung erwarten kann."

Der Begriff „üblich“ wird in diesem Zusammenhang verwendet, um anzugeben, dass es sich bei der beschriebenen um eine immer wieder vorkommende Leistung handelt, im Sinne einer „üblichen Ausführung“.

Planung der Technischen Gebäudeausrüstung (TGA)
Die für die Planung der TGA relevanten Auszüge aus den a. R. d. T. sind im Folgenden dargestellt:

Anlage 15 zu §55 Absatz 3, §56 Absatz 3 HOAI
LPH 5 Ausführungsplanung
„a) Erarbeiten der Ausführungsplanung auf Grundlage der Ergebnisse der Leistungsphasen 3 und 4 (stufenweise Erarbeitung und Darstellung der Lösung) unter Beachtung der durch die Objektplanung integrierten Fachplanungen bis zur ausführungsreifen Lösung
b) Fortschreiben der Berechnungen und Bemessungen zur Auslegung der technischen Anlagen und Anlagenteile, Zeichnerische Darstellung der Anlagen in einem mit dem Objektplaner abgestimmten Ausgabemaßstab und Detaillierungsgrad einschließlich Dimensionen (keine Montage- oder Werkstattpläne), Anpassen und Detaillieren der Funktions- und Strangschemata der Anlagen bzw. der GA-Funktionslisten, Abstimmen der Ausführungszeichnungen mit dem Objektplaner und den übrigen Fachplanern“

DIN 18534-1:2017-07 „Abdichtung von Innenräumen“ –
Teil 1 Anforderungen, Planungs- und Ausführungsgrundsätze
6.5 Installationen
„Heizungs-, Sanitär- und elektrotechnische Installationen sind so zu planen, dass die Funktionstüchtigkeit der Abdichtungsschicht gewährleistet ist.
Bei W1-I, W2-I und W3-I sollten heizungs-, sanitär- und elektrotechnische Installationsleitungen nur unterhalb bzw. hinter der Abdichtungsschicht geplant werden. Durchdringungen von Abdichtungsschichten sind nach Möglichkeit zu vermeiden oder auf die unbedingt erforderliche Anzahl zu beschränken. Sind Durchdringungen erforderlich, sind diese zu planen. Perforationen durch nachträglich anzubringende Installationen, z. B. Duschstangen, sind bei W2-I und W3-I als Durchdringungen zu planen und auszuführen. Bei W1-I sind Perforationen der Abdichtungsschicht durch Befestigungsmittel notwendiger Installationen an Wandflächen zulässig, sofern diese gegen das unmittelbare Einwirken von Spritz- und Brauchwasser geschützt werden.“

10.2 Zusätzliche themenverwandte Hinweise

10.2.1 Schallschutz im Badezimmer

Im Badezimmer werden zwischen drei Arten von Geräuschquellen unterschieden:

1. **Betriebsgeräusche**, also z. B. Wasser, das durch die Rohrleitungen des Gebäudes läuft,
2. **Geräusche bei der Betätigung** z. B. beim Öffnen, Schließen oder Umstellen von Armaturen wie etwa der WC-Auslösung entstehen und
3. **Selbstverursachte Nutzergeräusche**, die beim Gebrauch entstehen, z. B. ein plätschernde Dusch-, Badewanne oder das Auftreffen des Wasser im Waschtisch beim Zähneputzen usw.

Alle drei Geräuscharten sind auch in Nachbarwohnungen oder benachbarten Zimmern deutlich bis sehr deutlich hörbar, wenn nicht ausreichende Maßnahmen für den Schallschutz getroffen werden. „Schallschutz" heißt nicht, dass bei Anwendung bzw. Durchführung keine Geräusche wahrnehmbar sind. Jeder Mensch hat eine unterschiedliche Wahrnehmung und nimmt dementsprechend Geräuschbelästigungen als mehr oder weniger störend wahr, z. B.

- Laufgeräusche auf einer (alten) Holzbalkendecke,
- ein tropfender Wasserhahn während der Nacht,
- ein Uhrschlag (Stundenschlag) vom Nachbarn.

Damit eine Geräuschbelästigung („Mängelbehauptung") deutlich hörbar ist, sind folgende Punkte zu berücksichtigen:

- Tageszeit, Uhrzeit (Nachtruhe)
- spontanes hören, ohne Hinweis einer zweiten Person, d. h. nicht erst „suchend"
- Mentalität der Person
- Stimmung der Person, usw.

Wie bereits erwähnt können Geräusche sehr unterschiedlich als störend empfunden werden. Definitiv **nicht laut** sind „Geräusche" bei ca. 20 Dezibel (dB).

„Laut" *kann* z. B. sein:

Flüstern	ca. 30 dB
Vogelgezwitscher	ca. 40 dB
Staubsauger	ca. 75 dB
Rockkonzert	ca. 115 dB

Zusätzlich ist zu beachten, dass die Anhebung des Schalldruckpegels um 10 dB als eine Verdoppelung der Lautstärke wahrgenommen wird.

Für die Auswertung ist die DIN 4109, Beiblatt 2 oder die Schallschutzstufen II und III der VDI 4100 heranzuziehen.

Schallschutz der Wasserinstallation
Die DIN 4109-36:2016-07 „Gebäudetechnische Anlagen“ enthält Planungsempfehlungen sowie Angaben zu Schallleistungspegeln, u. a.:
Typische schalltechnische Beanstandungen/Mängel

- Körperschallübertragung durch Wasserarmaturen
- Nicht entkoppelte Befestigung von
- Sanitärgegenständen z. B. Befestigung Handwaschbecken
- Brauchwasserleitungen, Abwasserleitungen
- Schallbrücken über Rohrleitungen in Deckendurchbrüchen
- Schallbrücken aufgrund Abwasserrohrverlegung in Wandschlitzen (Querschnittsminderung)
- Fehlende Dämmung in Installationsschächten

10.2.2 Ausstattung von und mit Sanitärräumen in Wohnungen nach VDI-Richtlinien

VDI 6000 Blatt 1:2008-02 „Ausstattung von und mit Sanitärräumen“ – Wohnungen
5.1 Allgemeine Anforderungen

5.1.1 Badewanne
„Folgende Aspekte sollen beachtet werden:
rutschhemmende Oberfläche; aus Gründen der Hygiene keine Einlagen
Wannenform entsprechend dem Verwendungszweck
Eine Körperformwanne ist bei Verwendung als Dusche nicht zweckmäßig. Es soll eine Parallelformwanne oder eine Badewanne, die im Fußbereich als Duschwanne ausgeformt ist, verwendet werden.
Vermeidung einer schnellen Wasserabkühlung Wannenträger oder Wannenbekleidungen aus Hartschaum Schaumstoffplatten, die auf die Wannenaußenseite geklebt werdenkörperschallentkoppelte Aufstellung (siehe Bild 2 [Abb. 10.4])
Entkoppelte Aufstellung auf den schwimmenden Estrich oder auf körperschalldämmende Unterlagen Trennung der Randanschlüsse vom Baukörper durch weiche Hinterfütterung und elastisches Fugenmaterial

5.1.2 Duschwanne
Grundsätzlich gelten hier die gleichen Forderungen bezüglich Oberfläche und Schallschutz wie bei der Badewanne. Darüber hinaus ist Folgendes zu beachten:
Niedrige Bauhöhen erleichtern den Einstieg.
leichte Zugänglichkeit“

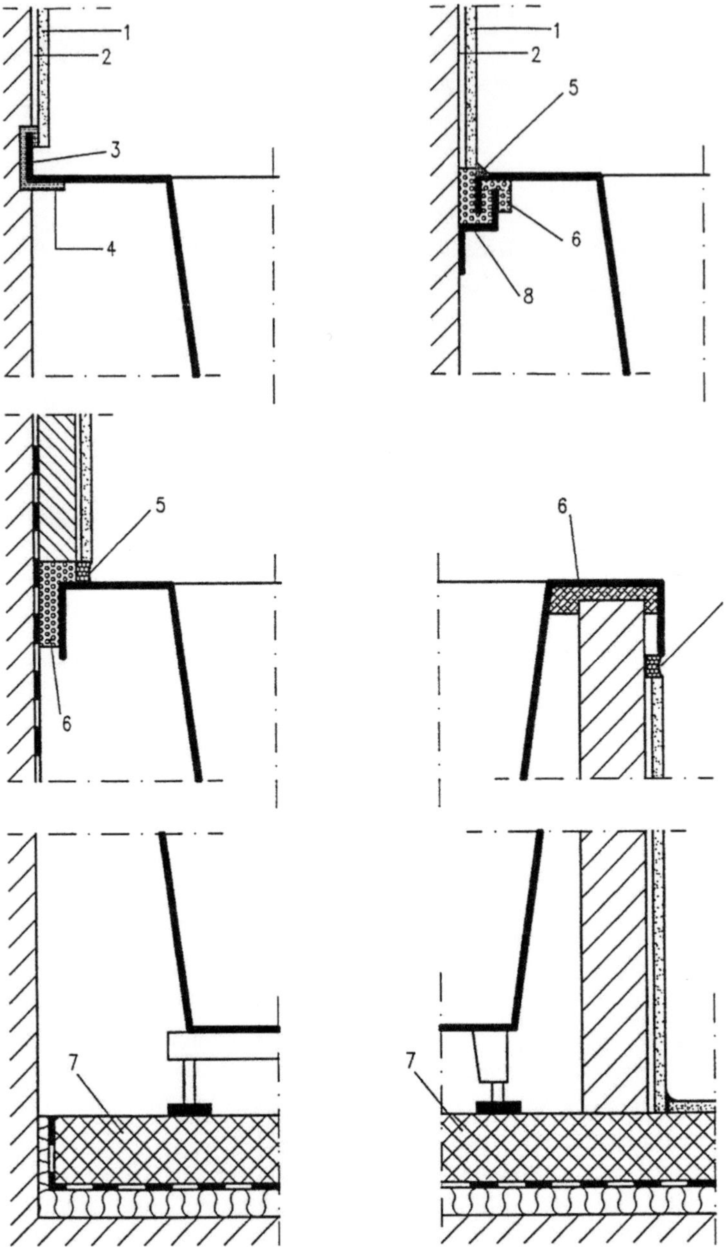

Legende

1 Fliese
2 Fliesenkleber
3 Aufkantung
4 Dichtung und Körperschallentkopplung
5 elastische Fuge
6 körperschalldämmende Hinterfütterung
7 schwimmender Estrich
8 Wandprofil

Abb. 10.4 Körperschallentkoppelte Aufstellung von Badewannen/ Duschwannen. (Quelle: VDI 6000:2008-02, Bild 2)

11 Gerichtsurteile

Der Text aus den Gerichtsurteilen spricht grundsätzlich für sich und wird daher nur in Ausnahmefällen kommentiert.

Nichteinhaltung der anerkannten Regeln der Technik ist ein Mangel!

LG Köln, Urteil vom 16.12.2022 – 18 O 25/20
„Der Besteller hat einen Anspruch auf ein Werk, das (zum Zeitpunkt der Abnahme) den anerkannten Regeln der Technik entspricht. Werden Abdichtungen nicht fachgerecht nach den anerkannten Regeln der Technik ausgeführt, begründet dies allein den Mangel. Für die Frage der Mangelhaftigkeit ist unerheblich, dass es (noch) nicht zu einem weitergehenden Schaden gekommen ist."

Fliesenarbeiten sind zu planen und zu überwachen!

OLG Naumburg, Urteil vom 29.12.2022 – 2 U 156/21
„Ein mit den Grundleistungen der Objektplanung nach §34 HOAI 2013 beauftragter Architekt ist im Rahmen des Neubaus von Badezimmern in einem Fachwerkhaus verpflichtet, für die Fliesen- und Bodenverlegearbeiten neben einer Erwähnung der auszuführenden Abdichtung des Untergrunds im konstruktiven Leistungsverzeichnis eine skizzenhafte Untersetzung der Art und Weise der Herstellung der Bodenabdichtung unter Angabe von Leitdetails – z. B. zur Fläche und zur Höhe der erforderlichen wannenförmigen Abdichtung – zu fertigen und dem bauausführenden Unternehmen zur Verfügung zu stellen. Die ordnungsgemäße Umsetzung der Vorgaben zur Bodenabdichtung ist im Rahmen der Bauüberwachung zu kontrollieren."

J. Schulz, *Bauschäden in Bädern und Nassräumen*,
https://doi.org/10.1007/978-3-658-49195-6_11

Undichte Abdichtungen sind nicht durch Versicherung für Leitungsschäden abgedeckt!

Kommentar zum BGH-Urteil vom 20.10.2021 – IV ZR 236/20
„Der Bundesgerichtshof urteilte, dass die Beklagte den Schaden nicht zu ersetzen hat, da kein versichertes Ereignis vorliegt. Unstreitig ist, dass Wasser nicht aus dem Rohrsystem direkt ausgetreten war. Fraglich war demnach, ob eine Duschwanne und die damit verbundene undichte Silikonfuge unter „sonstige Einrichtungen" zu subsumieren ist, sodass ein Versicherungsschutz besteht. Das Revisionsgericht hat geurteilt, dass die Duschwanne, die Fugen, die angrenzenden Wände und die sonstigen Bauteile einer Dusche nicht als einheitliche Einrichtung angesehen wird, die über den Zulauf und Ablauf mit dem Rohrsystem verbunden ist. Eine „sonstige Einrichtung" muss mit dem Rohrsystem verbunden sein, eine solche Verbindung besteht zwischen einer undichten Silikonfuge und dem Rohrsystem nicht.

Praxistipp
Aufgrund der neuerlichen Entscheidung stellt sich die Frage, welche Möglichkeiten der Vermieter hat, um Schäden an Fugen im Badbereich vorzubeugen. Zunächst könnte in Betracht gezogen werden, dass die Instandsetzung der Fugen über die Kleinreparaturklausel auf die Mieter übertragen wird. Hierzu wurde allerdings schon mehrfach entschieden, dass gewöhnliche Silikonfugen keine Installationsgegenstände sind und damit eine „Reparatur" durch den Mieter nicht verlangt werden kann (vgl. Urteil des AG Berlin-Mitte vom 29.08.2017 – Az.: 5 C 93/16). Zudem beträgt die Lebensdauer von Silikonfugen ca. 5 Jahre. Aufgrund der begrenzten Lebensdauer werden Silikonfugen auch als Wartungsfugen benannt, mit der Folge, dass eine regelmäßige Kontrolle zu erfolgen hat."
(Quelle: RA Michelle Freitag: „Umfang der Wohngebäudeversicherung bei Nässeschäden", Artikel auf delta-t-bw.de)

OLG München vom 30.08.2017 – 25 U 1728/17
„Ein vollständig gefliester Raum, der als Duschbereich eines Fitness-Studios genutzt wird, stellt keine mit einem Rohrsystem fest verbundene Einrichtung der Wasserversorgung i. S. von §1 Nr. 2 lit. b AWB 87 dar, so dass die Leitungswasserversicherung für Schäden durch den Austritt von Leitungswasser durch undichte Fliesenfugen nicht eintrittspflichtig ist."

Amtsgerichts Düsseldorf, Urteil vom 27.09.2001 – 42 C 9839/01
„Führt eine schlecht abgedichtete Stelle in einer **Duschkabine** zu einem Gebäudeschaden, so muss dafür die Leitungsversicherung des Vermieters zahlen. Nicht zuständig dafür seien der Mieter oder gar seine Hausratsversicherung."

Das bedeutet, dass sich im Schadensfall der Vermieter/Bauherr zukünftig an seinen Planer wendet.

Auch handwerkliche Selbstverständlichkeiten sind zu überwachen!

OLG Jena, Urteil vom 17.02.2022 – 8 U 1133/20
„Liegen Mängel des Bauwerks vor, die im Rahmen der Bauüberwachung typischerweise entdeckt werden mussten, spricht der Anscheinsbeweis für eine Bauaufsichtspflichtverletzung des Architekten. Eine Bauüberwachungspflicht des Architekten besteht auch bei handwerklichen Selbstverständlichkeiten; sie ist lediglich bei der Kontrolldichte herabgesetzt, erfordert aber jedenfalls stichprobenartige Kontrollen."

OLG Düsseldorf vom 12.04.2018 – 5 U 50/16
„Der Lieferant raumlufttechnischer Anlagen ist verpflichtet, den Generalplaner eines Bauvorhabens mit dem Schwerpunkt technischer Gebäudeausrüstung bei der Auswahl der Komponenten für Heizung und Belüftung zu beraten. Keinesfalls ist er aber umfassend zur Planung der raumlufttechnischen Anlage verpflichtet."

OLG Frankfurt vom 30.10.2012 – 6 U 181/11
„1. Den Architekten trifft im Rahmen der ihm übertragenen Bauüberwachung eine erhöhte Überwachungspflicht, wenn es sich um Bauabschnitte bzw. Bauleistungen handelt, die besondere Gefahrenquellen mit sich bringen, wie dies etwa bei **Abdichtungs-**, Dämmungs- und Dachdeckerarbeiten der Fall ist. Das gilt auch dann, wenn bestimmte Bauarbeiten in Eigenleistung ausgeführt werden.
2. Ein Architekt, der Überwachungsleistungen pflichtwidrig nicht oder bewusst nicht ordnungsgemäß erbringt, muss dies dem Auftraggeber spätestens bei der Abnahme der Bauüberwachungsleistungen offen legen. Anderenfalls handelt er arglistig.
3. Erkennt der Architekt gravierende Ausführungsmängel **trotz zahlreicher Baustellenbesuche** nicht, spricht dies zwar dafür, dass der Architekt seinen Überwachungspflichten nicht nachgekommen ist. Der Architekt kann diesen Beweis des ersten Anscheins allerdings dadurch ausräumen, dass er darlegt und beweist, was er an Überwachungsmaßnahmen geleistet hat."

OLG Düsseldorf vom 25.10.2012 – 5 U 162/11
„1. Im Rahmen der Ausführungsplanung ist ein stetiger Austausch zwischen Objektplaner und TGA-Planer erforderlich.*)
2. Der TGA-Planer hat als Spezialist die fachspezifischen Gefahren der von ihm geplanten Einrichtungen abzuschätzen und ihnen durch gezielte Maßnahmen entgegen

zu wirken. Hierzu hat er die Ausführungspläne des Architekten kritisch im Hinblick auf seine fachspezifischen Anforderungen zu bewerten und darauf zu achten, dass diese Anforderungen berücksichtigt werden. Der Objektplaner hat seinerseits die Fachleistungen zu koordinieren und in seine Planung zu integrieren.*)
3. TGA-Planer und Objektplaner haften für Planungsfehler als Gesamtschuldner, weil ihr Zusammenwirken notwendig ist, um eine Grundlage für die Ausführung des Bauwerks zu schaffen.*)"
„Zur Absicherung gegen unter die **Duschwanne** gelangendes Wasser hätte ein separater Bodeneinlauf von der Beklagten vorgesehen werden müssen. Der Sachverständige beruft sich zu Recht auf die DIN 1986 Teil 1 (Ausgabe Juni 1988), Abschnitt, 5.2.3, die zum Zeitpunkt der Beauftragung der Beklagten den anerkannten Regeln der Technik entsprach. Danach müssen Sanitärräume in Gebäuden, die ständig für einen größeren Personenkreis bestimmt sind (z. B. Hotels, Schulen) einen Bodenablauf mit Geruchsverschluss erhalten."
„Dem trägt auch die aktuellere DIN 1986-100 dadurch Rechnung, dass sie in dem Abschn. 8.2.1. einen Bodenablauf fordert für Sanitärräume in Gebäuden, die für einen wechselnden Personenkreis (z. B. Hotels, Schulen, Sportstätten etc.) bestimmt und zugänglich sind."
„Es bedarf keiner Entscheidung, welche DIN zum Zeitpunkt der Abnahme der Leistung der Beklagten die anerkannten Regeln der Technik abbildete, denn Hotelbäder werden sowohl von einem größeren als auch einem wechselnden Personenkreis genutzt und sind hoher Beanspruchung ausgesetzt"

Notwendigkeit einer Abdichtung in Bädern

LG München vom 9.3.2001 – 18 O 7499/99
„Eine solche fehlt generell, obwohl erforderlich. Alle der Kammer bekannten Sachverständigen waren bisher der Auffassung, dass zumindest im Spritzbereich von Wohnungsbädern und -duschen eine Abdichtung bautechnisch notwendig ist, wenn auch nicht in Form der DIN 18195 durch Bahnen, sondern als Verbund mit Fliesen und Platten oder in Form sogenannter alternativer Abdichtungen.
Richtig ist, dass üblicherweise Wohnungsbäder nicht mehr mit einem Gully versehen sind, so dass eine trogartige Abdichtung auch nach der alten Fassung der DIN 18195 Teil 5 bei dem streitgegenständlichen Bauvorhaben nicht auszuführen war, da andernfalls bei dieser Abdichtung ohne Ablauf zwangsläufig Bauschäden entstehen würden, worauf der Sachverständige B. ausdrücklich hingewiesen hat.
Die weiteren Ausführungen des Sachverständigen B., wonach zu einer funktionsgerechten Nutzung eines Badezimmers ein Ablauf gehört, so dass es ein Unding

sei, normale Wohnungsbäder nicht unter dem Begriff Nassraum gem. Ziff. 3.30 der Neufassung der DIN 18195 zu subsumieren, sind zwar überzeugend, helfen aber nicht über die Tatsache hinweg, dass normal ausgestattete Wohnungen seit Jahren ohne Bodenablauf im Badezimmer geplant und ausgeführt werden (im Gegensatz zu Einfamilienhäusern) und in der hier gegenständlichen Baubeschreibung ausdrücklich klargestellt ist, dass die Bäder keinen Bodenablauf erhalten.
Dass in diesem Hinweis zugleich enthalten sei, dass die Bäder auch keine Abdichtung erhalten, behauptet die Beklagte selbst nicht. Sie behauptet vielmehr eine Abdichtung von Bädern, die nicht mit einem Gully ausgestattet wurden, sei bautechnisch nicht erforderlich, wie sich aus der geänderten DIN 18195 ergebe.
Diese Auffassung wird von der Kammer nicht geteilt. Unabhängig davon, dass der von den Beklagten beigezogene Sachverständige Prof. O. im Zeitraum der Errichtung der Wohnanlage selbst noch nicht der Meinung war, dass sämtliche Abdichtungsmaßnahmen in Wohnungsbädern entfallen könnten, ist auch in der geänderten DIN 18195 nicht geregelt, dass Wohnungsbäder überhaupt keiner Abdichtung bedürfen. Es wurde lediglich festgelegt, dass in Wohnungsbädern keine Abläufe vorgesehen werden müssen. Die gegenteilige Auffassung von Prof. O. stellt nach Ansicht der Kammer einen Umkehrschluss dar, der rechtlich nicht zwingend ist und von der Kammer ebenso wenig wie vom Sachverständigen B. nachvollzogen wird.
Fliesenfugen haben von Haus aus keine Abdichtungsfunktion, Dichtstofffugen sind Wartungsfugen, führen somit ebenfalls zu keiner dauerhaften Abdichtung.
Folglich ist im Spritzwasserbereich zwangsläufig mit einem Wassertransport auf den Untergrund (Boden und Wände) zu rechnen. Diese Bauteile weisen ihrerseits Fugen und Durchdringungen von Installationen auf, so dass es ohne Abdichtung des Untergrundes zu Durchfeuchtungen der Bauteile, somit zu Schäden kommen kann.
Da nicht behauptet ist, dass die Nasszellen aus WU-Beton sind, spielt das Material des Untergrundes keine Rolle, wobei auf der Hand liegt, dass die Gefahr von Durchfeuchtungen umso größer ist, je feuchteempfindlicher das verwendete Material.
Demnach ist eine funktionierende Abdichtung in diesem Bereich bereits zu planen, so dass es für die Entscheidung unerheblich ist, ob tatsächlich bereits Nässeschäden entstanden sind. Auch im Geschosswohnungsbau haben Wohnungen den Anforderungen des Benutzers zu entsprechen, nicht umgekehrt die Benutzer den Vorgaben einer DIN-Norm.“

Schlusswort

Wie sagte Picasso so treffend:

„Ich suche nicht – ich finde!“

Dieser Gedanke lässt sich auch auf die Arbeit eines guten Sachverständigen übertragen. Denn wer über ausreichend Erfahrung verfügt, weiß, wo die typischen Schwachstellen liegen – er „sucht“ nicht mehr, sondern erkennt und bewertet auf Basis fundierter Berufspraxis.

Es ist schnell gesagt:

„Der Pfusch beginnt am Bau.“

Doch tatsächlich können Ausführungsfehler in jeder Phase entstehen – von der Planung über die Ausschreibung bis hin zur Umsetzung auf der Baustelle. Entscheidend ist deshalb eine **„eindeutige und erschöpfende“** Planung, die eine verlässliche Grundlage für Qualitätssicherung schafft. Diese aber ist nicht zum Nulltarif zu haben – Qualität kostet Zeit, Fachwissen und damit auch Geld. Und sie beginnt nicht mit dem Abhaken von **„Checklisten“**, sondern im Kopf – mit Haltung, Verantwortung und Bereitschaft zur Auseinandersetzung mit dem Detail.

Wie bereits im Vorwort angesprochen, reicht das bloße Befolgen von Normen nicht aus. Es ist das tiefere Verständnis, das zählt – und die Bereitschaft, jeden Bau als individuellen Einzelfall zu begreifen.

Wir Architekten und Ingenieure haben das Privileg, einen faszinierenden und bedeutungsvollen Beruf auszuüben. Aber wir müssen ihn auch beherrschen – und das bedeutet lebenslanges Lernen, nicht zuletzt durch **Selbststudium**. Denn:

„Beruf kommt von Berufung!“

Über Anregungen, Verbesserungsvorschläge oder konstruktive Kritik zum Thema **„Bauschäden in Bädern und Nassräumen“** freue ich mich jederzeit – gerne per E-Mail an: **info@igs-schulz.de.**

Joachim Schulz und Team

J. Schulz, *Bauschäden in Bädern und Nassräumen*,
https://doi.org/10.1007/978-3-658-49195-6

Weiterführende Links

Sachverständige IHK	www.svv.ihk.de
Sachverständige Baukammer	www.baukammer-berlin.de
Architektur der Bauschäden	www.architekturderbauschäden.de
Fliesenfirma	www.fliesen-paetsch.info
Normen	www.dinmedia.de

J. Schulz, *Bauschäden in Bädern und Nassräumen*,
https://doi.org/10.1007/978-3-658-49195-6

Literaturverzeichnis

DIN-Vorschriften, Richtlinien, Merkblätter

Ausschuss für Arbeitsstätten (ASTA) – Bundesministerium für Arbeit und Soziales (BMAS):
Technische Regel für Arbeitsstätten ASR A1.5 – „Fußböden“
Ausgabe: März 2022
zuletzt geändert GMBL 2025, S. 365 (v. 23.05.2025)

Bauministerkonferenz (ARGEBAU):
Musterbauordnung (MBO)
Fassung November 2002, zuletzt geändert durch Beschluss der Bauministerkonferenz vom 23./24.11.2023
Notifiziert gemäß der Richtlinie (EU) 2015/1535 des Europäischen Parlaments und des Rates vom 9. September 2015 (ABl. L 241 vom 17.9.2015, S. 1)

Bundesverband Estrich und Belag e. V. (BEB):
BEB-Merkblatt: „Abdichtungsstoffe im Verbund mit Bodenbelägen“
Fassung August 2010
BEB Verlag 2010

Bundesministerium für Wohnen, Stadtentwicklung und Bauwesen:
Honorarordnung für Architekten und Ingenieure (HOAI)
Vom 10. August 2013 (BGBl. I S. 3154), zuletzt geändert durch Artikel 1 der Verordnung vom 2. Dezember 2020 (BGBl. I S. 2636)
In Kraft getreten am 1. Januar 2021

Deutsche Gesellschaft für das Badewesen e. V. (DGfdB):
DGfdB-Richtlinie R 25.07: „Gefälleausbildung in Bodenbelägen von Schwimmbädern“
Hrsg. DGfdB, Essen, Juni 2024
Deutsche Gesellschaft für das Badewesen e. V. 2024

J. Schulz, *Bauschäden in Bädern und Nassräumen*,
https://doi.org/10.1007/978-3-658-49195-6

Deutsche Gesetzliche Unfallversicherung e. V. (DGUV):
DGUV Regel 107-001: „Betrieb von Bädern"
Ausgabe August 2018
DGUV 2018

Deutsche Gesetzliche Unfallversicherung e. V. (DGUV):
DGUV-Regel 108-003: „Fußböden in Arbeitsräumen und Arbeitsbereichen mit Rutschgefahr"
Ausgabe Oktober 2003 (aktualisierte Fassung; ersetzt BGR 181)
DGUV 2003

Deutsche Gesetzliche Unfallversicherung e. V. (DGUV):
DGUV-Regel 110-003: „Branche Küchenbetriebe"
Ausgabe April 2019
DGUV 2019

Deutsche Gesetzliche Unfallversicherung e. V. (DGUV):
DGUV Information 207-006: „Bodenbeläge für nassbelastete Barfußbereiche"
Ausgabe Mai 2020
DGUV 2020

DIN Deutsches Institut für Normung e. V.:
DIN EN 1253-1:2015-03: „Abläufe für Gebäude – Teil 1: Bodenabläufe mit Geruchverschluss mit einer Geruchverschlusshöhe von mindestens 50 mm"
Beuth Verlag GmbH 2015

DIN Deutsches Institut für Normung e. V.:
DIN 1356-1:1995-02: „Bauzeichnungen – Teil 1: Arten, Inhalte und Grundregeln der Darstellung" (zurückgezogen)
Beuth Verlag GmbH 1995

DIN Deutsches Institut für Normung e. V.:
DIN EN 15288-1:2019-05: „Schwimmbäder für öffentliche Nutzung – Teil 1: Sicherheitstechnische Anforderungen an Planung und Bau"
Beuth Verlag GmbH 2019

DIN Deutsches Institut für Normung e. V.:
DIN EN 15288-1:2010-12: „Schwimmbäder – Teil 1: Sicherheitstechnische Anforderungen an Planung und Bau" (zurückgezogen)
Beuth Verlag GmbH 2010

DIN Deutsches Institut für Normung e. V.:
DIN EN 16580:2015-10: „Fenster und Türen – Feuchte- und spritzwasserbeständige Türblätter – Prüfungen und Klassifizierung"
Beuth Verlag GmbH 2015

DIN Deutsches Institut für Normung e. V.:
DIN 18017-3:2022-05: „Lüftung von Bädern und Toilettenräumen ohne Außenfenster – Teil 3: Lüftung mit Ventilatoren"
Beuth Verlag GmbH 2022

DIN Deutsches Institut für Normung e. V.:
DIN 18040-2:2011-09: „Barrierefreies Bauen – Planungsgrundlagen – Teil 2: Wohnungen"
Beuth Verlag GmbH 2011

DIN Deutsches Institut für Normung e. V.:
DIN 18157-1:2017-04: „Ausführung von Bekleidungen und Belägen im Dünnbettverfahren – Teil 1: Zementhaltige Mörtel"
Beuth Verlag GmbH 2017

DIN Deutsches Institut für Normung e. V.:
3.1 DIN 18157-2:2017-04: „Ausführung von Bekleidungen und Belägen im Dünnbettverfahren – Teil 2: Dispersionsklebstoffe"
Beuth Verlag GmbH 2017

DIN Deutsches Institut für Normung e. V.:
DIN 18181:2019-04: „Gipsplatten im Hochbau – Verarbeitung"
Beuth Verlag GmbH 2019

DIN Deutsches Institut für Normung e. V.:
DIN 18195:2017-07: „Abdichtung von Bauwerken – Begriffe"
Beuth Verlag GmbH 2017

DIN Deutsches Institut für Normung e. V.:
DIN 18195-1:2011-12: „Bauwerksabdichtungen – Teil 1: Grundsätze, Definitionen, Zuordnung der Abdichtungsarten" (zurückgezogen)
Beuth Verlag GmbH 2011

DIN Deutsches Institut für Normung e. V.:
DIN 18195-5:2011-12: „Bauwerksabdichtungen – Teil 5: Abdichtungen gegen nichtdrückendes Wasser auf Deckenflächen und in Nassräumen, Bemessung und Ausführung" (zurückgezogen)
Beuth Verlag GmbH 2011

DIN Deutsches Institut für Normung e. V.:
DIN 18202:2019-07: „Toleranzen im Hochbau – Bauwerke"
Beuth Verlag GmbH 2019

DIN Deutsches Institut für Normung e. V.:
DIN 18205:2016-11: „Bedarfsplanung im Bauwesen"
Beuth Verlag GmbH 2016

DIN Deutsches Institut für Normung e. V.:
DIN 18332:2023-09: „VOB Vergabe- und Vertragsordnung für Bauleistungen – Teil C: Allgemeine Technische Vertragsbedingungen für Bauleistungen (ATV) – Naturwerksteinarbeiten“
Beuth Verlag GmbH 2023

DIN Deutsches Institut für Normung e. V.:
DIN 18333:2019-09: „VOB Vergabe- und Vertragsordnung für Bauleistungen – Teil C: Allgemeine Technische Vertragsbedingungen für Bauleistungen (ATV) – Betonwerksteinarbeiten“
Beuth Verlag GmbH 2019

DIN Deutsches Institut für Normung e. V.:
DIN 18352:2019-09: „VOB Vergabe- und Vertragsordnung für Bauleistungen – Teil C: Allgemeine Technische Vertragsbedingungen für Bauleistungen (ATV) – Fliesen- und Plattenarbeiten“
Beuth Verlag GmbH 2019

DIN Deutsches Institut für Normung e. V.:
DIN 18352:2010-04: „VOB Vergabe- und Vertragsordnung für Bauleistungen – Teil C: Allgemeine Technische Vertragsbedingungen für Bauleistungen (ATV) – Fliesen- und Plattenarbeiten“ (zurückgezogen)
Beuth Verlag GmbH 2010

DIN Deutsches Institut für Normung e. V.:
DIN 18534-1:2017-07: „Abdichtung von Innenräumen – Teil 1: Anforderungen, Planungs- und Ausführungsgrundsätze“
Beuth Verlag GmbH 2017

DIN Deutsches Institut für Normung e. V.:
DIN 18534-2:2017-07: „Abdichtung von Innenräumen – Teil 2: Abdichtung mit bahnenförmigen Abdichtungsstoffen“
Beuth Verlag GmbH 2017

DIN Deutsches Institut für Normung e. V.:
DIN 18534-3:2017-07: „Abdichtung von Innenräumen – Teil 3: Abdichtung mit flüssig zu verarbeitenden Abdichtungsstoffen im Verbund mit Fliesen und Platten (AIV-F)“
Beuth Verlag GmbH 2017

DIN Deutsches Institut für Normung e. V.:
DIN 18534-5:2017-08: „Abdichtung von Innenräumen – Teil 5: Abdichtung mit bahnenförmigen Abdichtungsstoffen im Verbund mit Fliesen und Platten (AIV-B)“
Beuth Verlag GmbH 2017

DIN Deutsches Institut für Normung e. V.:
DIN 1961:2016-09: „VOB Vergabe- und Vertragsordnung für Bauleistungen – Teil B: Allgemeine Vertragsbedingungen für die Ausführung von Bauleistungen"
Beuth Verlag GmbH 2016

DIN Deutsches Institut für Normung e. V.:
DIN 1986-3:2004-11: „Entwässerungsanlagen für Gebäude und Grundstücke – Teil 3: Regeln für Betrieb und Wartung"
Beuth Verlag GmbH 2004

DIN Deutsches Institut für Normung e. V.:
DIN 1986-100:2016-09: „Entwässerungsanlagen für Gebäude und Grundstücke – Teil 100: Bestimmungen in Verbindung mit DIN EN 752 und DIN EN 12056"
Beuth Verlag GmbH 2016

DIN Deutsches Institut für Normung e. V.:
DIN EN 1995-1-1:2010-12: „Eurocode 5: Bemessung und Konstruktion von Holzbauten – Teil 1-1: Allgemeines – Allgemeine Regeln und Regeln für den Hochbau"
Beuth Verlag GmbH 2010

DIN Deutsches Institut für Normung e. V.:
DIN 31051:2019-06: „Grundlagen der Instandhaltung"
Beuth Verlag GmbH 2019

DIN Deutsches Institut für Normung e. V.:
DIN 4109-36:2016-07: „Schallschutz im Hochbau – Teil 36: Daten für die rechnerischen Nachweise des Schallschutzes (Bauteilkatalog) – Gebäudetechnische Anlagen"
Beuth Verlag GmbH 2016

DIN Deutsches Institut für Normung e. V.:
DIN 52460:2015-12: „Fugen- und Glasabdichtungen – Begriffe"
Beuth Verlag GmbH 2015

DIN Deutsches Institut für Normung e. V.:
DIN 68706-2:2020-06: „Innentüren aus Holz und Holzwerkstoffen – Teil 2: Umfassungszargen; Begriffe, Maße und Einbau"
Beuth Verlag GmbH 2020

DIN Deutsches Institut für Normung e. V.:
DIN 820-2:2022-12: „Normungsarbeit – Teil 2: Gestaltung von Dokumenten"
Beuth Verlag GmbH 2022

Fachverband Fliesen und Naturstein im Zentralverband Deutsches Baugewerbe (ZDB) & Zentralverband Sanitär Heizung Klima (ZVSHK):
Fachinformation: „Schnittstellenkoordination Nassraum“
Fassung Dezember 2018
Fachverband Fliesen und Naturstein im ZDB / ZVSHK 2018

Informationszentrum für Fenster, Fassaden, Türen und Tore e. V. (ifz Rosenheim):
ifz-Info TU-02/2: „Innentüren richtig montiert“
Fassung Januar 2012
ifz Rosenheim e. V.

IVD Industrieverband Dichtstoffe e. V.:
IVD-Merkblatt Nr. 3-1:2014-11: „Konstruktive Ausführung und Abdichtung von Fugen in Sanitär- und Feuchträumen – Teil 1: Abdichtung mit spritzbaren Dichtstoffen“
Fassung November 2014
HS Public Relations Verlag und Werbung GmbH 2014

IVD Industrieverband Dichtstoffe e. V.:
IVD-Merkblatt Nr. 14:2014-11: „Dichtstoffe und Schimmelpilzbefall, Ursachen – Vorbeugung – Sanierung“
Fassung November 2014
HS Public Relations Verlag und Werbung GmbH 2014

Koordinierungskreis Bäder der Verbände: Deutsche Gesellschaft für das Badewesen e. V. (DGfdB), Essen; Deutscher Schwimm-Verband e. V., Kassel; Deutscher Olympischer Sportbund e. V., Frankfurt am Main
KOK-Richtlinien für den Bäderbau
5. Auflage, Essen 2013
Deutsche Gesellschaft für das Badewesen e. V. 2013

PCI Augsburg GmbH:
Technisches Merkblatt 177:2022-01: „PCI Lastogum® – Wasserdichte, flexible Schutzschicht unter Keramikbelägen in Dusche und Bad“
Ausgabe Januar 2022
PCI Augsburg GmbH 2022

RAL Deutsches Institut für Gütesicherung und Kennzeichnung e. V.:
RAL-GZ 426/3: Besondere Güte- und Prüfbestimmungen für Feucht-/Nassraumblätter und Feucht-/Nassraumzargen aus Holz und Holzwerkstoffen
Juli 2104
RAL, Sankt Augustin 2014

Verein Deutscher Ingenieure (VDI):
VDI 4100:2012-10: „Schallschutz im Hochbau – Wohnungen – Beurteilung und Vorschläge für erhöhten Schallschutz“
Verlag des Vereins Deutscher Ingenieure 2012

Verein Deutscher Ingenieure (VDI):
VDI 6000 Blatt 1:2008-02: „Sanitärtechnik – Sanitärräume – Grundlagen“
Verlag des Vereins Deutscher Ingenieure 2008

Zentralverband Deutsches Baugewerbe (ZDB):
ZDB-Merkblatt: „Abdichtungen im Verbund – Hinweise für die Ausführung von flüssig zu verarbeitenden Verbundabdichtungen mit Bekleidungen und Belägen aus Fliesen und Platten für den Innen- und Außenbereich“
Ausgabe November 2022
Verlagsgesellschaft Rudolf Müller GmbH & Co. KG 2022

Zentralverband Deutsches Baugewerbe (ZDB):
ZDB-Merkblatt: „Abdichtungen im Verbund – Hinweise für die Ausführung von Abdichtungen mit Bekleidungen und Belägen aus Fliesen und Platten für den Innen- und Außenbereich“
Ausgabe August 2019 (zurückgezogen)
Verlagsgesellschaft Rudolf Müller GmbH & Co. KG 2019

Zentralverband Deutsches Baugewerbe (ZDB):
ZDB-Merkblatt „Verbundabdichtungen – Hinweise für die Ausführung von flüssig zu verarbeitenden Verbundabdichtungen mit Bekleidungen und Belägen aus Fliesen und Platten für den Innen- und Außenbereich“ (zurückgezogen)
Ausgabe August 2012 (zurückgezogen)
Verlagsgesellschaft Rudolf Müller GmbH & Co. KG 2012

Zentralverband Deutsches Baugewerbe (ZDB):
ZDB-Merkblatt: „Abdichtungen im Verbund – Hinweise für die Ausführung von Abdichtungen mit Bekleidungen und Belägen aus Fliesen und Platten für den Innen- und Außenbereich“
Ausgabe Januar 2010 (zurückgezogen)
Verlagsgesellschaft Rudolf Müller GmbH & Co. KG 2010

Zentralverband Deutsches Baugewerbe (ZDB):
ZDB-Merkblatt: „Untergründe in Feuchträumen – Putz und Trockenbau in Feuchträumen mit Bekleidungen aus keramischen Fliesen und Platten oder Naturwerksteinen“
Ausgabe September 2005
Verlagsgesellschaft Rudolf Müller GmbH & Co. KG 2005

Zentralverband Deutsches Baugewerbe (ZDB):
ZDB-Merkblatt: „Verlegung von Fliesen und Platten auf Entkopplungssysteme im Innenbereich“
Ausgabe August 2019
Verlagsgesellschaft Rudolf Müller GmbH & Co. KG 2019

Zentralverband Deutsches Baugewerbe (ZDB):
ZDB-Merkblatt: „Schwimmbadbau – Hinweise für Planung und Ausführung keramischer Beläge im Schwimmbadbau“
Ausgabe August 2019
Herausgeber: Fachverband Fliesen und Naturstein im ZDB
Verlagsgesellschaft Rudolf Müller GmbH & Co. KG 2019

Zentralverband Deutsches Baugewerbe (ZDB):
ZDB-Merkblatt: „Schwimmbadbau – Hinweise für Planung und Ausführung keramischer Beläge im Schwimmbadbau“
Ausgabe August 2012 (zurückgezogen)
Herausgeber: Fachverband Fliesen und Naturstein im ZDB
Verlagsgesellschaft Rudolf Müller GmbH & Co. KG 2012

Zentralverband Deutsches Baugewerbe (ZDB):
ZDB-Merkblatt: „Höhendifferenzen – Höhendifferenzen in Keramischen-, Betonwerkstein- und Naturwerksteinbekleidungen und Belägen“
Ausgabe August 2019
Verlagsgesellschaft Rudolf Müller GmbH & Co. KG 2019

Zentralverband Deutsches Baugewerbe (ZDB):
ZDB-Merkblatt: „Wanduntergründe im Innenbereich“
Ausgabe November 2022
Verlagsgesellschaft Rudolf Müller GmbH & Co. KG 2022

Zentralverband Deutsches Baugewerbe (ZDB):
ZDB-Merkblatt „Zementäre Fugen: Zementäre Fugen in Bekleidungen und Belägen aus Fliesen und Platten“
Ausgabe November 2022
Verlagsgesellschaft Rudolf Müller GmbH & Co. KG 2022

Fachbücher, Fachaufsätze

Neufert, Ernst:
Bauentwurfslehre, 32. Auflage
Vieweg Verlag 1984

Pistohl, Wolfram / Rechenauer, Christian / Scheuerer, Birgit:
Handbuch der Gebäudetechnik – Planungsgrundlagen und Beispiele. Band 1: Allgemeines, Sanitär, Elektro, Gas, 9., überarbeitete Auflage, November 2016
Bundesanzeiger Verlag GmbH 2016

Pistohl, Wolfram / Rechenauer, Christian / Scheuerer, Birgit:
Handbuch der Gebäudetechnik – Planungsgrundlagen und Beispiele, Band 2: Heizung, Lüftung, Beleuchtung, Energiesparen (2016), 9., überarbeitete Auflage, November 2016
Bundesanzeiger Verlag GmbH 2016

Internetquellen

ARDEX GmbH:
Website: www.ardex.de (Zugriff am: 29.04.2025)

Bette GmbH & Co. KG:
Website: www.my-bette.com (Zugriff am: 29.04.2025)

Bichler Türenwerk GmbH:
Website: www.bichler-tueren.de (Zugriff am: 29.04.2025)

Breuer GmbH & Co. KG:
Broschüre „Aufmaßmappe“
Website: www.duschkabine.com (Zugriff am: 30.04.2025)

B&B handgeformt GmbH:
Website: https://handgeformt.de/ (Zugriff am: 29.04.2025)

Dallmer GmbH & Co. KG:
Website: www.dallmer.de (Zugriff am: 29.04.2025)

Duravit AG:
Website: www.duravit.com (Zugriff am: 29.04.2025)

edlesbad.de by IHB Plauen
Website: www.edlesbad.de (Zugriff am: 29.04.2025)

Geberit AG:
Website: www.geberit.com (Zugriff am: 29.04.2025)

Geberit AG:
Kompetenzbroschüre „Sanitärraumplanung“:2022-06
Website: www.geberit.com (Zugriff am: 29.04.2025)

Gutjahr Systemtechnik GmbH:
Website: www.gutjahr.com (Zugriff am: 29.04.2025)

haustec (Alfons W. Gentner Verlag GmbH & Co. KG):
Website: www.haustec.de (Zugriff am: 29.04.2025)

HÜPPE GmbH:
Website: www.hueppe.com (Zugriff am: 30.04.2025)

Franz Kaldewei GmbH & Co. KG:
Website: www.kaldewei.de (Zugriff am: 29.04.2025)

KERMI GmbH:
Broschüre „Duschplatz und Duschkabine – Preise und Technik" I/2021
Website: www.kermi.com (Zugriff am: 29.04.2025)

Knauf Gips KG:
Detailblatt W61.de Knauf Vorsatzschalen Stand 06/2017
Technische Broschüre FN01.de Trockenbaulösungen in Feucht und Nassräumen, Stand 05/2018
Website: https://knauf.com/de-DE (Zugriff am: 01.07.2025)

Marcus Schmitt Architekten BDA :
Website: www.marcusschmitt-architekten.de (Zugriff am: 29.04.2025)

MEPA – Pauli und Menden GmbH:
Website: www.mepa.de (Zugriff am: 29.04.2025)

MOCANO Designelemente GmbH:
Website: www.mocano.de (Zugriff am: 30.04.2025)

Ottofond GmbH:
Website: www.ottofond.de (Zugriff am: 30.04.2025)

Pauli + Sohn GmbH:
Aufmaß zu Set-Nr. 1-612 (aus den Duschen-Aufmaßblättern)
Website: www.pauli.de (Zugriff am: 30.04.2025)

PCI Augsburg GmbH:
Website: www.pci-augsburg.eu (Zugriff am: 29.04.2025)

poresta systems GmbH:
Website: www.poresta.com (Zugriff am: 29.04.2025)

Reuter Onlineshop (reuter onlineshop GmbH):
Website: www.reuter.de (Zugriff am: 29.04.2025)

Schäfer Trennwandsysteme GmbH:
Website: www.schaefer-trennwandsysteme.de (Zugriff am: 30.04.2025)

Schlüter-Systems KG:
Website: eu.schluter.com (Zugriff am: 29.04.2025)

SOPRO Bauchemie GmbH – Sopro Planer XI
Broschüre/Taschenbuch „Sopro Planer XI", 11. Auflage (Taschenbuch erschienen Februar 2024)
Website: https://www.sopro.com/de-de/sopro-planer (Zugriff am: 29.04.2025)

Villeroy & Boch AG:
Broschüre „Barrierefreies Planen und Bauen", 2018
Website: www.villeroy-boch.de (Zugriff am: 29.04.2025)

wedi GmbH:
Website: www.wedi.net (Zugriff am: 29.04.2025)

Stichwortverzeichnis

J. Schulz, *Bauschäden in Bädern und Nassräumen*,
https://doi.org/10.1007/978-3-658-49195-6

MIX
Papier aus verantwortungsvollen Quellen
Paper from responsible sources
FSC® C105338

If you have any concerns about our products,
you can contact us on
ProductSafety@springernature.com

In case Publisher is established outside the EU,
the EU authorized representative is:
Springer Nature Customer Service Center GmbH
Europaplatz 3, 69115 Heidelberg, Germany

Printed by Libri Plureos GmbH
in Hamburg, Germany